# 基于ISO 2394的岩土工程可靠度设计

## Reliability of Geotechnical Structures in ISO2394

李典庆　唐小松　曹子君　译

Kok-Kwang Phoon　Johan V. Retief　著

中国水利水电出版社
www.waterpub.com.cn
·北京·

北京市版权局著作权合同登记号：01-2017-9159

Reliability of Geotechnical Structures in ISO2394/by Kok-Kwang Phoon，Johan V. Retief/ISBN 978-1-138-02911-8

Copyright © 2016 Taylor & Francis Group，London，UK

## 图书在版编目（CIP）数据

基于ISO 2394的岩土工程可靠度设计 / （新加坡）方国光（Kok-Kwang Phoon），（南非）约翰·雷迪夫（Johan V. Retief）著；李典庆，唐小松，曹子君译. -- 北京：中国水利水电出版社，2017.12
书名原文：Reliability of Geotechnical Structures in ISO2394
ISBN 978-7-5170-6130-4

Ⅰ．①基… Ⅱ．①方… ②约… ③李… ④唐… ⑤曹… Ⅲ．①岩土工程-结构可靠性-工程设计-国际标准 Ⅳ．①TU4-65

中国版本图书馆CIP数据核字(2017)第326261号

| | | |
|---|---|---|
| 书　名 | **基于 ISO 2394 的岩土工程可靠度设计**<br>JIYU ISO 2394 DE YANTU GONGCHENG KEKAODU SHEJI | |
| 原书名 | **Reliability of Geotechnical Structures in ISO2394** | |
| 原　著 | Kok-Kwang Phoon　Johan V. Retief　著 | |
| 译　者 | 李典庆　唐小松　曹子君　译 | |
| 出版发行 | 中国水利水电出版社<br>（北京市海淀区玉渊潭南路 1 号 D 座　100038）<br>网址：www.waterpub.com.cn<br>E-mail：sales@waterpub.com.cn<br>电话：(010) 68367658（营销中心） | |
| 经　售 | 北京科水图书销售中心（零售）<br>电话：(010) 88383994、63202643、68545874<br>全国各地新华书店和相关出版物销售网点 | |
| 排　版 | 中国水利水电出版社微机排版中心 | |
| 印　刷 | 天津嘉恒印务有限公司 | |
| 规　格 | 184mm×260mm　16 开本　12.75 印张　302 千字 | |
| 版　次 | 2017 年 12 月第 1 版　2017 年 12 月第 1 次印刷 | |
| 印　数 | 0001—1000 册 | |
| 定　价 | **68.00 元** | |

# PREFACE
## 前言

ISO 2394 在为结构设计标准提供可靠度原则的共同基础方面发挥核心作用，这点通过 14 个 ISO 标准将 ISO 2394 作为规范性参考、10 个 ISO 成员国将 ISO 2394 作为国家标准以及在相关文献中的大量引用而得到确认。当前版本 ISO 2394：2015 与以前版本的关键不同点是，引入风险和风险知情决策作为结构安全性和可靠度管理和标准化的基础。从岩土工程的角度来看，当前版本 ISO 2394：2015 与以前版本的关键不同点是引入了一个全新的资料性附录 D "岩土结构可靠度"。通过引入附录 D，在 ISO 2394 中首次明确地认识到实现岩土和结构可靠度设计一致性的必要性。

在诸如加拿大、日本、美国和荷兰等一些国家，岩土设计规范正缓慢但可感知地向可靠度设计（reliability - based design，RBD）转变。简化或半概率方法通常用于校准这些岩土 RBD 规范。值得注意的是，"当失效后果和损害被很好地理解并在正常范围内"，RBD 可以用于代替风险评估（ISO 2394：2015 第 4.4.1 条）。RBD 的基本目标是调整一组设计参数以使预定的目标失效概率不会被超过。在可靠度文献中，"失效"这一术语通常被定义为不能满足一个或一组性能要求。"当除后果外的失效模式和不确定性表征也都可以分类和标准化"，RBD 就可以进一步简化（ISO 2394：2015 第 4.4.1 条）。这种简化 RBD 方法被称为半概率方法。北美最流行的简化 RBD 是荷载抗力系数设计（load and resistance factor design，LRFD）（本书第 6 章）。简化（或半概率）RBD 可能不会像应用于结构设计一样广泛地应用于岩土设计，因为与定制的结构材料相比，"标准化"在天然岩土材料中不太可行。结构工程中的 LRFD 所建议的单值抗力系数并不允许岩土工程师根据当地现场条件做出判断，也不允许纳入当地的经验或数据。然而，根据特定场地条件进行岩土设计对岩土工程来说至关重要。在某些情况下，可能包括岩体工程设计，有必要应用直接概率方法（本书第 7 章）。

本书第 3～7 章的目的是阐述如何将简化（半概率）和直接概率方法应用于岩土可靠度设计以使其与 ISO 2394：2015 附录 D 所涵盖的主题（岩土设计

参数的不确定性表征，多元岩土数据的统计表征，模型因子的统计表征以及岩土可靠度设计的实施问题）相一致。本书第 3～7 章为证实岩土结构可靠度分析所需的特殊考虑提供了背景信息，并为不确定性表征和执行岩土可靠度设计的方法和过程提供了示例。同时应该指出，附录 D 与 ISO 2394：2015 给出的可靠度一般原则是完全一致并且兼容的。因此，该标准为促进与可靠度原则相一致的岩土实践在更广泛的建筑、基础设施和土木工程中的发展提供了一个整体框架。此外，该标准为可靠度决策和设计提供了一种连贯的方法。该方法从优化风险推导而来，并表示为考虑所研究领域的认知和不确定性水平的功能模型。

第 1 章作为本书的序篇，旨在向岩土界（包括岩石界）展示采用可靠度原则作为设计和实践基础的案例。该章强调以明智的方式将可靠度原则纳入到现有岩土认知和经验中的重要性，以改进岩土实践的某些方面，尤其是那些适用数学处理和具有相当实用价值的方面。该章表明 RBD 起到补充的作用，不会取代或排除在良好岩土（包括土体或岩体）实践中建立起来的成熟方面。该章肯定工程判断的核心地位以及它在建立正确的科学勘察方法，选择合适的计算模型和参数，并验证结果的合理性等方面的作用。该章也重点介绍了将特定场地效应纳入到 RBD 过程中的实用方法。第 2 章从岩土 RBD 的角度出发给出了 ISO 2394：2015 的概要。

**编者**

Kok - Kwang Phoon

Johan V. Retief

目录 Contents

## 第 3 章　岩土设计参数的不确定性表征

# 第4章　多元岩土数据的统计表征

# 第5章　模型不确定性的统计表征

# 第6章　半概率可靠度设计

# 第7章 直接概率设计方法

# 第 1 章

# 可靠度作为岩土设计的基础

作者：Kok‑Kwang Phoon

## 摘要

本序篇的目的是，向岩土界（包括岩石界）展示采用可靠度原则作为设计和实践基础的案例。工程师应根据设计状况可以被标准化的程度开放使用简化（半概率）或直接概率方法进行可靠度设计（reliability‑based design，RBD）。RBD 是指任何以明确或其他方式应用可靠度原则的设计方法。其目的当然不是提倡不加区别地使用结构可靠度原则，而是考虑如何以明智的方式将非常一般的可靠度原则纳入到更大范围的岩土实践中，以改进某些方面，尤其是那些适用数学处理和具有相当实用价值的方面。适用数学处理的方面通常属于"已知的未知"这一类别，其中有一些测量数据和/或过去经验可以加以利用，使有限的特定场地数据可以用客观的区域数据和来自其他相似场地的主观判断加以补充。

本章增加了仍在进行中的关于 RBD 在岩土工程中应用（以简化或其他方式）的讨论。该讨论指出，岩土设计的讨论有时并不明确区分性能验证方法（如全局安全系数方法、分项系数方法或 RBD 方法）和影响所有性能验证方法的更广泛的设计考虑。所有性能验证方法都必须在工程实践的主流规范中操作，并且这些规范的任何缺点都不反映性能验证方法的缺点。这种混乱在关于岩土 RBD 的一些流行讨论中有很多。RBD 主要是一种性能验证方法，人们不应将其理解为解决基于安全系数或岩土实践的所有设计计算困扰的万能药。

本章阐述的关键点是，这些正在进行的讨论中提出的有用观点应该被视为，提供控制可靠度计算极限的近似边界，或者作为对过于简化的、不尊重岩土需求或约束的可靠度应用的警告，而不是使可靠度原则整体无效化。本章强调将可靠度原则与其他设计/施工方法合理结合应用的必要性。显然，RBD 起到补充的作用。它不会取代或排除在良好岩土（包括土体或岩体）实践中建立起来的处理中等程度"未知的未知"的成熟方面。ISO 2394:2015 附录 D "岩土结构可靠度"已经以这个中心意图来编写。本书的其余章节以与 ISO 2394：2015 附录 D 所涵盖主题相一致的方式阐述如何将简化（半概率）和直接概率方法应用于岩土可靠度设计（岩土设计参数的不确定性表征，多元岩土数据的统计表征，模型因子的统计表征，以及岩土 RBD 的实施问题）。

## 1.1  引言

近 20 年来，岩土设计规范正缓慢但可感知地向可靠度设计（reliability – based design，RBD）转变，主要在北美（Kulhawy 和 Phoon，2002；Phoon 等，2003a；Scott 等，2003；Paikowsky 等，2009；Allen，2013；Fenton 等，2016）和日本（Nagao 等，2009；Honjo 等，2009；Honjo 等，2010）。RBD 是指任何以明确或其他方式应用可靠度原则的设计方法。术语"岩土设计"在广义上包括土体和岩体设计。但岩土可靠度的研究迄今为止仍集中在土体方面。ISO 2394：2015 第 4.4.1 条指出，"当失效后果和损害被很好地理解并在正常范围内"，RBD 可以用于代替风险评估。RBD 的基本目标是调整一组设计参数以使预定的目标失效概率不会被超过。如钻孔桩深度或基础宽度就是易于调整的设计参数。对设计参数的试错调整，对于 RBD 和当前的容许应力设计（allowable stress design，ASD）方法都是常见的。两者的唯一区别是设计目标。前者认为达到目标失效概率（如 1‰）的设计是令人满意的。而后者认为达到目标全局安全系数（如 3）的设计是令人满意的。使用失效概率（或可靠度指标）代替全局安全系数的优点已在其他地方讨论过（Phoon 等，2003b），但在岩土设计中关于 RBD 有用性的辩论仍在进行中（Simpson，2011；Schuppener，2011；Vardanega 和 Bolton，2016）。这种健康的辩论正在进行的部分原因是，大部分岩土工程受天然岩土材料如土体、岩体以及地下环境（地下水系统是一个重要方面）所控制，它们具有明显的变异性和复杂性。由于现场信息有限以及地质条件随时间变化等原因，这一挑战被进一步放大了。Chilès 和 Delfiner（1999）指出，石油工业中岩体采样体积仅占一个油气储层总体积的很小部分。岩土工程师不得不面对这种高度的不确定性和风险，其中部分不确定性可能不适合数学（统计/概率）处理。一个后果便是岩土工程中设计阶段和施工阶段的区分可能不像结构工程中那样明显。岩土工程根据施工过程中的实际地面响应来调整设计的做法并不少见，这样能够以合理的方式管理这种不确定性和相关的风险（如在隧道锚固过程中调整锚杆之间的间距）。在这种背景下理解"岩土设计"是至关重要的，因为它限制了可靠度应用的范围，并且强调了连同其他设计/施工方法合理应用可靠度原则的必要性。有一种误解认为 RBD 排除或取代了来自良好实践和工程判断的现有方法。Orr（2015）发现"具有适当可靠度的岩土设计可以基于分项系数来实现……与岩土设计不同阶段有关的质量管理措施包括：场地勘察、设计计算、施工以及施工后的监测和维护"。把设计计算（采用全局安全系数、分项系数或 RBD 计算）看成项目的一个阶段是很有用的。在本章中，术语"分项系数"是指 Hansen（1953，1956，1965）提出的因子化分解土体参数的经验方法。在该方法中，分项系数不是通过可靠度分析校准的，因此它并不是一种简化 RBD 方法。虽然岩土可靠度是从结构可靠度演变而来，但是为了将可靠度原则有意义地纳入到岩土设计以及更广泛的岩土实践中，必须处理和解决岩土可靠度区别于结构可靠度的一些关键方面。例如，结构工程中的荷载抗力系数设计（load and resistance factor design，LRFD）所建议的单值抗力系数并不允许岩土工程师根据当地现场条件做出判断，也不允许纳入当地的经验/数据。然而，根据特定场地条件进行岩土设计对岩土工程来说至关重要。ISO 2394：2015 附录 D"岩土结构可靠度"已经以这个中心意图来编写（Phoon 等，2016）。

ISO 2394：2015 第 4.4.1 条也指出，"当除后果外的失效模式和不确定性表征也都可以分类和标准化"，RBD 就可以进一步简化。这种简化 RBD 方法被称为半概率方法。很明显，简化 RBD 方法不能像应用于结构设计一样广泛地应用于岩土设计，因为与定制的结构材料相比，"标准化"在天然岩土材料中不太可行。在某些情况下，可能包括岩体工程设计，有必要应用直接概率方法（见本书第 7 章直接概率设计方法）。关于 Eurocode 7 或 EC7（EN 1997—1：2004），由国际岩石力学学会（https：//www. isrm. net/gca/index. php?id＝1143）主持的 Eurocode 7 发展委员会指出："现在人们广泛认识到，EC7 在很多方面对岩体工程是不恰当的，在某些情况下甚至不适用。"该委员会的目的是，在结构 Eurocode 系统审查的当前阶段（2015—2018 年），"与 CEN/TC250/SC7 一起帮助进一步发展关于岩体工程设计的 EC7"。

北美最流行的简化 RBD 是荷载抗力系数设计 LRFD（Allen，2013）。在本章中，术语"LRFD"是指包含荷载和抗力系数的设计，荷载和抗力系数是根据目标可靠度指标校准而来（Ravindra 和 Galambos，1978）。在格式方面，如果根据 EN 1997—1：2004（设计方法 2）中的术语，LRFD 可被视为是分项系数设计的一种特殊情况。然而，分项系数设计"或多或少反映了不同的传统设计方法，却没有参考任何目标安全水平"（Burlon 等，2014）。本章遵循北美 LRFD 术语，将其视为一种基于可靠度校准的设计方法，而不是简单地视为一种包含荷载和抗力系数的设计方法（Paikowsky 等，2004，2010；Allen，2013）。本书第 6 章中半概率可靠度设计致力于解决在实施半概率方法时岩土设计中的一些挑战。其他简化 RBD 方法有多重抗力荷载系数设计（multiple resistance and load factor design，MRFD）（Phoon 等，2003c），鲁棒性 LRFD（R‐LRFD）（Gong 等，2016）和分位值法 QVM（Ching 和 Phoon，2011）。在第四届 Wilson Tang 讲座中，Phoon 和 Ching（2015）展示了应用简化 RBD 方法时所面对的挑战，甚至是在相对常见的设计状况中，如分层土体中深基础的设计。作者认为，这些挑战所获得的关注比它们应该获得的关注要少，因为现有的岩土 LRFD 或类似的简化 RBD 都是以直接处理特定场地数据为代价来侧重标准化。

以 LRFD 和 MRFD 为代表的简化 RBD 方法流行的原因是，在保持每次试验设计只执行一次代数验算的简便性同时，工程师可以得出符合（尽管近似）目标失效概率（或目标可靠度指标）的设计。这些方法不需要执行繁琐的蒙特卡洛模拟或更复杂的概率分析。从工程师的角度看，简化 RBD 方法（如 LRFD）与传统的安全系数方法并没有明显的区别，除了规范要求 LRFD 需要将多个抗力和荷载系数乘以相应的抗力和荷载分量（取名义值或特征值）外。两者的主要不同在于 LRFD 中抗力和荷载系数的数值不是单纯根据经验或先例来确定，而是由规范制定者为达到预期的目标可靠度指标采用可靠度分析校准所得。一旦设计规范规定了抗力和荷载系数的数值，工程师就可以直接使用它们进行设计，而无需开展可靠度分析或掌握土体的统计参数，只需大概确定土体变异性高低的程度（如低、中、高）。鉴于天然岩土材料具有多样性的特征，简化 RBD 显然要为工程师提供一条考虑特定场地状况的途径。结构材料很少考虑这种"场地特异性",虽然"场地特异性"对环境荷载也很重要且结构设计规范应该考虑环境荷载的"场地特异性"。可以将忽略了材料场地特异性的岩土 RBD 视为不切实际或与现有的良好岩土实践不一致。

准确地说,简化 RBD 方法是目前岩土可靠度最常见的应用。TC23 日本岩土协会的一个工作组编写了一份报告,总结了"根据一级 RBD 方法开发新的岩土结构设计公式时的要点和建议"(Honjo 等,2009)。一级 RBD 方法是简化 RBD 方法的另一种称呼。该报告进一步发现:"RBD 似乎是设计拥有清晰定义极限状态(即结构和构件的性能)结构并拥有足够安全裕度的唯一合理工具。可以肯定的是,RBD 至少在未来几十年都会被用作开发设计规范的工具"(Honjo 等,2009)。Nagao 等(2009)报告了基于半概率设计的日本海港和港口设施技术标准的修订情况。Fenton 等(2016)指出最新版加拿大公路桥梁设计规范(CAN/CSAS614:2014)中第 6 节"基础和岩土工程系统"包含了基于可靠度的岩土设计而作出的重大变化。

本书的目的是阐述如何将简化(半概率)和直接概率方法应用于岩土可靠度设计以使其与 ISO 2394:2015 附录 D 所涵盖主题(岩土设计参数的不确定性表征,多元岩土数据的统计表征,模型因子的统计表征以及岩土可靠度设计的实施问题)相一致。第 1 章作为本书的序篇,旨在向岩土界(包括岩石界)展示采用可靠度原则作为设计和实践基础的案例。工程师应该根据设计状况可以被标准化的程度开放使用半概率或直接概率方法。其目的当然不是提倡不加区别地使用结构可靠度原则,而是考虑如何以明智的方式将非常一般的可靠度原则纳入到更大范围的岩土实践中,以改进某些方面,尤其是那些适用数学处理和具有相当实用价值的方面。显然,RBD 起到补充的作用,它不会取代或排除在良好岩土(包括土体或岩体)实践中建立起来的成熟方面。本章介绍了岩土和结构设计之间的差异,讨论了工程判断的作用,并对比了安全设计的可靠度和岩土要求。这种"全局性"的概述展示了 RBD 在岩土设计中有足够空间发挥补充作用。它或许有助于回应针对可靠度计算的一些令人担忧的评论,以作者的观点来看,这些评论倾向于以偏概全。本章结论部分展示了一些具体的可靠度应用以塑造本书的主要技术内容。该部分的重点是应用可靠度原则特别是使用流行的半概率或简化 RBD 方法开展设计计算。有必要重复告诫,简化 RBD 方法不适用于所有岩土设计情况,特别是当设计和施工有时区分不明显和标准化难以实现时。在这些情况下,采用直接概率方法进行岩土设计是很有益的。将可靠度原则应用于实践的其他方面超出了本章的范围。有关可靠度原则的更多有趣应用见ISO 2394:2015。

# 1.2　结构和岩土设计的演变

ISO 2394 在为结构设计标准提供可靠度原则的共同基础方面起到核心作用,这点通过 14 个 ISO 标准将 ISO 2394 作为规范性参考和 10 个 ISO 成员国将 ISO 2394 作为国家标准而得到确认。ISO 2394 已被多个国家标准引用,如 Eurocode 头标 EN 1990:2002 结构设计基础(Vrouwenvelder,1996)、南非标准 SANS10160—1:2011 结构设计基础和加拿大标准 CSA S408 极限状态设计标准发展指南。除此之外,它还被广泛用作可靠度原则应用研究的基础。Faber(2015)解释说,当前版本 ISO 2394:2015 与以前版本的关键不同点是"引入风险和风险知情决策作为结构安全性和可靠度管理和标准化的基础"。他进一步补充道:"与上一版本 ISO 2394 中安全性和可靠度以启发式特征效率为基础不同,现在版本 ISO 2394 则通过利用边际救生原则和生命质量指数以风险考量和社会经济原则为基础,见 Nathwani 等(1997)。这反过来有助于在可持续社会发展背景下更加适宜地使用 ISO 2394,并且增加其根据当前经济能力和偏好在不同国家中应用的适用性。因此,对 ISO 2394 的新修订,便于其对结构具有足够安全性和可靠性能进行管理、验证、记录和传达,并将其作为社会系统和服务的一部分。"

从岩土的角度来看,当前版本 ISO 2394:2015 与以前版本的关键不同点是引入了一个全新的资料性附录 D"岩土结构可靠度"(Phoon 等,2016)。通过引入附录 D,ISO 2394 首次明确地指出实现岩土和结构可靠度设计一致性的必要性。正如前面所强调的,附录 D 的重点是在岩土 RBD 中考虑更多的实际情况,同时尊重现行岩土实践中考虑那些易于数学处理之外的不确定性(和风险)而发展起来的原则。此外,应该进一步认识到,与结构工程实践相比,岩土工程实践不太容易标准化,这是因为岩土工程中场地条件具有多样性,且经过多年发展起来的适应这些条件的当地实践也具有多样性。结构和岩土设计之间的差异基本上已经非常明显,如果有人观察到专为岩土工程撰写的附录只出现于 ISO 2394:2015,它已是 ISO 2394 第四版。ISO 2394:2015 的第一版出版于 1973 年,虽然基础当时作为一种结构被包括进去。

下面简要回顾过去 60 多年来岩土设计的演变,从历史的视角来展示结构和岩土设计是如何由于设计情况和重点的不同而具有明显差异。大部分岩土设计特别是基于分项系数的设计都受到了 Hansen 的影响(1953,1956,1965)。这些分项系数基于两个准则主观地确定:①较大的分项系数应当赋值给更不确定的量;②分项系数应当使得岩土结构的设计尺寸与采用传统方法得到的结构尺寸大致相同(Hansen,1965)。分项系数设计方法首先在丹麦被采用(Ovesen,1989),随后影响了加拿大(Meyerhof,1984)和欧洲岩土工程规范的发展,特别是 EN 1997—1:2004(在 EN 1997—1:2004 的第 2~12 节共有 60 次出现"分项系数"一词)。前面已经强调过,Hansen(1953,1956,1965)所建议的原始分项系数法与 EN 1997—1:2004 中建议的分项系数法有一个方面不同。前者仅将分项系数应用于土体强度参数,而后者则允许将分项系数同时应用于土体强度参数和土体抗力。当 EN 1997—1:2004 中分项系数作为除数应用于土体抗力时,它就是 LRFD 中抗力系数的倒数。本章不采用 EN 1997—1:2004 中"分项系数"的定义,而采用 Hansen 对"分项系数"的原始定义(作为除数应用于土体强度参数),该分项系数在 LRFD 中作为土体抗力的乘数被称为"抗力系数"。该方法的局限性被广泛讨论(Simpson 等,1981;Baike,1985;Fleming,1989;Valsangkar 和 Schriver,1991),但依作者看来,这些讨论并没有得出令人满意的解决方案。Phoon 等(2003a)认为:"在非概率框架内实施极限状态设计,如经验分项系数法,似乎并没有充分解决传统安全系数方法的严重缺陷。例如,经验分项系数法在如何促进沟通、帮助将安全实践的经验推广到新的情形、或允许充分利用知识库的进步方面都是不清楚的。采用这种经验方法可能会为以概率方式的分项系数方法逐步合理化铺平道路,但仅仅是在这个基础上用一个未知系统(分项系数方法)来代替已知系统(传统安全系数方法),其可取性是有争议的。"

在自 20 世纪 50 年代以来关于结构和岩土设计演变的更详细历史回顾中，Kulhawy 和 Phoon（2002）指出，以 LRFD 为形式的结构设计"在本质上首先是从心态上向概率设计哲学转变的逻辑产物，其次才是将严格可靠度设计简化为熟悉的'界面外观'式的设计方法"。相反，岩土设计主要是将单个全局安全系数重新分解为两个或更多个分项系数。如前所述，岩土设计的这种特点部分原因是岩土工程师不得不处理较大的不确定性及相关风险，其中部分不确定性可能不适合数学处理。岩土工程师们的明智做法是寻求对更基本设计考量的清晰理解（如"设计"是什么？哪些设计情况可以标准化？承载能力极限状态和正常使用极限状态之间的分界真的存在吗？基于地面运动将结构和基础视为一个系统进行性能评估是更明智的吗？岩土设计应该朝着基于性能的设计转变吗？），并减少对性能验证的关注（这只是设计中的一个步骤，虽然是重要的一步）。顺便注意的是，日本的 Geo-code 21 可能是第一部基于性能的基础设计标准（Honjo 和 Kusakabe，2002；Honjo 等，2010）。作者认为，岩土设计的讨论有时并不明确区分性能验证方法（如全局安全系数方法、分项系数方法或 RBD 方法）和影响所有性能验证方法的更广泛的设计考虑。所有性能验证方法都必须在工程实践的主流规范中操作，并且这些规范的任何缺点都不反映性能验证方法的缺点。这种混乱在本章引用的一些说明性而非综合性的讨论中有很多。

由于对当前基本问题不断演进的讨论及其与性能验证之间相当纠结的关系，RBD（以简化或其他方式）的意义仍然在偶尔混乱的交流中被争论着。"概率"或类似术语在岩土界引发了持续的争议。例如，Schuppener（2011）指出在 1982 年德国国家岩土工程会议上人们表达了类似的看法。Schuppener（2011）总结了该会议讨论小组提出的以下保留意见：

（1）概率方法没有考虑设计和施工过程中的人为错误，尽管它是损害的主要原因。

（2）在实践中，收集土体参数的统计数据受到严重限制。

（3）岩土工程和结构工程其他领域之间的差异不仅是前者具有更高的变异系数（无法通过设定的配方生产出具备明确特征的土体），而且岩土工程师只能看到他设计的结构的有限部分。

（4）损害通常是由与土体相关但未被发现的风险所造成。

（5）没有上限或下限的岩土基本变量的分布是不合适的，因为不可能测量到非常高和非常低的值，因为力学原因这些值也不可能产生。

（6）土体开挖和土体力学性能测试从未能提供足够多的数据来进行概率计算。

作者急于补充，概率方法在加拿大（Fenton 等，2016）、荷兰（Vrouwenvelder 等，2013）、日本（Honjo 等，2009，2010）和美国（Allen，2013）已被顺利地接受。第 7 章将介绍荷兰洪水防御的新安全标准，这是第一部采用直接（或完全）概率设计方法的国家标准（Schweckendiek 等，2013，2015）。作者冒昧地指出，有些保留意见是基于对 RBD 的误解，认为 RBD 是解决基于安全系数或岩土实践的所有设计计算困扰的万能药，下一节将清晰阐明这方面问题。其他保留意见与可用信息的稀缺性和/或不完整性有关。这个重要的信息方面的问题将在 1.5 节中阐明。这里的关键点是，上述保留意见应该被视为提供控制可靠度计算极限的近似边界，或者作为对过于简化的、不尊重岩土需求或约束的可靠度应用的警告，而不是使可靠度原则整体无效化。例如，可以在概率分布中考虑土体参数的上限和/或下限。诚然，不可能使用正态分布或对数正态分布来做到这一点，但是这个问题与过度简化（部分更偏理论的岩土可靠度文献可能过度简化土体参数的概率分布）相关，而不是可靠度原则的根本局限。没有理由保留不遵守良好岩土工程原则的简单可靠度分析。本章 1.5 节给出了遵守现行岩土工程原则并对实际工程具有相当价值的更先进方法的概述。尽管使用不是基于可靠度的分项系数（所有方法都有优点和缺点）也有优点，但是值得注意的是结构和岩土设计不能通过经验来弥合。以 ISO 2394：2015 为例，显然没有不以可靠度为基础的岩土设计所适合的方法。在缺乏合理框架（无论是可靠度还是其他方面）的情况下，岩土专业人员也很难从正在进行和普及的大数据和数据分析方面的信息技术革命中受益。

## 1.3　工程判断的作用

有关可靠度计算在岩土设计中作用的讨论无疑应该在许多场合下给出有用提示（Simpson，2011；Schuppener，2011，2013；Vardanega 和 Bolton，2016）。这些提示中一个值得注意的提示是工程判断的重要性（Burland，2008a，2008b；Dunnicliff 和 Deere，1984；Focht，1994；Peck，1980；Petroski，1993，1994）。关于该主题已经写了很多，这里不再赘述，而只重申工程判断在 RBD 的核心作用。当然，完全依赖计算是不明智的，无论其复杂性、一般性和精确性。鉴于计算能力和复杂性日益增强，包括大数据分析和深度机器学习，反复强调这一信息显得特别重要。可靠度分析仅仅只是用于模拟工程应用中复杂真实世界的许多数学方法之一。它在没有合理工程判断的情况下容易被滥用，这点类似于有限元分析。尽管如此，作者认为我们应该把这当作一个已知的提示，并为实践中哪些方面受益于计算（包括可靠度分析）划定更清晰的界限。没有人会怀疑工程实践已经从数学建模中受益匪浅。

Kulhawy 和 Phoon（1996）阐明了工程判断在 RBD 中的作用为："过去二十年来，强大且廉价计算机的出现有助于进一步推动理论分析在岩土工程实践中应用和推广。为此，工程判断的作用已经改变，但是这种变化的本质在追求更复杂分析过程中经常被忽略……例如，工程判断在场地表征、土体/岩体参数和分析方法的选取以及分析、测量和观察结果的评价中仍然是需要的（并且可能总是需要！）。随着理论和计算工具的发展，工程判断的重要性显然并没有减弱。然而，它发挥作用的领域已经变得更加集中在那些理论分析之外的设计方面。"本章 1.5 节将举例说明在存在不确定性的情况下，可靠度计算如何可以从不适当的性能验证任务中减轻工程判断的负担，以便工程师能专注于建立正确的科学勘察方法、选择合适的计算模型和参数，并验证结果的合理性（Peck，1980）。

可靠度分析的关键优势是，它允许"已知的未知"被合理地模拟为随机变量/场/过程（这样做具有优点），并根据输入参数的不确定性确定一致的响应（或多个响应）不确定性。原则上，可靠度分析可以计算复杂和大尺度实际工程问题的可靠度。工程判断也有它的局限性，特别是在没有先例可循的情况下。在某种意义上，该步骤可以被视为一个合乎逻辑的进步，从基于先例、经验法则和局部经验的假定承载应力，到基于土力学和更合理的方法分析稳定安全系数（处理已知的未知或中等程度的未知的未知）的容许应力。从这个角度来看，可靠度分析使安全系数的一部分合理化，特别是使用客观数据和某种程度上的主观经验对已知的未知进行表征。同样的，从可靠度分析得到的失效概率应该被理解为名义值，而不是表征历史失效率的实际值。然而，名义失效概率已经证明了其作为一个以一致的方式管理已知的未知指标的价值，从而允许以可靠的方式量化岩土信息的价值。工程师经常要面对应该开展多少次测试这样的问题，因为收集更多信息的成本不能轻易地与信息的"价值"挂钩，特别是从客户的角度来看。在描述灾难性风险的文献中，最极端程度的"未知的未知"被称为"黑天鹅"。工程上没有遭遇这种导致不成比例后果的"黑天鹅"事件的先前经验。可以肯定地说，可靠度分析或任何计算技术都不适合处理这种可能导致灾难性失效的极其罕见的事件，并且在任何情况下，没有人为这些事件设计，无论是使用全局安全系数、分项系数或 RBD。在存在一些合理数据量的已知的未知（"白天鹅"）和极端的未知的未知（"黑天鹅"）之间，可能存在不同程度的"灰天鹅"。例如，即使在数据缺失的情况下仍可合理预见的事件（如可以从地质考量和区域经验预测到的岩溶地层中的空洞），或不可预见但不导致严重失效的事件（如在桩尖下方的不稳定软斑点、中度人为错误、中度事故等）。前者可以通过选择适当的基础系统来处理，如用筏跨越潜在的空洞。该基础系统对于空洞的未知性具有相当的鲁棒性，给定空洞的尺寸比筏的尺寸小，并且它们是异常而不是普遍的地下特征。这就是工程判断介入的地方——它在通常预先选择适当设计、极限状态和失效机理的可靠度计算范围之外。后者或许可以遵循 ISO 2394：2015 的 F.3 节中给出的设计方法和鲁棒性规定（表 1.1）。附录 F 所讨论的鲁棒性设计超出了本书的范围，尽管本书 2.4 节中进行了简要讨论。一种更受约束的鲁棒性设计，考虑难以控制（工程师不易调整）和难以表征（因数据不足而难以量化的不确定性）的噪声因子，将在本书 6.2 节和 7.4 节中讨论。

表 1.1　　　设计方法的分类 ［ISO 2394：2015，表 F.2。经国际标准化组织 (ISO) 许可转载。ISO 保留所有权利］

| 方　　　法 | 减　少　物 | 待解决问题 |
|---|---|---|
| （1）事件控制 | 意外事件的发生概率和/或强度 | —监测、质量控制、纠正和预防 |
| （2）特定荷载抗力 | 意外事件导致的局部损害的概率 | —强度和刚度<br>—应变硬化的益处<br>—延性与脆性破坏<br>—后屈曲阻力<br>—机械设备 |
| （3）替代荷载路径法，包括提供联系 | 发生局部损害的情况下进一步损害的概率 | —多负载路径或冗余<br>—渐进破坏与拉链止口<br>—第二道防线<br>—容量设计和保险丝元件<br>—牺牲和保护装置<br>—测试<br>—强度和刚度<br>—连续性和延展性 |
| （4）后果减少 | 后续损害的后果，如渐进崩溃 | —分割<br>—警告、主动干预和救援<br>—设施服务的冗余 |

有人可能认为广义上全局安全系数已经考虑了"灰天鹅"事件。人们普遍认为，安全系数包含了额外的安全裕度以考虑中等程度的"未知的未知"。Meyerhof（1984）指出，分项系数通常以在平均意义上获得与现有实践相一致的整体安全系数的方式被校准。因此，有人可能认为以这种方式校准的经验分项系数也考虑了"灰天鹅"事件。那么 RBD 有没有考虑"灰天鹅"事件呢？Beal（1979）表达了对将安全裕度分解为荷载和抗力分量可能忽略原始安全系数中某些功能的担心。考虑可靠度指标或等效的失效概率的名义性质，Phoon 等（2003a）提出了输电线路结构基础设计时目标可靠度指标选取中的以下关键考虑因素：

（1）在对实际和计算失效率之间的差异进行适当调整后，它应该与基础失效的经验率大体一致。

（2）它应该在现有基础设计隐含的可靠度水平范围内。

（3）它应该适用于通常施加在输电线路结构基础上的各种加载模式。

（4）它应该超过典型输电线路结构的目标可靠度指标，因为基础修复更困难和昂贵。

上述第（2）个考虑因素在 RBD 中被广泛采用（Ellingwood 等，1980）。因此，说 RBD 没有考虑"灰天鹅"事件是不准确的。Kulhawy 和 Phoon（1996）指出，这种经验的校准目标可靠度指标的方法具有保持 RBD 设计与现有经验相兼容的优点。然而准确地说，全局安全系数、分项系数和 RBD 并没有明确考虑"灰天鹅"事件。中等程度的"未知的未知"概念最终是一个判断的问题。目前，对目标可靠度指标的正确调整可能是将较难量化、但却重要的因素纳入 RBD 的唯一现实手段。本书 7.7 节将举一些目标可靠度指标的例子。不言而喻，现有实践不单单依赖于全局安全系数或分项系数来处理"灰天鹅"事件。表 1.1 给出了一些合理的处理措施。RBD 可以并且应该连同这些措施一起使用。

# 1.4　安全设计的可靠度与岩土要求

本节对比安全设计的可靠度要求和岩土要求，以说明这两套要求是相辅相成的。ISO 2394:2015 的 D.5.2 条规定，岩土 RBD 的关键目标是实现比现有的容许应力设计更为一致的可靠度水平。它进一步阐述："关于半概率方法，强调可靠度校准在岩土工程中更具挑战性很重要。一个关键原因是在校准域中应考虑设计状况的多样性，如根据不同土体性质估计方法得到的 COV 范围的多样性。多样性的另一个来源是，即使在城市大小的区域内也会遇到不同的土体剖面。"COV 是变异系数英文名称（coefficient of variation）的缩写，其定义为标准差和均值的比值。结构强度的 COV 约为 10%，而土体强度的 COV 可以相当的高。第 6 章将讨论在需要一定程度的分项系数标准化的半概率可靠度设计框架内，如何处理多样化的设计状况。

再次重申，简化 RBD 的目标是为了校准抗力或分项系数以达到目标可靠度指标。性能验证方法仅影响在设计规范范围内不同设计状况下实现一致可靠度水平的能力。对于不能保持合理的一致可靠度水平的较不有效的验证方法，权宜的解决方案是划分设计空间，如图 1.1 所示。图 1.1 中不排水抗剪强度的 COV 分区是基于 Phoon 和 Kulhawy（2008）提出的用于简化 RBD 抗力系数校准的合理实用的三级分类方案（表 1.2）。这种分区方法已经应用于加拿大公路桥梁设计规范（CAN/CSAS614：2014）。Fenton 等（2016）强调，承载能力和正常使用极限状态的岩土抗力系数要根据 CAN/CSAS614：2014 中表 6.2 的 3 个理解层次制定。本书第 6 章中表 6.1 和表 6.2 是更适合岩土设计的一种信息敏感型 RBD 的早期示例。这是在简化 RBD 中考虑特定场地条件的最简单方法之一。对每个抗力系数只赋予单一数值的现行实践不提供这样的方法。这个重要观点与岩土信息的价值有关，将在下一节中对此进行更详细的解释。

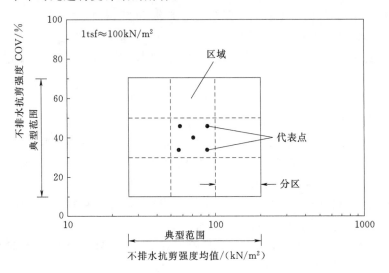

图 1.1　抗力系数校准的参数空间分区［ISO 2394：2015，图 D.3。
经国际标准化组织（ISO）许可转载。ISO 保留所有权利］

**表 1.2　可靠度校准中土体参数变异性的三级分类方案（Phoon 和 Kulhawy，2008，表 9.7）**

| 岩土参数 | 变异性水平 | COV/% |
|---|---|---|
| 不排水抗剪强度 | 低[a] | 10～30 |
| | 中[b] | 30～50 |
| | 高[c] | 50～70 |
| 有效应力摩擦角 | 低[a] | 5～10 |
| | 中[b] | 10～15 |
| | 高[c] | 15～20 |
| 水平应力系数 | 低[a] | 30～50 |
| | 中[b] | 50～70 |
| | 高[c] | 70～90 |

a　通常针对具有较高质量直接室内或现场试验数据。
b　通常针对基于良好现场数据采用间接相关转换而来，除了标准贯入试验数据。
c　通常针对基于现场 SPT 数据或严格经验关系采用间接相关转换而来。

从岩土的角度看，Simpson（2011）认为一种足够安全的设计应该适当考虑以下特征：

（1）设计者对场地、地质条件及其潜在变异性的认知程度。这些认知包括场地的地质、历史、地貌和水文特征。

（2）对所有可能来源数据的有效吸收和整理。这些可能来源包括已出版文献、可比较的历史案例以及通常来自不同数目、解译方式和可靠性的多种试验的结果。

（3）开展参数化研究，以揭示主要变量的变异性影响。

（4）认真评估参数的最糟糕值。参数的最糟糕值通常不会从关于可能值和在均值附近变化的统计变异性的研究中获得。

（5）足够的鲁棒性。这需要为次要作用以及与主要参数无关的其他变异（包括中度的人为误差）提供足够的裕度。

（6）同时处理 ULS 和 SLS 的合适方案，注意它们可能难以分离开来。

上述要求与实现更加一致可靠度水平的 RBD 的主要要求是明显互补的。下一节认为，这些岩土要求可以在 RBD 框架内以更加有利的方式予以满足。唯一的例外是鲁棒性，它可以通过 ISO 2394：2015 中附录 F 更好地满足，而不是通过半概率方法。然而，Gong 等（2016）提出了一种有趣的 R-LRFD 方法，其在约束的层面上考虑了鲁棒性。R-LRFD 是 Juang 等（2013a，2013b）最近提出的一种新的设计方法称为鲁棒性岩土设计（robust geotechnical design，RGD）的简化版本。RGD 是为了使岩土系统的响应对不确定的输入参数的变异性具有鲁棒性或不敏感。RGD 是处理基于有限试验数据估计的参数统计量不可靠的有效方法。顺便一提，传统的处理"不可靠统计量"的方法是考虑统计量的抽样误差或统计不确定性。统计不确定性合理衡量了建筑规范中通常要求的收集最少岩土信息的成本。

反思可靠度分析在设计计算中的作用，Simpson（2011）观察到："可靠度分析具有开展全面参数研究的优势。作者认为，先进的可靠度分析可能能够考虑这里列出的所有方面，包括考虑极值。然而，简单的可靠度分析如基于均值和标准差的分析将无法做到这一点。事实上，这种分析方法更有可能分散与地质、历史、地貌、水文特征相关的主要问题的注意力。"作者同意将更多的实际情况引入到岩土 RBD 中。本书第 7 章涵盖了直接（或完全）概率设计方法，这些方法比仅依靠均值和标准差的简单方法要先进得多。

"简单"的可靠度分析出现的部分原因在于，岩土 RBD 是从结构 LRFD（如 Ravindra 和 Galambos，1978）发展而来。并且作者认为，过去对岩土实践的具体需求没有给予足够的重视。自 20 世纪 80 年代以来，结构可靠度已经快速发展而不仅是局限于 LRFD（如本书第 2 章描述了风险知情决策已被正式作为 ISO 2394：2015 设计的基础），但岩土 RBD 发展速度相对较慢。虽然在过去几十年间，岩土 RBD 在其初始发展阶段采用结构 LRFD 概念是可以理解的，但作者相信现在是时候让岩土 RBD 界研究如何改进我们的方法以适应岩土工程实践的特殊需求。事实上，ISO 2394：2015 中附录 D 正是以最前沿的岩土工程需求为出发点发展岩土 RBD 而迈出的重要的第一步。为了说明这一精神，D.1 引言摘录如下。

"本附录的重点是识别和表征岩土可靠度设计过程的关键因素。在现有的确定性岩土实践中，这些因素无法被考虑。这些关键因素如下：

（1）岩土设计参数的变异系数可能很大，因为岩土材料是天然形成的，且原位变异性不能降低（相反，大多数结构材料是通过质量控制人工制造的）。

（2）岩土设计参数的变异系数不是唯一的，并且可以在很宽的范围内变化，这取决于它们的计算方式和程序。

（3）由于岩土设计参数的特征值在各个场地都是不同的，在每个场地都进行场地勘察是常见的。因此，应该谨慎处理由此引发的参数统计不确定性。

（4）场地勘察通常同时开展室内和现场试验。岩土设计参数往往与多个室内和/或现场试验指标相关。这种情况下考虑多元参数的相关性很重要，因为当该多元分布中的其他参数的信息增加时，设计参数的变异系数会降低。

（5）岩土设计参数的空间变异性不易被忽略，因为与结构相互作用的岩土材料的体积与结构特征长度的一些倍数相关，这种特征长度（如坡高、隧道直径、开挖深度）通常大于设计参数的波动范围，特别是在垂直方向上。

（6）对于同一设计问题，通常有许多不同的岩土计算模型。因此，基于当地现场试验和当地经验的模型校准很重要。由模型数量和校准数据库数量引发的模型因子的增殖（可能是特定场地的）是可以预期的。

（7）岩土系统如群桩和边坡是包含多个相关失效模式的系统可靠度问题。这样的问题由于失效面与土体介质的空间变异性相互耦合而进一步复杂化。"

Simpson（2011）或 ISO 2394：2015 中附录 D 所强调的要素并非是全面的，它们的相对重要性可能会被争论，但它们确实有助于正在进行的讨论，即如何将岩土 RBD 置于更坚实、更实际的基础上。下一节将讨论一些具体应用以说明如果要摆脱不符合岩土需求和约束的简单假设和方法，以可靠度作为岩土设计的基础将具有实用价值。

## 1.5  可靠度的应用

### 1.5.1  多元土体数据库

文献中已经构造了各种黏土参数的多个多元概率分布模型（Ching 和 Phoon，2012，2013a，2014a；Ching 等，2014a）。本书第 4 章表 4.1 给出了这些多元黏土参数数据库。所构造的多元概率分布模型可以用作先验分布基于有限但特定场地的现场数据推导设计参数的多元分布。值得注意的是，上述方法得到的是多个设计参数的多元分布，而不是边缘分布或 Phoon 和 Kulhawy（1999a，1999b）给出的土体参数以及 Prakoso（2002）给出的岩体参数的均值和变异系数。此外，基于多种现场测量指标更新多个设计参数比当前实践中基于一种现场测量指标更新一个设计参数（如基于锥尖阻力更新不排水抗剪强度）更有用。有关详情见 Ching 和 Phoon（2014b）和本书第 4 章。

系统地收集土体/岩体数据对参数更新具有重要的意义。当多个参数存在不同程度的互相关性时，很难以一致的方式对参数进行更新。最直观地对基于不同试验指标得到的设计参数的估计值取算术平均的方法并不是在所有情况下都有效，因为该方法忽略了不同试验指标之间的相关性。作者建议应用工程判断核对贝叶斯更新得到的最终结果。不言而喻，工程师最适合评估输入数据的准确性并消除潜在的异常值。显然，只有配合所有可用数据、认知和合理分析得到的结果，工程判断才能最有效地运用。值得强调的是，合理可靠的信息（现场勘察只是信息的其中一个来源）通常与"信息价值"这个概念联系起来，接下来的 1.5.2 节将详细阐述"信息价值"这个概念。

Vardanega 和 Bolton（2016）认为"尽管可靠的均值和标准差比概率密度函数更容易确定，但依然存在一种不合理的趋势，即仅仅依赖已经发表的其他土体沉积物的变异系数。由于土体沉积物的变异性受场地的地质沉积和地貌变化过程的影响，因此需要进行大量的努力以把缺乏这种信息的新场地和已经建立起变异系数的以前场地结合起来"。作者认为，从文献中收集的信息无疑不能任意使用。本书 1.3 节已经引用 Peck（1980）的话强调过，选择合适的计算参数是工程判断的事。话虽如此，最好在设计中考虑所有来源的信息，包括文献中报道的信息。此外，文献中的先验信息可以通过特定场地的信息被更新。贝叶斯更新是一个强大的工具，岩土工程师可以利用它的价值节约现场勘察的成本。最后，岩土工程充满了经验主义，包括应用来源于全球岩土数据获得的岩土参数之间的相关性。虽然所有工程师都认识到岩土实践中的场地特异性，但很难说我们当前实践中应用来源于全球岩土数据获得的参数之间的相关性的做法是无效的，虽然这种相关性与特定场地土体参数相关性不是十分相符。

## 1.5.2　岩土信息："投资"还是"成本"

RBD 的一个优势是它搭建了场地勘察和设计之间的桥梁。场地勘察是岩土工程所特有的活动，世界上许多建筑规范都规定设计前必须开展场地勘察工作（例如，钻孔数目应该取下面两者的较大值：①每 300m² 一个钻孔；②每 10～30m 间距一个钻孔，但一个项目场地不少于 3 个钻孔）。场地勘察通常被视为成本项。一般来说，说服客户开展超出建筑规范所规定的场地勘察工作是一个艰难的任务。利用多元土体数据库构造土体参数的多元分布模型的意义在于，基于该多元分布模型中一个或多个土体参数信息可以有效降低其他土体参数的变异系数，特别当这些参数之间具有较强相关性时。本书第 4 章给出了这种贝叶斯更新的详细细节。值得指出的是，场地勘察可以被视为投资项而不是成本项，这是因为基于土体参数的多元相关减少的设计参数的不确定性可以通过 RBD 直接转化为节约的工程设计费用（Ching 等，2014b）。传统的安全系数方法不能系统地搭建场地勘察的质量/数量与节约的工程设计费用之间的桥梁。总之，RBD 的优势是它可以根据土体设计参数变异系数的变化而变化，而安全系数方法则不能。当考虑岩土数据的多元相关性时，RBD 的这个优势体现得更加明显。实现这一优势的唯一要求是采用信息敏感型 RBD 设计方法。最简单方法是允许每个抗力/分项系数根据土性参数变异性水平高低（低、中、高）而取不同的数值。图 1.1（ISO 2394 中图 D.3）和表 1.2 展示了通用的三级变异性划分方案。前面已经强调过，本书第 6 章表 6.1 和表 6.2 是信息敏感型 RBD 方法的早期示例。很明显，当土性参数变异性较低时，抗力系数将取更大的值，反之亦然。这是建议的允许工程师纳入一些特定场地的变异性信息的最小和最佳做法。现有的岩土工程实践针对每个抗力系数只校准一个数值的做法是远远不够的。针对每个抗力系数只校准一个数值的做法也是可行的，除非抗力的特征值能根据土性参数变异性的变化而变化，即如 1.5.6 节讨论的抗力的特征值而不是抗力系数根据土性参数变异系数的变化而变化。然而，如 1.5.7 节所指出的，仅仅根据工程判断变化多个具有相关性抗力的特征值实际上是不可能的。

CAN/CSAS614：2014 允许抗力系数根据"理解"程度（低、典型、高）取不同的数值。理解程度涵盖了场地信息的质量和性能预测的质量。可以设想一个信息敏感型 RBD，其最终考虑了全范围的岩土信息，包括设计前信息（如先验经验、场地勘察、小型模型试验、离心机试验、原型试验）和设计后信息（如质量控制、监控）。可以肯定地说，本书第 6 章中表 6.1 或 CAN/CSAS614：2014 中表 6.2 是搭建更密切的岩土信息和设计之间桥梁的正确一步。总体而言，如果信息以合理的方式被赋予"价值"，人们可以期望岩土实践将受到积极的影响。

### 1.5.3　模型不确定性

基础承载力的模型因子通常定义为实测承载力 $Q_m$ 与计算承载力 $Q_c$ 的比值，即 $M = Q_m/Q_c$。$M = 1$ 意味着计算承载力与实测承载力相同，这对所有设计状况都是不可能发生的。一般情况下，$M$ 的数值随设计状况的不同而不同，大量模型因子相关的研究都证明了这一点（本书第 5 章）。上述简单定义可以直接应用于除基础承载力的其他响应的模型因子定义。理想情况下，响应的计算模型应该捕捉到物理系统的关键特征，因此响应的模型计算值与实测值之间的差异本质上应该是随机的，因为它是由模型中没考虑到的许多次要因素引起的。因此，将 $M$ 表示为随机变量是合理的。$M$ 的概率模型（对数正态分布通常足够表征 $M$ 的概率分布）用来描述模型理想化所引起的这些随机差异。本书第 5 章总结了承载能力极限状态和正常使用极限状态模型因子的统计量。

上述模型因子的定义方法完全是经验性的，但它却是构建模型与现实之间联系的实用方法。工程师可以很容易地采用这种方法定义响应的模型因子。显然，$M$ 是预测模型（或计算方法）的函数，且在一定程度上也是根据实测的基础荷载-位移曲线推导实测承载力的方法（根据实测荷载-位移曲线有多种推导实测承载力的方法）的函数。因此，$M$ 的分布和统计特性可能与基础的校准荷载试验数据库有关。为此，强烈建议根据其他独立的基础荷载试验数据库验证 $M$ 的分布或至少其统计特性，以便判断其在基础的校准荷载试验数据库未涵盖状况中的适用性。$M$ 当然不是响应如竖向承载力或侧向承载力的函数，因为它是一个无量纲量。Phoon 和 Kulhawy（2005）基于大型荷载试验数据库证明了刚性钻孔桩侧向承载力的模型因子 $M$ 的均值是预测模型（不排水模式有 5 个模型，排水模式有 4 个模型）和实测承载力推导方法（侧向或力矩极限 $H_L$，双曲线极限 $H_h$）的函数。报道的未指定具体预测模型的模型统计量可能是根据经验大致估计的统计量。本书第 5 章列出的不同模型结果的多样性说明了这一点。

Phoon（2005）证明了当使用不同计算模型计算承载力时，基于现有公式得到的侧向加载刚性钻孔桩的安全系数无法进行比较。Phoon（2005）利用一个简单的设计实例说明了这个众所周知的局限：桩直径为 1m，桩长与直径比为 5，荷载偏心度为 0.5m，土体不排水抗剪强度为 50kPa，荷载 $F$ 为 200kN，计算的安全系数 $H_u/F$（$H_u$ 是根据 Reese、Broms、Randolph 和 Houlsby 模型计算的侧向承载力）分别为 3.1、1.7 和 3.4。如果采用 Phoon 和 Kulhawy（2005）报道的平均模型因子来调整计算承载力，修正后的安全系数 $H_m/F$ 当 $H_m = H_L$ 时分别为 2.8、2.6 和 2.9，当 $H_m = H_h$ 时分别为 4.3、4.0 和 4.5。基于 Broms 模型设计的钻孔桩必须显著增大以达到相同的安全系数 $H_u/F$。因此，有必要在设计中考虑平均模型因子，即使是现有的容许应力设计方法。BS EN 1997—1：2004 中表 A. 11 "从动态冲击试验推导特征值的相关因子 $\xi$（$n$ 为测试桩数目）" 指出，表中的相关因子应分别乘以模型因子 0.85、1.10 和 1.20，以对应以下 3 种从动态冲击试验推导极限抗压强度的方法：采用信号匹配的动态冲击试验、冲击时有准弹性桩头位移测量的打桩公式和冲击时未有准弹性桩头位移测量的打桩公式。BS EN 1997—1：2004 中还有其他引用模型因子的地方，但都没有给出模型因子的建议值。有必要指出，EN 1997—1：2004 中模型因子 $\gamma_{R;d}$ 和 $M$ 有根本性不同：前者是数字，而后者是随机变量。从 1.5.7 节的 "设计验算点" 的角度来看，$\gamma_{R;d}$ 可以理解为 $M$ 在设计验算点的倒数。表 1.3 给出了 Frank（2015）推荐的用于法国标准的 $\gamma_{R;d}$ 值。

**表 1.3　法国深基础新规范 AFNOR（2012）中的模型因子 $\gamma_{R;d}$（Frank，2015）**

| 桩 的 类 型 | 旁压试验方法（PMT） | | 静力触探试验方法（CPT） | |
|---|---|---|---|---|
| | 受压 | 受拉 | 受压 | 受拉 |
| 除喷灌桩和嵌入白垩岩中桩的所有桩 | 1.15 | 1.40 | 1.18 | 1.45 |
| 除喷灌桩外嵌入白垩岩中的桩 | 1.40 | 1.70 | 1.45 | 1.75 |
| 喷灌桩 | 2.00 | 2.00 | 2.00 | 2.00 |

Vardanega 和 Bolton（2016）发现，"RBD 适用于土的最终失效，而不适用于开始发生变形、而后发展成正常使用问题、最终演变成结构崩溃，如果不去中断加载过程或增强土-基础系统。从这个意义上说，对极限状态设计中的正常使用极限状态（SLS）失效和承载能力极限状态（ULS）失效进行严格分界，对于应用风险概念的设计来说是不现实和无益的"。他们进一步发现，"对于岩土工程师来说，其挑战不只是要做出沉降预测，还要在严格的统计框架内做出沉降预测"。RBD 可以适用于任何功能函数。它已经应用于 ULS 和 SLS，因为这些极限状态在当前设计规范中通常被认为是重要的。如果岩土界认为变形验算更为重要，那么表征与变形计算有关的模型不确定性也变得更加重要。Simpson 等（1981）指出，结构工程师往往不确定岩土工程师对地面变形预测的可信度。Vardanega 和 Bolton（2016）表达了类似的看法，即变形验算比与临界滑动面相关的承载力验算较少得到审查和验证。他们建议，强度发挥值设计（mobilizable strength design，MSD）方法为工程师提供了一个简单而实用的工具计算地面变形，但需要一个修正系数来匹配有限元预测。Zhang 等（2015）基于两步法将修正系数扩展为模型因子：①通过有限元分析校正 MSD；②通过现场测量校正有限元分析。

### 1.5.4　岩土数据的稀缺性

本节的讨论仅限于小样本数目的问题。小样本的代价是统计不确定性导致的岩土参数的更大变异系数。即使对于随机场参数，现在也已经可以估计其统计不确定性（Ching 等，2016a）。这是一个重要的进步，因为空间变异性是岩土数据特有的特征（1.5.6 节）。统计不确定性对设计具有重要的影响（Ching 等，2016b）。这是一个重要的发现，因为它为当前保持最低限度的现场勘察实践核算了成本。值得注意的是，EN 1997—1：2004 在桩试验的 "相关因子" 中考虑了小样本数目导致的统计不确定性。当试验次数减少时，表

A.9~表 A.11 中"相关因子"明显增加了保守度。在相关因子中考虑统计不确定性的方法见 Bauduin（2001）和 Orr（2015）。

基于贝叶斯方法和先验信息可以部分解决小样本数目的问题（Wang 和 Cao，2013；Cao 和 Wang，2014；Wang 等，2016；Cao 等，2016）。正如 Simpson（2011）指出并在本章 1.4 节所讨论的，先验信息包括但不限于工程判断，设计者对场地、地质条件及其可能的变异性的具体认知，以及对所有可能来源数据的有效吸收和整理（包括已出版文献、可比较的历史案例以及试验结果的收集）。可以使用主观概率评估框架（Cao 等，2016）以合理和一致的方式量化先验信息，并进一步与来自特定场地的少量样本数据相结合，以得出土性参数的综合认知。然后，马尔科夫链蒙特卡洛模拟可以用于将综合认知转化为大量的土性参数的等效样本，从而克服由于小样本数目导致的计算困难问题。类似于传统岩土实践中工程判断和先验信息发挥的关键作用，工程判断和先验信息在处理岩土 RBD 中小样本数目问题时也可能发挥重要作用。使用先验信息和贝叶斯方法处理小样本数目问题的例子见本书 3.9 节和 7.8 节。

由于数据稀缺所带来的"地质意外"属于"未知的未知"的类别。"地质意外"的极端形式是"黑天鹅"事件，它可能导致不成比例的巨大后果，且不能从地质角度和以前的经验中预期到。它们不能被统计不确定性所捕捉到。使用对这些意外具有鲁棒性的设计方法可能可以更明智地处理这些问题，但鲁棒性设计也有其限制。鲁棒性设计和 RBD 是互补的，如 ISO 2394：2015 中附录 F 所示。

### 1.5.5  模拟指定分位数的"最糟糕"参数值的概率分布

Simpson（2011）呼吁工程师"有意识地考虑基于合理工程评估想象到的最糟糕的状况和参数值"。Simpson 等（1981）将这种状况或参数值称为"最糟糕"状况和参数值，并建议"鉴于设计者不可能相信更小发生概率的事情会发生，因此可以假设这种'最糟糕'状况和参数值的发生概率为 1‰"。本节只讨论"最糟糕"参数值，而有关"最糟糕"状况的讨论将在 1.5.6 节给出。更具体地说，将"最糟糕"参数值定义为 0.1% 分位数，相应地小于这个"最糟糕"参数值的概率为 1‰。由于参数样本数目通常不够大，因此在一个特定场地中不太可能遇到这种相当极端的参数值。Vardanega 和 Bolton（2016）指出，"任何超出场地预测极限的极端值的推断，都必须借鉴更广泛区域出现严重偏离值的经验。"这个问题可以具体地表示为："是否存在既可以模拟根据经验或判断推断的'最糟糕'参数值同时又能遵循现有客观但有限的实测数据的概率分布？"

工程师可以从与"最糟糕"值略有不同的概率分布的下限来理解上述问题。下限是"最差值"，因为物理上或理论上不可能产生低于此极限的值。换句话说，它是一个 0% 分位数，由于概率分布尾部的强非线性，它可以与 0.1% 分位数（"最糟糕"值）非常不同。因为许多物理变量都是正值，因此最常见的下限是零。通常采用对数正态分布模拟具有零下限的岩土参数的概率分布。同理，可以使用更一般的移位对数正态分布模拟具有大于零下限的岩土参数的概率分布（如超固结比大于 1，它的下限为 1）。事实上，任何三参数分布都可以用来模拟除均值和变异系数外的给定下限值。上述例子表明如果正态/对数正态分布被证明对于现有问题过于简单，那么还有更复杂的分布可以利用。Ching 和 Phoon

（2015）表明，使用 Johnson 分布可以解决多元概率分布建模中具有上下限的岩土参数的边缘分布模拟问题。

工程上也可以利用贝叶斯方法结合根据主观经验或判断（作为先验信息）推断的"最糟糕"值与来自特定场地的客观但有限的实测数据，从而得到表征这种综合认知的岩土参数的概率分布（Wang 和 Cao，2013；Cao 和 Wang，2014；Wang 等，2016；Wang 和 Aladejare，2016）。本书 3.9 节和 7.8 节给出了基于工程经验或判断和有限特定场地实测数据采用贝叶斯方法得出岩土参数概率分布的示例。例如，可以使用定义在"最糟糕"值和"最可信"值之间的均匀分布来定量地表征贝叶斯方法中的先验信息。当从工程经验或判断中获得更加明确的先验信息时，可以使用主观概率评估框架获得更复杂的概率分布来表征这种更加明确的先验信息（Cao 等，2016）。

据作者所知，多元情形下没有解决连同数据均值和标准差的给定分位数拟合问题的方法。给定分位数或下限可能是不确定的。这是一个说明将岩土需求放在岩土 RBD 前沿的讨论是如何激励在更富有成效的方向上开展未来研究的例子。

## 1.5.6  空间变异性

空间变异性是常见的地下特征，可以利用随机场进行系统地表征。随机场模拟的实现可以视为钻孔之间的可能插值。大量的随机有限元研究表明，空间变异或非均质土体中潜藏着复杂破坏模式，比均质或分层土体中经典破坏模式更为严重（Fenton 和 Griffiths，2008）。Simpson（2011）提到了"最糟糕"状况和参数值是基于合理工程评估想象到的"最糟糕"的状况和参数值。值得注意的是，与"最糟糕"参数值相比，"想象""最糟糕"状况可能更重要。此外，即使以 1‰的发生概率来判断，工程上仍存在很多"最糟糕"状况。

作者认为，基于钻孔数据随机场模拟可以比工程师更加系统地"想象"这些"最糟糕"状况。有限元分析可以比工程师得出更合理的符合力学和边界条件的失效模式。工程师不应该利用工程判断来想象可能的地下条件和/或破坏模式，而是应该根据他/她的经验和他/她对该场地地质条件的认识来辨认上述这些计算（随机场模拟和有限元分析）输出的合理性。

EN 1997—1：2004 的 2.4.5.2（2）条建议："岩土参数的特征值应选为影响极限状态发生的谨慎估计值。"很多关注都集中在如何获得"谨慎估计"。例如，EN 1997—1：2004 的 2.4.5.2（11）条指出，"如果使用统计方法，选取的特征值应保证控制极限状态发生的参数小于特征值的概率不大于 5%"。该条款的说明阐明："在这方面，均值的谨慎估计是对一组有限个岩土参数值的均值的选择，置信水平为 95%；当考虑局部破坏，小值的谨慎估计是 5%分位数"。关于"影响极限状态发生的值"的讨论较少，特别是在岩土可靠度文献中。人们注意到，以临界滑动面作为极限状态发生的物理表现，极限状态的发生将取决于空间变异性。因此，影响该极限状态发生的值也取决于空间变异性。该值的 5%分位数才是正确的，而不是钻孔数据的 5%分位数（它与任何临界滑动面无关）。空间变异性与临界滑动面形成的相互作用是复杂的，直接发现"影响极限状态发生的值"的 5%分位数与钻孔数据的 5%分位数无关并不令人惊讶（Ching 和 Phoon，2013b；Ching

等，2014c，2016c；Hu 和 Ching，2015）。在空间变异性的背景下对特征值的合理评估当然超出了判断的范围。Tietje 等（2014）采用随机场模拟并以 EN 1997—1：2004 的 2.4.5.2（11）条的精神表征了沿破坏面的特征抗剪强度。

值得注意的是，特征值与输入参数的不确定性相关，而可靠度指标与响应（对于构件）或一组响应（对于系统）的不确定性相关。设计值定义为特征值与适当的材料分项系数的比值。由于材料分项系数被标准化为单个数值从而不随设计状况的变化而变化，有人怀疑特征值是设计中包含"场地效应"的地方。Ching 和 Phoon（2011）开发了与特征值法有一些相似之处的 RBD 的分位数值法（quantile value method，QVM）。然而 Ching 和 Phoon（2011）表明，使用固定的分位数（如 5％分位数）无法实现预定的目标可靠度指标。作者急于补充，通过 EN 1997—1：2004 的特征值和分项系数无意达成预定的目标可靠度指标。

### 1.5.7　一阶可靠度方法的设计验算点和分项系数

一阶可靠度方法或 FORM（first‐order reliability method）已经在标准书本（Phoon，2008）中给出，除了提请注意其计算可靠度指标的实用性及补充分项系数的作用外，这里不再重复。FORM 一般只需少于 10 次的功能函数的评估即可计算可靠度指标。因此，即使采用有限元分析的功能函数是隐式的表达式，它仍然在计算效率上与设计部门进行的常规参数分析相当。工程师无需掌握 FORM 背后的数学细节，因为它已被嵌入进 EXCEL 电子表格中（Low，2008）。换句话说，工程师只需要获得对 FORM 足够的概念性理解，就能在软件工具的帮助下恰当地执行真正的可靠度设计。

工程师的作用应该集中在表征统计输入、选择适当的功能函数以及解释输出上。FORM 为表征响应（如桩头横向偏转）对每个随机变量的敏感性提供了定量的指标。尽管传统的参数化分析也可以部分得出响应对每个参数的敏感性，但是这种方法不能分析响应对相关变量的敏感性——相关性是确定性分析中未有的概念，但是相关性是所有岩土数据的基本特征（本章 1.5.1 节）。参数的敏感性很重要，因为它可以指导我们的数据收集工作，例如没有必要收集不敏感变量的数据以分析它的统计特性。

FORM 产生一个被称为最可能失效点的"设计验算点"（在可靠度术语中"失效"表示令人不满意的性能）。当可靠度指标为 3、相应的失效概率约为 1‰时，设计验算点可以被理解为"最糟糕"状况（或更准确地说，最可能的"最糟糕"状况）。设计验算点由每个随机变量的一个设计值组成。例如，Low 和 Phoon（2015）描述了一个基础问题（挡土墙的基础），其宽为 4.51m，长为 25m，埋深为 1.8m，坐落在内摩擦角为 $\varphi$、黏聚力为 $c$ 的粉质砂土上。$\varphi$ 和 $c$ 的均值分别为 25°和 15kN/m$^2$，COV 分别为 10％和 20％。$\varphi$ 和 $c$ 之间的 Spearman 相关系数为—0.5。基础所受水平荷载 $Q_h$ 作用于基底以上 2.5m 的一个点上，它的均值为 300kN/m。此外，作用于基础中点的垂直荷载 $Q_v$ 的均值为 1100kN/m。$Q_h$ 和 $Q_v$ 的变异系数分别为 15％和 10％，它们之间的 Spearman 相关系数为 0.5。当可靠度指标为 3 时，基础可靠度分析得到的设计验算点是：$\varphi=20.8°$，$c=15.2$kN/m$^2$，$Q_h=412.6$kN/m，$Q_v=1184.7$kN/m。可以看出，$\varphi$ 的设计值低于其均值 1.7$\sigma$，$c$ 的设计值大约高于其均值 0.1$\sigma$，$Q_h$ 的设计值高于其均值 2.5$\sigma$，$Q_v$ 的设计值高于其均值 0.8$\sigma$，

其中 $\sigma$ 为这些变量各自的标准差。上述设计值也可以转换为分位数值，以了解这些设计值是如何地"极端"：$\varphi$ 的设计值的分位数为 3.6%，$c$ 的设计值的分位数为 56.6%，$Q_h$ 的设计值的分位数为 98.6%，$Q_v$ 的设计值的分位数为 78.6%。可见，$\varphi$ 和 $Q_h$ 的设计值最极端。基于 $\varphi$ 的样本数目小于 10 的样本数据不可能准确估计出 3.6% 的分位数，但是借助 $\varphi$ 与锥尖阻力的转换模型将大量的锥尖阻力样本数据转换为 $\varphi$ 的样本数据，则可以估计出 3.6% 的分位数（同时考虑该转换模型的模型不确定性）。对于荷载 $Q_h$ 来说，98.6% 的分位数对应于 71 年重现期的荷载。该分位数的估计值在可用的历史荷载数据范围内。

将特征值除以设计值从而得到基于 FORM 的特定变量的分项系数。对于 $\varphi$，基于 5% 分位数的特征值为 21.1°。因此，$\varphi$ 的分项系数为 21.1/20.8＝1.01（$\tan\varphi$ 的分项系数与 $\varphi$ 几乎相同）。这种基于 FORM 的分项系数将随所有输入变量的统计参数（不仅是 $\varphi$ 的变异系数）和功能函数的不同而变化。为了比较，BS EN 1997—1：2004 中表 A.2 所示的 $\tan\varphi$ 的分项系数为 1.25。Orr（2015）通过引用 EN 1997—1：2004 的 2.4.5.2（11）条关于均值的谨慎估计的说明，指出将 5% 分位数作为特征值过于保守。如果采用 Schneider（1997）对特征值的定义（均值减去 0.5 倍标准差），则修正后的特征值为 $\varphi=23.7°$，修正后的分项系数为 23.7/20.8＝1.14。Schneider 和 Schneider（2013）进一步扩展了上述 Schneider（1997）的半标准差经验法则，以考虑由于空间平均引起的岩土参数变异系数的折减（本书 3.6 节）。

人们通常认为强度变量的设计验算点低于其均值而荷载变量的设计验算点高于其均值。然而，上述基础算例中 $c$ 的设计验算点却略高于其均值。这是因为上述基础承载力问题对随机变量 $\varphi$ 很敏感，因此 $\varphi$ 的设计验算点低于其均值（低于均值 1.7 倍标准差）。而由于 $\varphi$ 和 $c$ 之间的负相关关系（$\varphi$ 和 $c$ 之间的负相关性由剪切破坏包络线的线性化所导致，迫使 $\varphi$ 较小时 $c$ 较大，反之亦然），当 $\varphi$ 的设计验算点较"小"时，$c$ 的设计验算点则较"大"，从而导致 $c$ 的设计验算点却略高于其均值。然而，如果不进行 FORM 分析，则不能"判断" $c$ 的设计验算点是高于还是小于其均值。基于工程判断可能可以评估一个变量的设计验算点，但是却很难评估多个具有相关关系变量的设计验算点（这是一个常见的设计任务）。没有理由让工程判断来担负上述责任，因为 FORM 将产生与输入相关矩阵完全一致的设计验算点。总体而言，对比 Eurocode 的分项系数与基于 FORM 的分项系数可以进一步深入地了解设计。

### 1.5.8　系统可靠度

对于具有多个不同但相关的失效模式的可靠度问题，则需要计算其系统可靠度。系统可靠度问题对于岩土结构系统来说是常见的问题，如边坡稳定性分析本质上是系统可靠度问题。FORM 仅识别了边坡中的"最可能的"临界滑动面，而没有考虑第二、第三最可能的临界滑动面的影响，从而严重低估了边坡的失效概率（Ching 等，2009；Wang 等，2011；Zhang 等，2011）。

本书第 7 章阐述了具有 3 种失效模式（即滑动、倾覆和承载能力失效）的重力式挡土墙的系统可靠度。这些失效模式具有相关性，因为不同失效模式的荷载和抗力是相关的。例如，重力式挡土墙的自重是滑动和倾覆失效模式抗力的主要来源，但同时也是承载能力失效模式荷载的主要来源。基于直接模拟可以有效地解决该系统可靠度问题。本书 7.6 节提到了一个基于 EXCEL 的软件包称为 UPSS（uncertainty propagation using subset simulation），可以高效地进行直接模拟。对于失效模式可以标准化的问题，或许可以引入"系统"因子到简化 RBD 中。然而，当考虑参数空间变异性时，开展系统可靠度的 RBD 将更加困难。近年来发展了一些考虑滑动面变异和模拟参数空间变异性的系统可靠度分析方法（Zhang 等，2011；Li 等，2013，2014）。但它们此时还未简化成工程师熟悉的 LRFD 或分项系数设计方法。

## 1.6　结论

尽管岩土工程有其独特的特征和条件，作者认为岩土界采用可靠度作为设计基础有诸多优势。众所周知，岩土工程师不得不克服与定制的结构材料相比更具复杂性和变异性且不易标准化的天然岩土材料导致的较高的不确定性及相关风险，且其中部分不确定性和风险可能不适合数学处理。场地特异性是岩土工程中的重要考虑因素。在这种情况下，岩土工程师要明确更基本的设计考量，并且更少关注性能验证（这只是设计中的一个步骤，虽然是重要的一步）。

由于对当前基本问题不断演进的讨论及其与性能验证之间相当纠结的关系，RBD（以简化或其他方式）的意义仍然在偶尔混乱的交流中被争论着。作者冒昧地指出，有些保留意见是基于对可靠度的误解，认为可靠度是解决基于安全系数或岩土实践的所有设计计算困扰的万能药。其他保留意见则与可用信息的稀缺性和/或不完整性有关。前者包含了错误的概念，即认为不再需要工程判断，这是不正确的。可靠度分析仅仅只是用于模拟工程应用中复杂真实世界的许多数学方法之一。它在没有合理工程判断的情况下容易被滥用，这点类似于有限元分析。随着理论和计算工具的发展，工程判断的重要性显然并没有减弱。然而，它发挥作用的领域已经变得更加集中在那些理论分析之外的设计方面。如在不确定的情况下，可靠度计算如何可以从不适当的性能验证任务中减轻工程判断的负担，以便工程师能专注于提出正确的问题，选择合适的计算模型和参数，并验证结果的合理性。

关于稀缺和/或不完整信息的第二个保留意见可能是对部分岩土可靠度文献过于简化的假设和方法的应用的一种反应。"简单"的可靠度分析出现的部分原因在于，岩土 RBD 是从结构 LRFD 发展而来，而且过去对可靠度计算给予了更多的关注，而不是发展岩土 RBD 以满足最前沿的岩土工程需求。现在是时候让岩土 RBD 界研究如何改进我们的方法以适应岩土工程实践的特殊需求。事实上，ISO 2394：2015 的附录 D "岩土结构可靠度"已经以这个中心意图来编写。

这里的关键点是，上述保留意见应该被视为提供控制可靠度计算极限的近似边界，或者作为对过于简化的、不尊重岩土需求或约束的可靠度应用的警告，而不是使可靠度原则整体无效化。强调连同其他设计/施工方法合理应用可靠度原则的必要性是重要的。换句话说，RBD 不会排除或取代现有的在良好实践和工程判断中建立的处理中等程度"未知的未知"的方面。它起到有用的补充作用，如 RBD 在处理复杂现实信息（多元相关数据）

和信息缺陷（信息稀缺或不完整信息）时非常有用。它在处理实际工程中确定性方法不易处理的空间变异性和系统可靠度问题也非常有用。

尽管使用不是基于可靠度的分项系数（所有方法都有优点和缺点）也有优点，但是值得注意的是结构和岩土设计不能通过经验来弥合。以 ISO 2394：2015 为例，显然没有不以可靠度为基础的岩土设计所适合的方法。在缺乏合理框架（无论是可靠度还是其他方面）的情况下，岩土专业人员也很难从正在进行和普及的大数据和数据分析方面的信息技术革命中受益。利用附录 D 作为重要的起点，本书希望能够在更广泛的岩土工程界激起关于如何改进岩土可靠度设计的讨论，特别是以何种方式修改目前的 RBD 规范以考虑岩土工程特有的特征和需求。

本书详述了 ISO 2394：2015 附录 D 中岩土设计的关键方面。它为证实岩土结构物可靠度分析所需考虑的特殊因素提供了背景信息，并阐述了不确定性表征和执行岩土可靠度设计的方法。同时应该指出，附录 D 与 ISO 2394：2015 给出的可靠度一般原则是完全一致并且兼容的。因此，该标准为与可靠度原则相一致的岩土实践在更广泛的建筑、基础设施和土木工程中的应用和发展提供了一个整体框架。该标准为可靠度决策和设计提供了一种连贯的方法，从优化风险推导而来，并表示为考虑潜在应用领域的认知和不确定性水平的功能模型。本书第 2 章从岩土可靠度设计的角度给出了该标准的纲要。

## 致谢

作者非常感谢 Jianye Ching 教授、Johan Retief 教授和 Yu Wang 教授提供的宝贵意见。本章也是作者在 ISSMGE TC205（岩土工程设计中的安全与适用性技术委员会）第十三次会议（2016 年 2 月 25 日）上所报告的题为"可靠度计算的优点"的讨论文章的部分内容。作者试图限制 RBD 在处理"黑天鹅"事件中的适用性并提出一些"灰天鹅"事件可以采用鲁棒性可靠度设计（robust reliability‑based design，RRBD）进行处理的建议。作者非常感谢 Brian Simpson 博士（TC205 主席）的邀请有机会在大会上分享自己的观点，并向与会的杰出工程师学习。

## 参 考 文 献

AFNOR (2012) NF P 94 282. Justification des ouvrages geotechniques – Normes d'application nationale de l'Eurocode 7 – Fondations profondes. Paris，French Standard，AFNOR.

Allen，T. M. (2013) AASHTO geotechnical design specification development in the USA. In：Arnold，P. ，Fenton，G. A. ，Hicks，M. A. ，Schweckendiek，T. & Simpson，B. (eds.) Modern Geotechnical Design Codes of Practice：Implementation, Application and Development. Amsterdam，IOS Press. pp. 243 – 260.

Baike，L. D. (1985) Total and partial factors of safety in geotechnical engineering. Canadian Geotechnical Journal，22 (4)，477 – 482.

Bauduin，C. (2001) Design procedure according to Eurocode 7 and analysis of test results. In：Proceedings，Symposium on Screw Pile：Installation and Design in Stiff Clay. Rotterdam，Balkema. pp. 275 – 303.

Beal，A. N.（1979）What's wrong with load factor design? Proceedings of the Institution of Civil Engineers，66（Pt 1），595 – 604.

Burland，J. B.（2008a）'Reflections on Victor de Mello，friend，engineer and philosopher.' First Victor de Mello Lecture. Soils and Rocks，31（3），111 – 123.

Burland，J. B.（2008b）The founders of geotechnique. Geotechnique，58（5），327 – 341.

Burlon，S.，Frank，R.，Baguelin，F.，Harbert，J. & Legrand，S.（2014）Model factor for the bearing capacity of piles from pressuremeter test results – Eurocode 7 approach. Geotechnique，64（7），513 – 525.

Cao，Z. J. & Wang，Y.（2014）Bayesian model comparison and characterization of undrained shear strength. ASCE Journal of Geotechnical and Geoenvironmental Engineering，140（6），04014018，1 – 9.

Cao，Z. J.，Wang，Y. & Li，D.（2016）Quantification of prior knowledge in geotechnical site characterization. Engineering Geology，203，107 – 116.

CSA S408：2011. Guidelines for the Development of Limit States Design Standards. Mississauga，ON，Canadian Standards Organization.

CAN/CSAS614：2014. Canadian Highway Bridge Design Code. Mississauga，ON，Canadian Standards Organization.

Chilès，J. – P. & Delfiner，P.（1999）Geostatistics：Modeling Spatial Uncertainty. New York，John Wiley & Sons.

Ching，J. & Phoon，K. K.（2011）A quantile – based approach for calibrating reliability – based partial factors. Structural Safety，33，275 – 285.

Ching，J. & Phoon，K. K.（2012）Modeling parameters of structured clays as a multivariate normal distribution. Canadian Geotechnical Journal，49（5），522 – 545.

Ching，J. & Phoon，K. K.（2013a）Multivariate distribution for undrained shear strengths under various test procedures. Canadian Geotechnical Journal，50（9），907 – 923.

Ching，J. & Phoon，K. K.（2013b）Probability distribution for mobilized shear strengths of spatially variable soils under uniform stress states. Georisk，7（3），209 – 224.

Ching，J. & Phoon，K. K.（2014a）Transformations and correlations among some clay parameters – The global database. Canadian Geotechnical Journal，51（6），663 – 685.

Ching，J. & Phoon，K. K.（2014b）Correlations among some clay parameters – The multivariate distribution. Canadian Geotechnical Journal，51（6），686 – 704.

Ching，J. & Phoon，K. K.（2015）Constructing multivariate distribution for soil parameters. In：Risk and Reliability in Geotechnical Engineering. Boca Raton，CRC Press，pp. 3 – 76.

Ching，J.，Phoon，K. K. & Hu，Y. G.（2009）Efficient evaluation of reliability for slopes with circular slip surfaces using importance sampling. Journal of Geotechnical and Geoenvironmental Engineering，135（6），768 – 777.

Ching，J.，Phoon，K. K. & Chen，C. H.（2014a）Modeling CPTU parameters of clays as a multivariate normal distribution. Canadian Geotechnical Journal，51（1），77 – 91.

Ching，J.，Phoon，K. K. & Yu，J. W.（2014b）Linking site investigation efforts to final design savings with simplified reliability – based design methods. ASCE Journal of Geotechnical and Geoenvironmental Engineering，140（3），04013032.

Ching，J.，Phoon，K. K. & Kao，P. H.（2014c）Mean and variance of the mobilized shear strengths for spatially variable soils under uniform stress states. ASCE Journal of Engineering Mechanics，140（3），487 – 501.

Ching，J.，Wu，S. S. & Phoon，K. K.（2016a）Statistical characterization of random field parameters using frequentist and Bayesian approaches. Canadian Geotechnical Journal，53（2），285 – 298.

Ching, J., Phoon, K. K. & Wu, S. H. (2016b) Impact of statistical uncertainty on geotechnical reliability estimation. ASCE Journal of Engineering Mechanics, 04016027.

Ching, J., Lee, S. W. & Phoon, K. K. (2016c) Undrained strength for a 3D spatially variable clay column subjected to compression or shear. Probabilistic Engineering Mechanics, 45, 127 – 139.

Dunnicliff, J. & Deere, D. U. (1984) Judgment in Geotechnical Engineering: The Professional Legacy of Ralph B. Peck. New York, Wiley. pp. 332.

Ellingwood, B. R., Galambos, T. V., MacGregor, J. G. & Cornell, C. A. (1980) Development of Probability – Based Load Criterion for American National Standard A58, Special Publication 577. Washington, National Bureau of Standards.

EN 1990: 2002. Eurocode – Basis of Structural Design. Brussels, European Committee for Standardization (CEN).

EN 1997 – 1: 2004. Eurocode 7: Geotechnical Design – Part 1: General Rules. Brussels, European Committee for Standardization (CEN).

Faber, M. H. (2015) Codified risk informed decision making for structures. In: Symposium on Reliability of Engineering Systems (SRES2015), Hangzhou, China.

Fenton, G. A. & Griffiths, D. V. (2008) Risk Assessment in Geotechnical Engineering. New York, John Wiley & Sons.

Fenton, G. A., Naghibi, F., Dundas, D., Bathurst, R. J. & Griffiths, D. V. (2016) Reliability – based geotechnical design in the 2014 Canadian Highway Bridge Design Code. Canadian Geotechnical Journal, 53 (2), 236 – 251.

Fleming, W. G. K. (1989) Limit state in soil mechanics and use of partial factors. Ground Engineering, 22 (7), 34 – 35.

Focht Jr., J. A. (1994) Lessons learned from missed predictions. ASCE Journal of Geotechnical Engineering, 120 (10), 1653 – 1683.

Frank, R. (2015) The new French standard for the application of Eurocode 7 to deep foundations. In: Proceedings, European Conference in Geo – Environment and Construction, Tirana, Albania, 26 – 28 Nov 2015. pp. 318 – 327.

Gong, W., Khoshnevisan, S., Juang, C. H. & Phoon, K. K. (2016) R – LRFD: Load and Resistance Factor Design considering design robustness. Computers and Geotechnics, 74, 74 – 87.

Hansen, J. B. (1953) Earth Pressure Calculation. Copenhagen, The Danish Technical Press.

Hansen, J. B. (1956) Limit State and Safety Factors in Soil Mechanics. Copenhagen, Bulletin No. 1, Danish Geotechnical Institute.

Hansen, J. B. (1965) Philosophy of foundation design: Design criteria, safety factors and settlement limits. In: Proceedings, Symposium on Bearing Capacity and Settlement of Foundations. Durham, Duke University. pp. 1 – 13.

Honjo, Y. & Kusakabe, O. (2002) Proposal of a comprehensive foundation design code: Geo – Code 21 ver. 2. In: Proceedings, International Workshop on Foundation Design Codes and Soil Investigation in View of International Harmonization and Performance Based Design. Lisse, Balkema. pp. 95 – 103.

Honjo, Y., Kieu Le, T. C., Hara, T., Shirato, M., Suzuki, M. & Kikuchi, Y. (2009) Code calibration in reliability based design level I verification format for geotechnical structures. In: Proceedings, Second International Symposium on Geotechnical Safety & Risk. Leiden, CRC Press/Balkema. pp. 435 – 452.

Honjo, Y., Kikuchi, Y. & Shirato, M. (2010) Development of the design codes grounded on the performance – based design concept in Japan. Soils and Foundations, 50 (6), 983 – 1000.

Hu, Y. G. & Ching, J. (2015) Impact of spatial variability in soil shear strength on active lateral forces,

Structural Safety，52，121－131.

ISO 2394：1973/1986/1998/2015. General Principles on Reliability for Structures. Geneva，International Organization for Standardization.

Juang，C. H.，Wang，L.，Liu，Z.，Ravichandran，N.，Huang，H. & Zhang，J.（2013a）Robust geotechnical design of drilled shafts in sand：New design perspective. ASCE Journal of Geotechnical and Geoenvironmental Engineering，139（12），2007－2019.

Juang，C. H.，Wang，L.，Khoshnevisan，S. & Atamturktur，S.（2013b）Robust geotechnical design - Methodology and applications. Journal of GeoEngineering，8（3），71－81.

Kulhawy，F. H. & Phoon，K. K.（1996）Engineering judgment in the evolution from deterministic to reliability－based foundation design. In：Uncertainty in the Geologic Environment－From Theory to Practice（GSP 58）. New York，ASCE. pp. 29－48.

Kulhawy，F. H. & Phoon K. K.（2002）Observations on geotechnical reliability－based design development in North America. In：Proceedings，International Workshop on Foundation Design Codes and Soil Investigation in View of International Harmonization and Performance Based Design. Lisse，Balkema. pp. 31－48.

Li，L.，Wang，Y.，Cao，Z. J. & Chu，X.（2013）Risk de－aggregation and system reliability analysis of slope stability using representative slip surfaces. Computers and Geotechnics，53，95－105.

Li，L.，Wang，Y. & Cao，Z. J.（2014）Probabilistic slope stability analysis by risk aggregation. Engineering Geology，176，57－65.

Low，B. K.（2008）Practical reliability approach using spreadsheet. Chapter 3. In：Phoon，K. K.（ed.）Reliability－Based Design in Geotechnical Engineering：Computations and Applications. London，Taylor & Francis. pp. 134－168.

Low，B. K. & Phoon，K. K.（2015）Reliability－based design and its complementary role to Eurocode 7 design approach. Computers and Geotechnics，65，30－44.

Meyerhof，G. G.（1984）Safety factors and limit states analysis in geotechnical engineering. Canadian Geotechnical Journal，21（1），1－7.

Nagao，T.，Watabe，Y.，Kikuchi，Y. & Honjo，Y.（2009）Recent revision of Japanese Technical Standard for Port and Harbor Facilities based on a performance based design concept. In：Proceedings，Second International Symposium on Geotechnical Safety & Risk. Leiden，CRC Press/Balkema. pp. 39－47.

Nathwani，J. S.，Lind，N. C. & Pandey，M. D.（1997）Affordable Safety by Choice：The Life Quality Method. Waterloo，Institute for Risk Research，University of Waterloo.

Orr，T. L. L.（2015）Managing risk and achieving reliability geotechnical designs using Eurocode 7. Chapter 10. In：Risk and Reliability in Geotechnical Engineering. Boca Raton，CRC Press. pp. 395－433.

Ovesen，N. K.（1989）Geotechnical limit states design in Europe. In：Proceedings，Symposium on Limit States Design in Foundation Engineering. Toronto，Canadian Geotechnical Society. pp. 33－45.

Paikowsky，S. G.，Birgisson，B.，McVay，M.，Nguyen，T.，Kuo，C.，Baecher，G. B.，Ayyub，B.，Stenersen，K.，O'Malley，K.，Chernauskas，L. & O'Neill，M.（2004）Load and Resistance Factors Design for Deep Foundations. NCHRPReport 507. Washington，DC，Transportation Research Board of the National Academies.

Paikowsky，S. G.，Amatya，S.，Lesny，K. & Kisse，A.（2009）Developing LRFD design specifications for bridge shallow foundations. In：Proceedings，Second International Symposium on Geotechnical Safety & Risk. Leiden，CRC Press/Balkema. pp. 97－102.

Paikowsky，S. G.，Canniff，M. C.，Lesney，K.，Kisse，A.，Amatya，S. & Muganga，R.（2010）LRFD Design and Construction of Shallow Foundations for Highway Bridge Structures. NCHRP Report

651. Washington, DC, Transportation Research Board of the National Academies.

Peck, R. B. (1980) 'Where has all the judgment gone? ' The fifth Laurits Bjerrum memorial lecture. Canadian Geotechnical Journal, 17 (4), 584 – 590.

Petroski, H. (1993) Failure as source of engineering judgment: Case of John Roebling. Journal of Performance of Constructed Facilities, 7 (1), 46 – 58.

Petroski, H. (1994) Design Paradigms: Case Histories of Error and Judgment in Engineering. Cambridge, Cambridge University Press, U. K.

Phoon, K. K. (2005) Reliability – based design incorporating model uncertainties. In: Proceedings, Third International Conference on Geotechnical Engineering Combined with Ninth Yearly Meeting of the Indonesian Society for Geotechnical Engineering, Semarang, Indonesia. pp. 191 – 203.

Phoon, K. K. (2008) Numerical recipes for reliability analysis – A primer. Chapter 1. In: Phoon, K. K. (ed. ) Reliability – Based Design in Geotechnical Engineering: Computations and Applications. London, Taylor & Francis pp. 1 – 75.

Phoon, K. K. & Kulhawy, F. H. (1999a) Characterization of geotechnical variability. Canadian Geotechnical Journal, 36 (4), 612 – 624.

Phoon, K. K. & Kulhawy, F. H. (1999b) Evaluation of geotechnical property variability. Canadian Geotechnical Journal, 36 (4), 625 – 639.

Phoon, K. K. & Kulhawy, F. H. (2005) Characterization of model uncertainties for laterally loaded rigid drilled shafts. Geotechnique, 55 (1), 45 – 54.

Phoon, K. K. & Kulhawy, F. H. (2008) Serviceability limit state reliability – based design. In: Phoon, K. K. (ed. )Reliability – Based Design in Geotechnical Engineering: Computations and Applications. London, Taylor & Francis, 344 – 383.

Phoon, K. K. & Ching, J. (2015) Is there anything better than LRFD for simplified geotechnical RBD? In: Proceedings, 5th International Symposium on Geotechnical Safety and Risk (ISGSR2015), Rotterdam, Netherlands. pp. 3 – 15.

Phoon, K. K. , Kulhawy, F. H. & Grigoriu, M. D. (2003a) Development of a reliability – based design framework for transmission line structure foundations. ASCE Journal of Geotechnical and Geoenvironmental Engineering, 129 (9), 798 – 806.

Phoon, K. K. , Becker, D. E. , Kulhawy, F. H. , Honjo, Y. , Ovesen, N. K. & Lo, S. R. (2003b) Why consider reliability analysis in geotechnical limit state design? In: Proceedings, International Workshop on Limit State design in Geotechnical Engineering Practice (LSD2003) . Cambridge, CDROM.

Phoon, K. K. , Kulhawy, F. H. & Grigoriu, M. D. (2003c) Multiple resistance factor design (MRFD) for spread foundations. ASCE Journal of Geotechnical and Geoenvironmental Engineering, 129 (9), 807 – 818.

Phoon, K. K. , Retief, J. V. , Ching, J. , Dithinde, M. , Schweckendiek, T. , Wang, Y. & Zhang, L. M. (2016) . Some observations on ISO 2394: 2015 Annex D (Reliability of Geotechnical Structures), Structural Safety, 62, 24 – 33.

Prakoso, W. A. (2002) Reliability – Based Design of Fndns. on Rock for Transmission Line & Similar Structure. PhD Thesis. New York, Cornell University.

Ravindra, M. K. & Galambos, T. V. (1978) Load and resistance factor design for steel. ASCE Journal of Structural Division, 104 (ST9), 1337 – 1353.

SANS 10160 – 1: 2011. Basis of Structural Design. Pretoria, South African National Standard, SABS.

Schneider, H. R. (1997) Definition and characterization of soil properties. In: Proceedings, XIV ICSMGE, Hamburg. Rotterdam, Balkema.

Schneider, H. R. & Schneider, M. A. (2013) Dealing with uncertainties in EC7 with emphasis on determination of characteristic soil properties. In: Arnold, P. , Fenton, G. A. , Hicks, M. A. , Schweckendiek, T. & Simpson, B. (eds.) Modern Geotechnical Design Codes of Practice: Implementation, Application and Development. Amsterdam, IOS Press. pp. 87 – 101.

Schuppener, B. (2011) Reliability theory and safety in German geotechnical design. In: Third International Symposium on Geotechnical Safety & Risk. Germany, Federal Waterways Engineering and Research Institute. pp. 527 – 536.

Schuppener, B. (2013) The safety concept in German Design Codes. In: Arnold, P. , Fenton, G. A. , Hicks, M. A. , Schweckendiek, T. & Simpson, B. (eds.) Modern Geotechnical Design Codes of Practice: Implementation, Application and Development. Amsterdam, IOS Press. pp. 102 – 115.

Schweckendiek, T. , Vrouwenvelder, T. , Calle, E. , Kanning, W. & Jongejan, R. (2013) Target reliabilities and partial factors for flood defenses in the Netherlands. In: Arnold, P. , Fenton, G. A. , Hicks, M. A. , Schweckendiek, T. & Simpson, B. (eds.) Modern Geotechnical Design Codes of Practice: Implementation, Application and Development. Amsterdam, IOS Press. pp. 311 – 328.

Schweckendiek, T. , Slomp, R. & Knoeff, H. (2015) New safety standards and assessment tools in the Netherlands. In: Proceedings, Fifth Siegener Symposium "Sicherung von Dämmen, Deichen und Stauanlagen", Siegen, Germany.

Scott, B. , Kim, B. J. & Salgado, R. (2003) Assessment of current load factors for use in geotechnical load and resistance factor design. ASCE Journal of Geotechnical and Geoenvironmental Engineering, 129 (4), 287 – 295.

Simpson, B. (2011) Reliability in geotechnical design – Some fundamentals. In: Proceedings, Third International Symposium on Geotechnical Safety & Risk. Germany, Federal Waterways Engineering and Research Institute. pp. 393 – 399.

Simpson, B. , Pappin, J. W. & Croft, D. D. (1981) An approach to limit state calculations in geotechnics. Ground Engineering, 14 (6), 21 – 28.

Tietje, O. , Fitze, P. & Schneider, H. R. (2014) Slope stability analysis based on autocorrelated shear strength parameters. Geotechnical and Geological Engineering, 32 (6), 1477 – 1483.

Valsangkar, A. J. & Schriver, A. B. (1991) Partial and total factors of safety in anchored sheet pile design. Canadian Geotechnical Journal, 28 (6), 812 – 817.

Vardanega, P. J. & Bolton, M. D. (2016) Design of geostructural systems. ASCE – ASME Journal of Risk and Uncertainty in Engineering Systems, Part A: Civil Engineering, 2 (1), 04015017.

Vrouwenvelder, T. (1996) Revision of ISO 2394 General principles on reliability for structures. IABSE Reports, 74, 117 – 118.

Vrouwenvelder, T. , van Seters, A. & Hannink, G. (2013) Dutch approach to geotechnical design by Eurocode 7, based on probabilistic analyses. In: Arnold, P. , Fenton, G. A. , Hicks, M. A. , Schweckendiek, T. & Simpson, B. (eds.) Modern Geotechnical Design Codes of Practice: Implementation, Application and Development. Amsterdam, IOS Press, pp. 128 – 139.

Wang, Y. & Cao, Z. J. (2013) Probabilistic characterization of Young's modulus of soil using equivalent samples. Engineering Geology, 159, 106 – 118.

Wang, Y. & Aladejare, A. E. (2016) Bayesian characterization of correlation between uniaxial compressive strength and Young's modulus of rock. International Journal of Rock Mechanics and Mining Sciences, 85, 10 – 19.

Wang, Y. , Cao, Z. J. & Au, S. K. (2011) Practical reliability analysis of slope stability by advanced Monte Carlo Simulations in spreadsheet. Canadian Geotechnical Journal, 48 (1), 162 – 172.

Wang，Y. ，Cao，Z. J. & Li，D. （2016）Bayesian perspective on geotechnical variability and site charac-
terization. Engineering Geology，203，117 – 125.

Zhang，J. ，Zhang，L. M. & Tang，W. H. （2011）New methods for system reliability analysis of soil
slopes. Canadian Geotechnical Journal，48（7），1138 – 1148.

Zhang，D. M. ，Phoon，K. K. ，Huang，H. W. & Hu，Q. F. （2015）Characterization of model uncer-
tainty for cantilever deflections in undrained clay. ASCE Journal of Geotechnical and Geoenvironmental
Engineering，141（1），04014088.

# 第 2 章

# ISO 2394 中的可靠度一般原则

作者：Johan V. Retief，Mahongo Dithinde，Kok-Kwang Phoon

## 摘要

本章从岩土工程应用的角度综述了国际标准 ISO 2394：2015。除了阐述附录 D 的研究背景之外，还总结了标准及其资料性附录的总体特征，并重点介绍了 ISO 2394 第 4 版所包含的进展。首先，总结了该标准在可靠度设计中的作用。ISO 2394 自 1973 年第 1 版问世以来的发展历程为理解该标准历代版本的遗留问题和最新版本的制定目的提供了新视角。其次，从基本原则和应用准则两个方面简要地介绍了标准的主要组成部分，同时对资料性附录进行了补充说明，为标准的执行提供进一步的指导。随后，从岩土结构的角度说明了标准与附录平衡之间的关系，尤其与附录 D 的关系。最后，在 ISO 2394 中设计原则的基础上总结了岩土可靠度设计的优势及发展面临的挑战。

## 2.1 引言：ISO 2394：2015 的发展背景

ISO 2394 第 4 版中引入了与岩土结构相关的若干进展，并于 2015 年 3 月作为 ISO 2394：2015 出版。虽然新版的标准在 ISO 2394：1998 的基础上做出了实质性修订，但是它仍然建立在结构设计标准的共同基本原则之上。本章的目的是综述 ISO 2394 自 1973 年问世以来的 4 个版本的演进，介绍最新版本的制定背景和主要特点，阐述标准与岩土结构之间的关系，为阐述其与附录 D"岩土结构可靠度"的关系做铺垫。

本章综述应该为可靠度共同原则提供参考，以确保岩土结构在以下方面与其他相关标准所规定的内容保持一致，如设计的基本原则、作用及其组合的确定、常见结构材料的抗力及结构的特定分类等。主要目标是为了表明 ISO 2394：2015 中可靠度一般原则对岩土结构具体特性的适用程度。

在最一般的层面上说，ISO 2394：2015 与岩土结构是相关的，因为 ISO 2394 在可靠度原则的表述和约定方面并没有做十分具体的规定，从而允许人们有足够的自由来处理岩

28

土材料和结构的特性。另一方面，在岩土工程设计中需要对不确定性特别考虑，新增的附录 D 是对这个特性的认可。

ISO 2394：2015 由高度概括的或一般性的陈述组成，以确保涉及的准则适用于建筑和土木工程的大部分结构（包括岩土结构）。因此，只需提供额外信息，特定应用领域的操作要求和流程就可以基于标准中的可靠度原则推导而来。这些额外信息应能反映特定应用领域的特点，如作用及其组合的定义或具体材料的规定。在基本层面上阐述可靠度原则的一个重要考量是为了减少将来更新标准的需求。

纳入关于岩土结构的附录 D 也可视为新修订标准的一个具体特征：在新增附录 D 为 ISO 2394：2015 中内容的同时，在修订过程中删除了前版中规定的特定应用内容，如既有结构、耐久性或疲劳性，因为这些内容过于具体。值得注意的是，自 ISO 2394：1998 颁布以来，针对既有结构（ISO 13822：2010）和耐久性（ISO 13823：2008）已经发布了新的标准。引入附录 D 的主要目的是明确岩土结构属于结构可靠度设计标准的范畴，标准中规定的一般原则均适用于岩土结构，并加强岩土结构与由混凝土、钢、木材或砌石构建的结构之间的统一。

### 2.1.1　ISO 2394 的发展历程

ISO 2394：1973 "结构安全校核一般原则" 的出版标志着包括 "所有土木工程" 在内的 "建筑物设计计算统一原则" 标准的核心作用得以体现。紧接着出版了内容更加充实的第 2 版 ISO 2394：1986 "结构可靠度一般原则"，随后的 "补充 1：1988" 包含了额外的附录。如上所述，对比前版本 ISO 2394：1998，ISO 2394：2015 的内容几乎增加了 3 倍，主要包括标准主体的规范性要求和资料性附录。表 2.1 总结了 ISO 2394 各版本的主要特征，并展示了其在过去 40 多年的演变历程。

ISO 2394 各版本的总体发展趋势是对 1973 年提出的初始核心概念在可靠度设计的各个主要方面进行补充和细化，更加正式和系统地处理和引入特定主题的内容（如基本变量和特征值、设计方法和分项系数、设计状况和结构完整性/鲁棒性以及可靠度设计原则的指南）。ISO 2394 第 1 版之后的版本慢慢地转向了对 "作用" 的处理，直到第 4 版中更加强调 "抗力" 才恢复平衡。然而，从表 2.1 中也可看出 ISO 2394 的发展方向在发生着明显的变化，从内容的扩充和细化发展到第 3 版，直到如上所述的 ISO 2394：2015 对问题的更基本处理。

### 2.1.2　ISO 2394 的地位与应用

ISO 2394 在为结构设计标准提供可靠度原则的共同基础方面起到核心作用，这点通过 14 个 ISO 标准将 ISO 2394 作为规范性参考和 10 个 ISO 成员国将 ISO 2394 作为国家标准而得到确认。Eurocode 头标 EN1990：2002 "结构设计基础" 可以认为代表了符合 ISO 2394 的可操作的半概率分项系数极限状态设计标准（Vrouwenvelder，1996）；同理，南非标准 SANS10160—1：2011 "结构设计基础" 也符合 SANS/ISO 2394；加拿大标准 CSA S408 "极限状态设计标准发展指南" 引用了 ISO 2394。

与 ISO 2394 为其他标准提供参考的作用相比，ISO 2394 的更重要作用在于它还被广泛用作可靠度原则应用研究和背景调查的基础。除了关于标准化的直接背景调查引用 ISO 2394 外，文献中许多关于可靠度方法及其应用领域的研究也大量引用 ISO 2394。可靠度方法处理目标可靠度、优化、服役期、耐久性、疲劳、极端和环境作用、消防安全、时程、可持续性、抽样、贝叶斯分析、技术诊断及交通评估等主题的内容。除了关于传统结构材料（如混凝土、钢、复合结构材料、木材和砌石）各方面性质的研究之外，还有关于各种结构类型（如建筑、桥梁、隧道、电力生产和海洋结构、桩、防洪结构、既有结构、临时结构和历史结构）的研究引用了 ISO 2394。自 2000 年以来，ISO 2394 的被引用次数超过了 7000 次，在此期间每年的被引用次数从 200 次稳步增加至 700 次，并且这些引用大都来自权威论文。

表 2.1                 ISO 2394 系列版本的范围和内容演变

| 版本 | 年份 | ISO 2394 的范围和内容 |
|---|---|---|
| 1 | 1973 | 提供半概率极限状态方法的简略大纲：<br>—主要供标准委员会使用，需适用于每种材料；<br>—基于概率原则，包括适当安全度下的最优成本；<br>—定义概念，如承载能力极限状态和正常使用极限状态，材料强度、荷载及模型的不确定性；<br>—某一系数 $\gamma_m$，$\gamma_s$ 和特征值 $X_k$ 条件下的抗力 $R^*$ 和荷载效应 $S^*$ 的设计值；<br>—通过判断是否满足 $R^* \geqslant S^*$，验证安全性 |
| 2 | 1986 | 对以下问题做出了详细规定：<br>—基本要求：结构在局部失效下的完整性要求，使用和环境条件，故障或极端条件（气候、岩土）下的灾害，防止人为失误的措施，质量控制（专用条款），维护及修理；<br>—广泛定义了极限状态设计原则，包括设计状况；<br>—基本变量：作用的分类，材料和土体（试验、原位观测、转换系数及尺度效应），几何参数；<br>—分析，计算，模型和原型试验及其组合应用；<br>—分项系数设计方法：广泛规定作用及其组合，一般规定材料和土体（注意：需要对土体和既有结构进行不同处理，原则上需要通过试验获得每种情况的特征值），几何特征，模型不确定性，分项系数的确定；<br>—附录 B 对一阶概率方法进行了广泛解释；<br>—补充 1 对各分类作用的特征值进行了附加说明 |
| 3 | 1998 | 与上一版相比，适用范围及内容保持不变，规范性条款得到扩充和完善，同时通过专用条款增加以下内容：<br>—正式定义关键可靠度概念，一般分类（5 项），设计（包括可靠度及相关术语的正式定义）（29 项），作用（20 项），结构响应、抗力和材料特性，几何特征（6 项）；<br>—失效的起因和模式、失效的后果、降低失效风险的费用、社会和环境条件的不同引起的可靠度差异，设计和质量管理方面的有关措施；<br>—概率设计原则：正式引入可靠度设计，要求失效概率不超过特定值（$p_f \leqslant p_{fs}$）；<br>—既有结构的评估：用专用条款进行了广泛解释；<br>—附录 D（实验）、附录 E（可靠度设计）和附录 F（作用组合）的指导作用与标准正文的指导作用相当 |
| 4 | 2015 | 完全以优化风险为可靠度设计和半概率设计的基础制定标准修订的目标、方法和结构：<br>—从优化风险（所有者）和边际生命安全（社会）推理可靠度水平，利用（1）风险表征，并作为（2）针对标准化后果的可靠度设计和（3）针对标准化可靠度分类、失效模式和材料特性的半概率设计的输入；<br>—结构布置应满足基本要求（条款 1～6），三层次近似方法（条款 7～9），资料性附录的实施指南（附录 A～G） |

### 2.1.3 目标与基本原则

Faber（2015）概括了 ISO 2394 修订版的目标、内容和基本原则。目前可靠度理论对结构工程实践的影响无处不在，从技术层面到操作层面，从高层建筑、海洋结构和主要基础设施项目等应用领域到结构设计安全度标准的制定和校准。ISO 2394：1998 的出版标志着可靠度在实践中的应用达到成熟，而风险知情决策最近才达到类似的成熟水平。ISO 2394 修订版的动机和目标是通过综合的风险和可靠度方法实现成本效益和社会风险管理。然后，风险信息可以合理和直观地用作结构性能和决策制定的基础。因此，ISO 2394 修订版的目的是为制定设计标准和具体工程应用提供一致的、最佳的基于风险和可靠度的决策方法。

因此，ISO 2394 修订版最突出的变化是以标准的形式将风险系统和合理地考虑进可靠度设计中。这样做的基础来源于社会经济原则，即利用边际救生原则在社会管理层面上将安全与决策联系起来。然而，除了标准中列出的原则和要求之外，使用者应确保所有相关信息是可用的并得到应用。制定决策所依据的所有假设都需要加以控制和记录，或保证在可能偏离这些假设的前提下结构仍然能够充分发挥作用。

Faber（2015）进一步详述了风险和可靠度的基本概念，这些概念通常是性能模拟和充分考虑不确定性的基础。同时，对由风险知情、可靠度设计和半概率设计组成的三层次决策制定和设计的基本问题进行了详细讨论。除了考虑结构生命周期内的安全和优化问题外，还特别提到了结构的鲁棒性，包括它的分类、测量和量化，这些问题将在下面进行讨论。

## 2.2 ISO 2394：2015 综述

ISO 2394：2015 由以下主要部分组成，下面逐一介绍它们的简单定义，并给出针对每一组成部分的说明：

（1）一般规定：遵循一般的 ISO 标准格式以提供介绍信息（非规范性的）、标准的适用范围和方法、参考的规范性标准、术语及其定义，以及符号列表（引言和条款 1～3）。

（2）基础及基本概念：用基本术语来表达适当的风险和可靠度水平的基本概念，用基本变量及其不确定性对性能模拟进行一般定义（条款 4～6）。

（3）决策制定及设计方法：条款 7～9 系统地规定了 3 种备选的设计方法，以作为单独的操作性设计标准的基础。条款 7 将风险知情决策正式引入设计中，并作为条款 8 中基于可靠度的决策和条款 9 中半概率方法的基础。

（4）实施指南：资料性附录为标准中高度概括的关键概念在设计实践中的准确应用提供指导，以确保与风险和可靠度原则保持一致。尽管附录的地位较低，但是其为制定有效的标准可靠度设计程序提供了基本信息。

上述介绍表明，ISO 2394：2015 将风险作为结构安全和可靠性管理和标准化的基础。ISO 2394：2015 以规范和标准的形式将风险系统和合理地考虑进可靠度设计中。然而，可以肯定的是该标准涉及建筑行业相关的承重结构。标准的适用范围涵盖大部分建筑物、基础设施和土木工程。隐含的限制范围是指可能引起极端失效后果的特定情形下需要对规范进行改写和细化。

定义标准范围的一个重要条件是标准中的知识水平要超出它所包含的内容，同时要确保这些知识是可用的并得到应用。除了对特定的应用需要明确的额外信息之外，上述规定表明：当充分考虑了特定领域的相关特性之后，用如此一般的术语表达风险和可靠度要求和方法的标准及附录以至于原则上可以应用于任何领域，包括岩土工程设计。简单地说，设计验证应基于充分考虑了特定类型结构、作用和材料等基本变量的不确定性的性能模拟。

有趣的是，类似于之前版本遵循的惯例，ISO 2394：2015 并没有参考其他标准。这或许可理解为 ISO 2394 是可靠度设计规范的先驱的缘故。然而，新的标准已经改变了这种状况，其中对风险合适考虑的标准应成为价值链的起点。目前的 ISO 13824：2009 "结构设计基础—结构系统风险评估一般原则"（ISO，2009）并没有为风险优化和相关决策准则推理提供足够的信息和方法。JCSS 文件 "工程风险评估—原则、系统表征和风险准则" 可作为制定标准前的参考（JCSS，2008）。ISO 2394：2015 本质上已经包含了 JCSS 文件中的概念。

条款 2 给出的术语和定义列表的主要目的是为了阐述清楚标准范围内关键概念的含义。这对于国际标准或翻译来说尤其重要，因为对同一或相似概念的含糊不清或者采用不同的术语表示可能影响人们对标准的理解。在不同国家或应用领域调节这种分歧的简便方法是在其地方标准中引入等效术语库，如加拿大标准 CSA S408：2011 中的术语库。

ISO 2394 中术语列表的一个重要作用是，为标准范围内的重要概念提供一个简明汇总，其中包括：通用术语 47 项，设计和评估术语 37 项，作用及其组合术语 31 项，抗力、材料和几何特性术语 8 项。例如，术语 "结构" 的定义是具有适当抗力和刚度以承受各种作用的连接部件有机组合而成的系统，包括岩土结构。该定义详细阐述了引言中使用的 "承重结构" 的概念，并明确了标准的综合范围。

## 2.3 基本概念和要求

风险作为结构性能决策基础的核心作用主要通过以下概念的正式表述在条款 4 中予以规定：

### 2.3.1 风险决策

目标结构性能应基于优化总风险，包括：人身伤亡、环境损害和经济损失（条款 2.1.38）；使用边际救生风险指标作为安全性的基础，用风险优化作为所有者定义的基础（条款 4.2.2）。

### 2.3.2 备选方法

将风险知情决策作为整体方法引入标准中，在特定的条件下可以衍生出可靠度设计方法和半概率设计方法；从而正式引入基于风险和可靠度的决策和设计三层次方法（条款4.4.1）。

条款 4 还为涉及结构的决策（条款 4.3.1）、结构性能模拟（条款 4.3.2）及认知的不确定性和处理（条款 4.3.3）提供了概念基础。条款 5 随后进一步详述了性能模拟，并简述了极限状态设计的可靠度基础。条款 6 系统地阐述了不确定性的表征和模拟。3 种备选的决策制定方法［关于设计和评估的风险知情决策（条款 4.4.2.1）、可靠度设计和评估（条款 4.4.2.2）及半概率设计方法（条款 4.4.3）］的基本概念分别在条款 7、条款 8 和条款 9 中进行了系统地定义。

因此，条款 4 不仅引入了风险概念作为结构性能和设计的基础，而且还为风险应用于备选设计方法提供了指引。条款 4 以结构性能的基本目标和需求，以及确保满足适当的可靠度和风险水平的基本概念和方法为依据制定。性能需求包括适当的功能、能够承受环境和使用过程中极端条件的能力以及特殊的甚至是不可预见事件或人为失误情况下不致造成严重损害的鲁棒性。结构服役期应根据对结构的需求时间确定。ISO 2394：1998 中关于耐久性规定的专用子条款被参考最近颁布的 ISO 13823 所替代。

将目标性能水平正式建立在适当的可靠度基础之上的基本方法应适当考虑可能的失效后果、相关费用和降低失效风险和损害付出的努力程度和方法。因此，制定了双重过程，一方面从社会安全性角度出发，通过边际救生原则（考虑了利用额外安全措施拯救额外生命的费用）实现；另一方面从所有者利益出发，表现在对建设成本和失效等效费用的优化上。该方法以风险而不是原来的以可靠度定义性能水平。

条款 4.3 给出的结构决策概念为结构性能模拟概念的形成提供了基础，条款 5 对后者进行了详细的规定。同理，条款 6 对认知不确定性及其处理进行了详细的阐述。条款4.4 给出了备选方法应用的主要特点和条件。条款 7 简述了风险知情决策，并正式认可其在结构性能决策中的作用。条款 8 通过可靠度决策简要地给出了失效概率的定义，并明确了其在结构评估和设计中的作用。条款 9 对半概率设计方法进行了更加详细的修正，该方法在各版本的分项系数极限状态设计标准中得到了广泛的应用，证明了这种修正的有效性。

### 2.3.3　ISO 2394：2015 的主要特征

除了上述特征外，修订版还做了如下的修改：

（1）引入风险原则，作为建立结构性能水平的基本依据。

（2）增加风险决策为另一层次设计以补充可靠度设计和半概率设计；包含基于与失效后果和结构性能理解水平相关的近似水平的等级划分，以及相关的风险要素的分类。

（3）对可靠度原则的符合逻辑地发展，从结构性能和不确定性表征的基本概念到决策和设计验证的备选近似水平。

（4）删除特定应用领域的内容，如既有结构的耐久性和可靠性，它们通过专用的 ISO标准进行规定。

（5）加强资料性附录在质量管理、全生命周期完整性管理、试验设计、半概率可靠度参数校准、鲁棒性和风险准则等结构性能的关键方面的指导作用。

## 2.4 关键可靠度概念

除了回顾 ISO 2394：2015 的主要进展之外，关注作为可靠度设计方法构成部分的关键可靠度概念同样重要。大多数情况下，这些关键概念在以前版本标准中都已出现过，但是在最新版本标准追求更合理方法的背景下，需要对这些概念进行重新评估或更合理地处理。

### 2.4.1 决策与服役期

扩展了设计的概念及其可靠度基础以表征服役期内与结构和系统设计、评估相关的决策（条款1）。这意味着不仅要关注结构生命周期的各个阶段（条款4.2.1），而且还要关注结构未来的预期后果（条款4.4.2.1），附录 B "结构完整性的生命周期管理"给出了相应的指导意见。此外，结构服役期应根据对结构的需求时间确定（条款4.2.1），而不是之前的服役期是一个名义上的预选值。

### 2.4.2 质量管理

质量管理和质量保证是结构决策的基础，对结构性能的发挥起着核心作用，应完全纳入决策过程（条款4.3.1）。一般来说，建筑工程质量管理休系应以风险为依据，并综合考虑人为误差、设计误差和施工误差（条款8.1）。标准正文只给出了有限的关于质量管理、保证和控制的进一步信息，与此同时资料性附录 A 则给出了大量的关于质量管理、保证和控制的指导意见，目的是为了验证基于风险和可靠度的决策过程中假设的正确性（条款 A.1）。这是所有岩土工程施工过程中的一个关键方面。EN 1997—1 中第 4 节对这方面内容做出了具体的规定，并要求必须对所有的岩土工程施工过程进行监督，包括施工时所用的工艺，在施工期间和施工后必须对结构的性能进行监测，对建成的结构必须进行维护。一个项目的监督和监测性质及质量必须与设计、选取的工程参数值和计算中采用的分项系数的精度相一致。如果该项目的设计计算可靠性值得怀疑，那么有必要制定一项加强版的施工监督和监测方案。

### 2.4.3 不确定性、认知和贝叶斯概率

结构决策应考虑与其性能相关的所有不确定性，如固有的天然变异性（固有不确定性）和认知有限导致的不确定性（认知不确定性）（条款4.3.3）。按规定，贝叶斯概率应视为不确定性一致表征的最有效方法，该方法表征不确定性与不确定性的来源无关。贝叶斯概率方便同时考虑纯主观不确定性、客观不确定性及观测数据（条款6.1.3）。当作用、结构特性和/或模型具有相对较高的不确定性时，应考虑使用贝叶斯更新以便完成一个更经济的设计（条款6.6）。关于贝叶斯更新的具体应用可参考条款4.3.3的注释1和注释2。附录 B.4.3 阐述了概率模型更新的一般流程，以便充分利用观测数据获得逐步更新的风险和可靠度。附录 A.5.5 给出了利用质量控制措施收集的信息进行更新的方法。基于实验方法的概率模型更新见附录 C.5.3。通过校准（附录 E），贝叶斯概率模拟形成了半

概率设计标准和规范（条款 4.4.3）的基础。如本书第 3 章和第 4 章中所述，贝叶斯更新提供了一个结合类似场地先验信息与特定场地信息的天然框架。上述贝叶斯更新是至关重要的，因为对于可靠度设计而言特定场地信息本身通常太有限了。贝叶斯更新与现有的综合利用各种信息的岩土工程实践相一致，尽管有些信息来自工程判断。

### 2.4.4　鲁棒性或损害不敏感性

结构的基本要求是对如自然灾害、意外事故或人为失误等特殊的或不可预见的事件具有足够的鲁棒性，从而结构不致遭受严重损害或连锁故障（条款 4.2.1）。与单个构件的设计相反，鲁棒性与系统行为密切相关（条款 8.3）。对失效或损害导致严重后果的结构而言，应开展基于风险的鲁棒性评估，作为设计或评估验证的一部分（条款 4.4.2.1）。允许根据失效后果对结构进行分类，以决定是否需要开展基于风险的鲁棒性评估。对于半概率方法而言，应根据系统失效后果通过基于风险的鲁棒性评估或通过鲁棒性规定确保系统的性能，后者包括关键构件设计、结构关系和结构分割（条款 4.4.2.2）。附录 F 给出了根据预期后果进行结构分类和保证鲁棒性的合适措施的进一步指导，同时还给出了基于风险的鲁棒性评估的一些指导。附录 A 在质量管理方面也大量地提及了鲁棒性。

### 2.4.5　分析模型

虽然模拟结构系统物理行为的结构力学模型构成了性能模拟不可分割的一部分（条款 5），但是在条款 6.2"结构分析模型"中结构力学模型也被大量应用于不确定性表征与模拟。更详细考虑结构模型的原因源于以下模型在性质方面的差异：作用和环境影响（条款 6.2.2）、几何参数（条款 6.2.3）、材料特性（条款 6.2.4）以及结构响应和抗力（条款 6.2.5）。目前，基于风险的方法要求直接考虑后果模型（条款 6.3）。由于缺乏认知或是为了便于实际应用将模型进行简化，从而导致模型通常是不完整和不精确的，因此必须考虑模型的不确定性（条款 6.4）。相比以前版本对抗力的象征性处理，ISO 2394：2015 更加关注结构的响应和抗力，同样关注结构上的作用。因此，材料特性作为基本变量在新标准中受到适当的关注（条款 6.2.4）。由于认识到模型不确定性在岩土工程中的重要作用，附录 D 从岩土工程角度对模型不确定性进行了更详细的说明。

### 2.4.6　基于实验模型的设计

基于计算模型的设计可以用实验模型进行补充。一个重要的前提是实验的设立和评估应以如下的方式进行：设计的结构对于所有相关的极限状态和荷载条件，至少与仅依靠计算模型设计的结构具有相同的可靠度。实验结果应基于统计方法进行评估。原则上，实验应得到未知变量的概率分布，包括统计不确定性（条款 6.5）。附录 C 给出了直接或利用评估模型间接确定设计值或分项系数的指导意见。与其他结构材料的特性不同，土体性质并不是规定的，而是通过特定场地试验得到。在这方面，岩土结构的设计总是基于特定场地的试验结果。一个典型的案例是，特定场地全尺度桩载试验被认为是一种可接受的设计方法（EN 1997—1 条款 7.4.1）。

### 2.4.7　半概率设计方法

半概率（或分项系数）方法被定义为一种验证方法，通过代表值、分项系数和附加值表征基本变量的不确定性和变异性（条款 2.2.24）。尽管 ISO 2394：2015 正式引入了风险决策和 ISO 2394：1989 引入了可靠度设计，半概率方法依然是将可靠度原则融入实际设计流程和设计标准中最实用的方法。因此，条款 9 "半概率方法"代表了 ISO 2394：2015 在实际应用中体现结构可靠度一般原则的最合理形式。虽然该条款是从以前版本中修改而来，但是这些修改主要体现在从原理到设计验证的符号表达的逻辑发展方面，并没有任何进一步的发展。值得注意的是，岩土界已经接受了半概率极限状态设计，并将其作为新一代设计标准开发的基础。在开始起草 Eurocode 7 第一部分"岩土设计—总原则"两年后，1990 年国际土力学与岩土工程学会岩土工程极限状态设计技术委员会（TC23）成立（TC23 由丹麦岩土工程协会的已故博士 N. Krebs Ovesen 领导），标志着岩土工程采用极限状态设计框架的开始。在接下来的 7 年里，丹麦岩土工程协会依然是 TC23 的赞助商。毫无疑问，其资助的重点是委员会在欧洲的活动，特别是 Eurocodes 的发展。Eurocode 7 的发展引起了欧洲以外地区国家的兴趣。认识到这种兴趣，同时为了将重心从欧洲转移到其他地区的需要，南非土木工程师协会岩土司受邀成为 1997—2001 年期间 TC23 的赞助成员，TC23 由协会主席 Peter Day 带领。2001—2009 年期间，日本岩土工程协会（JGS）受邀成为 TC23 的赞助成员，因为这一时期日本正在发展基于性能的基础设计规范—Geocode 21（Honjo 和 Kusakabe，2002），它由 Yusuke Honjo 教授带领。2009 年以来，TC23 技术委员会由 Brian Simpson 博士带领，最近将其重新编号为 TC205，2013 年更名为"岩土工程设计中的安全性与适用性技术委员会"。委员会的任务是促进和加强极限状态设计方法在岩土工程实践中的应用。为此，委员会已经组织了几次国际研讨会，主要探讨岩土工程实践中的极限状态设计方法。TC205 与 TC304（前身 TC32）合作密切，而后者的重点是工程实践中的风险评估和管理。2001—2009 年期间，TC32 由 Farrokh Nadim 博士带领。自 2009 年之后，将其重新编号为 TC304，由 Kok‐Kwang Phoon 教授带领。与 ISO 2394 类似，该技术委员会专注于推进场地概率表征、利用半概率方法校正岩土设计规范、可靠度设计、风险决策分析和项目风险管理等。

### 2.4.8　基于风险的半概率设计条件

决策和设计的备选方法介绍如下：当失效后果和损害被很好地理解并在正常范围内时，可以使用可靠度评估代替全面风险评估；当除了后果外的失效模式和不确定性表征可以被分类和标准化时，可以使用进一步简化的半概率方法代替上述两种方法（条款 4.4.1）。上述内容暗示半概率方法不仅仅代表着基于经验的安全系数设计的进步，现在有必要充分考虑风险接受准则及半概率设计方法中所有来源的不确定性。

（1）目标可靠度条件：基于可靠度的决策和半概率设计方法都应基于后果分类从风险知情决策中推出（条款 7）。有关风险优化和生命安全准则的指南详见附录 G。

（2）附加条件：对于失效后果和损害被很好地理解并且失效模式可以被分类和标准化的结构，半概率规范适合作为设计和评估的基础。该标准应该确保分析、设计、材料、生产、建造、运行和维护以及文件记录的质量，从而显式或隐式考虑影响结构性能的不确定性。标准中的规定应能够量化所有已知的不确定性（条款 4.4.3）。

### 2.4.9　半概率设计的可靠度要素

下述规定为半概率设计可靠度要素提供了基础：对基于荷载抗力系数或分项安全系数设计方法的结构设计而言，不确定性应通过设计值、特征值并结合特定的设计方程、荷载组合和荷载组合系数进行表征。特征值应考虑荷载和材料特性的可用信息（条款 4.3.3）。半概率设计主要包括以下可靠度要素（条款 9）：

（1）安全格式：半概率设计和评估规范应包含规定设计方程和/或分析程序的安全格式，用于验证设计和评估决策（条款 4.4.3）。条款 9.4 对此进行了详细的阐述。

（2）特征值：基本变量的特征值应优先在统计的基础上得出，以便其具有超过不利值的规定概率（条款 2.2.30），并构成对不确定性和认知进行处理的组成部分（条款 4.3.3）。对于根据相关材料标准生产的人工材料，原则上特征值应表示为材料特性统计分布的特定分位数。对于土体和既有结构，特征值应根据相同的原则进行估算以便它们可以代表设计中考虑的土体实际体积和既有结构的实际部分（条款 9.3.2）。必须指出，岩土工程中并没有一致的岩土参数特征值的明确定义，也没有关于特征值选择普遍接受的方法。岩土参数特征值选择具有一定的复杂性，其取决于影响极限状态发生的天然（或空间）变异性和土体（或滑动面）的体积，两者具有相互关联的影响；EN 1997—1：2004 的条款 2.4.5.2"岩土参数特征值"中讨论了特征值选取需要考虑的一些因素，但是却忽略了空间变异性与滑动面之间存在内在联系这一关键因素。例如，土体中的软弱区通常驱动滑动面穿过该区域。如果人们接受利用随机场表征空间变异性的理论，那么就有必要考虑滑动面随实现的不同而变化，因为不同的随机场实现软弱区的分布也不同。换句话说，与临界滑动面相关的特征强度以一种复杂的方式变化，这种方式通常是概率性的。详细的描述见本书 1.5.6 节和 3.5 节以及其他参考文献（Ching 和 Phoon，2013；Ching 等，2014，2016a，2016b）。

（3）分项安全系数：为了达到要求的可靠度水平，设计人员可以采用最直接的方法，将分项安全系数作用于基本变量和设计模型，关于分项系数的校准可参考附录 E。

### 2.4.10　文件记录

以一种易处理和透明的方式记录与结构设计有关的决策以及根据接受准则的结构验证是结构设计以及设计规范开发与校准的要求。综合记录特定场地数据、试验结果、性能模型、检测结果等信息（条款 4.5）。上述要求与当前的岩土工程实践十分吻合，即特定场地数据通常以地质调查报告的形式进行记录，而实际设计则以设计报告的形式进行记录。

## 2.5　ISO 2394：2015 总结

对 ISO 2394：2015 的关键评估及其与基于可靠度的岩土结构性能与设计的相关性构成了该标准的总结及对其价值和效用的结论：

（1）基于自 1973 年以来 40 多年的对基于可靠度的承重结构性能与设计的本质的理解，最新版本的 ISO 2394 在以下 3 方面取得了进步：①它是基于风险和可靠度原则的；②它涵盖了所有建筑和土木工程结构；③它纳入了基于风险优化的确定结构性能和安全准则的最新进展。

（2）ISO 2394：2015 是根据风险原则提高结构性能以确定适当的可靠度水平以及制定操作设计程序以显式或隐式考虑影响结构性能的不确定性的最重要的平台（条款 4.4.3）。

（3）ISO 2394：2015 所代表的方法必须充分考虑以下各种不确定性因素：①失效后果；②失效模式的性质；③基本变量包括作用和材料特性；④分析模型。

（4）ISO 2394：2015 阐述的基本方法要求结构性能水平和设计水平反映基于风险的安全性原则和不确定性条款。这改变了目前标准的发展趋势，逐步将基于判断的设计要素替换为使用改进不确定性模型的可靠度校准。将基于风险的优化划分为 3 个等级，主要为了获得可靠度或性能水平、基于可靠度的决策或反映不确定性的校准，以得出半概率设计的分项和其他设计系数。

（5）通过 ISO 2394：2015 中将经验信息表达为贝叶斯概率，可以有效弥合充分考虑认知缺乏的基本方法与通过工程经验进行校正的传统方法之间的差距。这将确保基本方法不引入与结构性能的大量经验不一致的保守性。结构性能经验的正式使用为协调结构设计提供强有力的动力，可以充分利用国际经验。

（6）从标准中的不同选择应遵循特定类别的设计标准，例如：①设计基础，基于目标可靠度水平和后果类别（条款 7）、极限状态（条款 5）和鲁棒性（附录 F）；②作用及其组合，包括概率模型以及所有相关类型作用（条款 6）和安全格式（条款 9）分类。同样可以对由各种材料构成的结构和各种类型的结构（如建筑物或桥梁）的抗力进行类似的处理。

（7）本章给出的 ISO 2394 的一般性调查证实了岩土结构与 ISO 2394 中基于风险和可靠度的方法之间的相关性，同时还需提供额外信息来反映岩土结构的特有性质。事实上，该标准为促进风险与可靠度在岩土结构设计及性能中的应用提供了一个良好的平台。应该从标准中选择适用于岩土结构的条款：除了与岩土材料和模型不确定性密切相关的附录 D 中涉及的内容外，还应考虑岩土结构性能及其失效后果的风险特性、岩土结构系统失效特点、作用与抗力的整体性质、试验与基于经验的工程判断结合的特别要求等。

（8）附录 D 为岩土结构不确定性表征和模拟提供了指导（条款 6），并特别考虑了不确定性的类型（条款 6.1.1 注释 4）。同时，附录 D 中讨论的内容也与其他条款有关，例如：在 D.5.3 中参考了可靠度设计方法（条款 8），D.5.4 中的半概率方法（条款 9），D.5.5 中考虑土体特征参数（条款 4.3.3 和 9.3.2）以及 D.5.7 中的系统可靠度（条款 5.2.3）。

（9）ISO 2394：2015 为各领域应用的统一提供了良好的平台。但是，在以下层面仍需要付出努力以确保在作用、结构和岩土设计之间应用的一致性：

1）结构的整体性能要求，作为决策和设计的基本输入——按照标准进行全面处理；

2）在输出层次，保证建成的设施的一致性，例如结构和基础设计，用于检查是否符合标准；

3）结构设计和岩土设计之间的接口为确保性能和可靠度的一致性提供了操作基础。

## 致谢

作者感谢 Peter Day 博士、Farrokh Nadim 博士和 Brian Simpson 博士提供的宝贵意见。

参　考　文　献

Ching，J. & Phoon，K. K. （2013）Probability distribution for mobilized shear strengths of spatially variable soils under uniform stress states. Georisk，7（3），209 – 224.

Ching，J. ，Phoon，K. K. & Kao，P. H. （2014）Mean and variance of the mobilized shear strengths for spatially variable soils under uniform stress states. ASCE Journal of Engineering Mechanics，140（3），487 – 501.

Ching，J. ，Lee，S. W. & Phoon，K. K. （2016a）Undrained strength for a 3D spatially variable clay column subjected to compression or shear. Probabilistic Engineering Mechanics，45，127 – 139.

Ching，J. ，Hu，Y. G. & Phoon，K. K. （2016b）On characterizing spatially variable shear strength using spatial average. Probabilistic Engineering Mechanics，45，31 – 43.

CSA S408：2011. Guidelines for the Development of Limit States Design Standards. Mississauga，ON，Canadian Standards Organization.

EN 1990：2002. Eurocode – Basis of Structural Design. Brussels，European Committee for Standardization（CEN）.

EN 1997 – 1：2004. Eurocode 7：Geotechnical Design – Part 1：General Rules. Brussels，European Committee for Standardization（CEN）.

Faber，M. H. （2015）Codified risk informed decision making for structures. In：Symposium on Reliability of Engineering Systems（SRES2015），Hangzhou，China.

Honjo，Y. & Kusakabe，O. （2002）Proposal of a comprehensive foundation design code：Geocode 21 Ver. 2. In：Honjo，Y. ，Kusakabe，O. ，Matsui，K. ，Kouda，M. & Pokharel，G. （eds. ）Foundation Design Codes and Soil Investigation in View of International Harmonization and Performance Based Design. The Netherlands，A. A. Balkema Publishers. pp. 95 – 106.

ISO 2394：1973/1986/1998/2015. General Principles on Reliability for Structures. Geneva，International Organization for Standardization.

ISO 13822：2010. Bases for Design of Structures – Assessment of Existing Structures. Geneva，International Organization for Standardization.

ISO 13823：2008. General Principles on the Design of Structures for Durability. Geneva，International Organization for Standardization.

ISO 13824：2009. Bases for Design of Structures – General Principles on Risk Assessment of Systems Involving Structures. Geneva，International Organization for Standardization.

JCSS（June 2008）Risk Assessment in Engineering – Principles，System Representation & Risk Criteria. Joint Committee on Structural Safety. ISBN：978 – 3 – 909386 – 78 – 9. Available from：http：// www. jcss. byg. dtu. dk/Publications/Risk _ Assessment _ in _ Engineering. aspx，Edited by Faber，M. H.

SANS 10160 – 1：2011. Basis of Structural Design. Pretoria，South African National Standard，SABS.

Vrouwenvelder，T. （1996）Revision of ISO 2394 General principles on reliability for structures. IABSE Reports，74，117 – 118.

## 第 3 章

# 岩土设计参数的不确定性表征

*作者：*Kok‑Kwang Phoon，Widjojo A. Prakoso，
Yu Wang，Jianye Ching

## 摘要

在良好的岩土工程实践中，场地勘察和现场数据解译是必不可少的环节。因此，岩土变异性表征在岩土工程可靠度设计中具有核心地位。本章讨论了最基本的土体/岩体参数估计（根据现场试验估计设计参数）的各种不确定性。估计的设计参数的变异系数是场地天然变异性、现场试验测量误差和将现场试验数据转换为设计参数的回归方程的转换不确定性的函数。此外，土体/岩体参数还具有空间变异性。这种自相关性（同一岩土参数在不同空间位置的测量值之间的相关性）的影响可以通过波动范围量化。通过广泛地查阅土体和岩体数据库，本章给出了具有参考价值的关于变异系数和波动范围的统计表和参考资料。互相关性（在同一空间位置的不同岩土参数之间的相关性）的影响将在本书第4章中讨论。地层也是空间变化的，但是这种地层不确定性目前文献还未开展系统地研究。

由于从土体和岩体数据库中得到的变异系数具有普遍的适用性，因此可能会大于特定场地岩土参数的变异系数。在缺乏特定场地数据时这些通用的统计资料可以作为先验信息使用。测量误差不具有场地特异性，因为它通常与试验设备、程序和操作人员等因素有关。天然变异性和转换不确定性具有场地特异性。根据特定场地数据可以利用贝叶斯方法更新天然变异性和转换不确定性的统计参数。然而，由空间相关数据推断岩土参数的统计量时所引入的统计不确定性应该要谨慎处理。

## 3.1 引言

在良好的岩土工程实践中，场地勘察和现场数据解译是必不可少的环节。现场数据解译的复杂性的一个主要来源是天然变异性。天然变异性来源于土体随时间沉积和演化的天然过程，因此土体参数通常具有随深度变化的性质。土体参数随深度变化时通常表现为一个趋势函数和波动分量的叠加。在岩土工程可靠度文献中，一般用平稳（统计均匀）随机

场模拟波动分量（天然变异性）。一个真实场地通常在垂直和水平方向都表现出空间变异性，而垂直方向的空间变异性更为显著。Jaksa 等（2003，2005）和 Goldsworthy 等（2007）用三维随机场和蒙特卡洛模拟方法模拟了一个虚拟场地空间变化的弹性模量。空间变异性的每一次实现构成了一个似乎可信的全信息场景。通过在离散位置上对连续随机场进行抽样，场地勘察即可在数值上实现。由此获得的场地勘察数据构成了通常在实际工程中遇到的部分信息场景。场地勘察数据也可能是多元的。例如，同一个钻孔通常既开展标准贯入试验（standard penetration test，SPT），又抽取原状土样开展试验以测量土体的容重、天然含水率、塑限、液限、不排水抗剪强度和超固结比。同一空间位置土体开展不同试验获得的土体参数具有相关性，即使这些土体参数描述的是土体行为的不同方面。此外，上述试验也有不同程度的土样扰动。实际工程中，"点"指的是两个相邻钻孔/探孔之间相同深度处一块体积足够小的土体。Ching 等（2014a）把为了复制上述室内和现场试验获得的土体参数的多元相关结构的模拟数据称为"虚拟场地"数据。显然，这种虚拟场地局限于描述土体某一点信息的多元性质，并没有考虑土体不同点之间的空间变异性。最后，文献中对非平稳随机场构建和表征的研究非常有限，尤其是一个均匀土体中嵌入了另一土层或包含了小块的不同类型土体的情形。现有工程实践中土层普遍假设是水平的并且厚度均匀。实际上，钻孔之间每一土层的深度和厚度是不确定的。耦合马尔科夫链模型（coupled Markov chain，CMC）被用来表征这种地层不确定性（Li 等，2016）。目前想要真实地模拟出场地变异性的各个方面是不可能的。仅根据有限空间位置的钻孔资料和/或现场试验数据表征一个三维非平稳向量场仍具有挑战性。例如，FHWA（1985）规定对于切坡每隔 60m 打一个钻孔。

尽管文献中对模拟和表征岩土变异性开展了持续的研究，但是这些研究应该阐述基于实际土体数据并与岩土工程实践相一致的统计参数。当岩土工程师能够看到土体参数的变异性与土体数据之间的明确联系或现有的岩土工程实践能被明显地加强时，他们可以更好地运用可靠度设计。例如，岩土设计参数通常是根据现场数据估计的。设计参数的不确定性（用变异系数表示）是场地天然变异性、现场试验测量误差和将现场试验数据转换为设计参数的回归方程的转换不确定性的函数。Phoon 和 Kulhawy（1999a，1999b）采用了这种简单而实用的方法表征岩土变异性。岩体参数的变异性还没有像土体参数一样被广泛地表征，但是 Prakoso（2002）提供了岩体参数变异性的有价值的参考资料，并总结在本章3.7 节。其他有关岩体参数变异性的研究见 Ng 等（2015）、Kahraman（2001）、Sari 和 Karpuz（2006）、Aladejare 和 Wang（2017）。上述文献报道的变异系数可能会大于特定场地岩土参数的变异系数，因为它们具有普遍的适用性。在缺乏特定场地数据时，这些通用的统计资料可以作为先验信息使用，尽管通常反对在没有理解推导这些通用统计资料的数据的情况下不加选择地应用这些通用统计资料。测量误差不具有场地特异性，因为它通常与试验设备、程序和操作人员等因素有关。天然变异性和转换不确定性具有场地特异性。本章最后两节阐述了如何处理统计不确定性并且采用贝叶斯方法量化特定场地天然变异性。

另一个普遍存在的问题是当知道设计参数与多个试验指标具有相关性（如不排水抗剪强度与 SPT $N$ 值、锥尖阻力、超固结比等其他试验指标具有相关性）时如何估计设计参数。本书第 4 章描述了一种结合不同的试验指标以及根据一个或多个试验指标估计一个或多个设计参数的方法。

## 3.2　不确定性来源

岩土设计参数的不确定性有许多不同的来源，如图 3.1 所示。岩土工程不确定性有 3 个主要来源：①天然（固有）变异性；②测量误差；③转换不确定性。天然变异性主要来源于产生和持续改造岩土体的天然地质过程。这里使用"天然变异性"这一术语主要为了与 ISO 2394：2015 中 4.3.3 节和 6.1.1 节保持一致，但是该术语可以用"固有变异性"或者"空间变异性"代替（D.2.3 节）。测量误差由试验设备、程序/操作人员以及随机试验误差造成。转换不确定性通过借助经验或其他相关模型将现场或室内测量数据转换成岩土设计参数时引入。

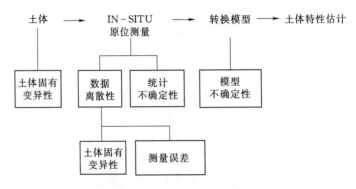

图 3.1　岩土设计参数不确定性来源

上述 3 个不确定性来源对岩土设计参数的不确定性的贡献依赖于场地条件、装备水平、程序控制以及相关模型的精度。因此，基于总体不确定性分析得到的岩土设计参数的统计信息只能应用于推导岩土设计参数的特定情况（如场地条件、测量技术、相关模型等）。现在很多文献（如专著 Look，2014 中第 10 章）和设计指南（如 Det Norske Veritas，2010；JCSS，2006）讨论了岩土变异性，但是变异系数列表中并没有提及岩土参数估计方法和岩土参数数据库。这一点忽略了实际工程中存在许多不同的试验［如标准贯入试验（SPT），静力触探试验（CPT）］，甚至忽略了对于相同的试验指标类型和设计参数存在不同的转换模型的事实。本书第 3 章和第 4 章将填补设计指南中的这个关键缺口。

## 3.3　天然变异性

表 3.1～表 3.3 分别总结了典型的强度特性、指标参数和现场测量参数的天然变异性。表中还给出了土体类型以及变异系数（coefficient of variation，COV）适用的土体参数的均值和近似的取值范围。从土体类型来看，砂土的天然变异性的 COV 要大于黏土。从测量类型来看，指标参数的天然变异性的 COV 是最小的，衍生参数（如相对密度和液

性指数）除外。水平方向测量数据和土体模量的测量数据具有最大的天然变异性 COV。Cherubini 等（2007）、Chiasson 和 Wang（2007）、Jaksa（2007）和 Uzielli 等（2007）给出了更加详细的针对特定场地的土体参数天然变异性表征。

表 3.1　　　　　　　　强度特性的天然变异性（Phoon 和 Kulhawy，1999a，表 1）

| 特性参数[a] | 土体类型 | 数据组数 | 每组试验数目 | | 特性参数值 | | 特性参数的 COV/% | |
|---|---|---|---|---|---|---|---|---|
| | | | 范围 | 均值 | 范围 | 均值 | 范围 | 均值 |
| $s_u$(UC) /(kN/m²) | 细粒土 | 38 | 2～538 | 101 | 6～412 | 100 | 6～56 | 33 |
| $s_u$(UU) /(kN/m²) | 黏土，粉土 | 13 | 14～82 | 33 | 15～363 | 276 | 11～49 | 22 |
| $s_u$(CIUC) /(kN/m²) | 黏土 | 10 | 12～86 | 47 | 130～713 | 405 | 18～42 | 32 |
| $s_u$ /(kN/m²)[b] | 黏土 | 42 | 24～124 | 48 | 8～638 | 112 | 6～80 | 32 |
| $\overline{\varphi}$/(°)[b] | 砂土 | 7 | 29～136 | 62 | 35～41 | 37.6 | 5～11 | 9 |
| $\overline{\varphi}$/(°)[b] | 黏土，粉土 | 12 | 5～51 | 16 | 9～33 | 15.3 | 10～50 | 21 |
| $\overline{\varphi}$/(°)[b] | — | 9 | — | — | 17～41 | 33.3 | 4～12 | 9 |
| $\tan\overline{\varphi}$(TC) | 黏土，粉土 | 4 | — | — | 0.24～0.69 | 0.509 | 6～46 | 20 |
| $\tan\overline{\varphi}$(DS) | 黏土，粉土 | 3 | — | — | — | 0.615 | 6～46 | 23 |
| $\tan\overline{\varphi}$[b] | 砂土 | 13 | 6～111 | 45 | 0.65～0.92 | 0.744 | 5～14 | 9 |

a　$s_u$＝不排水抗剪强度；$\overline{\varphi}$＝有效应力摩擦角；TC＝三轴压缩试验；UC＝无侧限压缩试验；UU＝不固结不排水三轴压缩试验；CIUC＝固结各向同性不排水三轴压缩试验；DS＝直剪试验。

b　室内试验类型没有报道。

表 3.2　　　　　　　　指标参数的天然变异性（Phoon 和 Kulhawy，1999a，表 2）

| 指标参数[a] | 土体类型[b] | 数据组数 | 每组试验数目 | | 指标参数值 | | 指标参数的 COV/% | |
|---|---|---|---|---|---|---|---|---|
| | | | 范围 | 均值 | 范围 | 均值 | 范围 | 均值 |
| $w_n$/% | 细粒土 | 40 | 17～439 | 252 | 13～105 | 29 | 7～46 | 18 |
| $w_L$/% | 细粒土 | 38 | 15～299 | 129 | 27～89 | 51 | 7～39 | 18 |
| $w_P$/% | 细粒土 | 23 | 32～299 | 201 | 14～27 | 22 | 6～34 | 16 |
| PI/% | 细粒土 | 33 | 15～299 | 120 | 12～44 | 25 | 9～57 | 29 |
| LI | 黏土，粉土 | 2 | 32～118 | 75 | — | 0.094 | 60～88 | 74 |
| $\gamma$/(kN/m³) | 细粒土 | 6 | 5～3200 | 564 | 14～20 | 17.5 | 3～20 | 9 |
| $\gamma_d$/(kN/m³) | 细粒土 | 8 | 4～315 | 122 | 13～18 | 15.7 | 2～13 | 7 |
| $D_r$/%[c] | 砂土 | 5 | — | — | 30～70 | 50 | 11～36 | 19 |
| $D_r$/%[d] | 砂土 | 5 | — | — | 30～70 | 50 | 49～74 | 61 |

a　$w_n$＝天然含水率；$w_L$＝液限；$w_P$＝塑限；PI＝塑性指数；LI＝液性指数；$\gamma$＝总容重；$\gamma_d$＝干容重；$D_r$＝相对密度。

b　来自各种地质起源的细粒材料，例如冰川沉积物、热带土壤、黄土。

c　直接方法确定的总变异性。

d　用 SPT 数据间接确定的总变异性。

表 3.3　　　　　现场测量参数的天然变异性（Phoon 和 Kulhawy，1999a，表 3）

| 试验类型[a] | 测量参数[a] | 土体类型[b] | 数据组数 | 每组试验数目 | | 测量参数值 | | 测量参数的 COV /% | |
|---|---|---|---|---|---|---|---|---|---|
| | | | | 范围 | 均值 | 范围 | 均值 | 范围 | 均值 |
| CPT | $q_c/(MN/m^2)$ | 砂土 | 57 | 10～2039 | 115 | 0.4～29.2 | 4.10 | 10～81 | 38 |
| CPT | $q_c/(MN/m^2)$ | 粉质黏土 | 12 | 30～53 | 43 | 0.5～2.1 | 1.59 | 5～40 | 27 |
| CPT | $q_T/(MN/m^2)$ | 黏土 | 9 | — | | 0.4～2.6 | 1.32 | 2～17 | 8 |
| VST | $s_u(VST)/(kN/m^2)$ | 黏土 | 31 | 4～31 | 16 | 6～375 | 105 | 4～44 | 24 |
| SPT | $N$ | 砂土 | 22 | 2～300 | 123 | 7～74 | 35 | 19～62 | 54 |
| SPT | $N$ | 黏土，壤土 | 2 | 2～61 | 32 | 7～63 | 32 | 37～57 | 44 |
| DMT | $A/(kN/m^2)$ | 砂土到黏质砂土 | 15 | 12～25 | 17 | 64～1335 | 512 | 20～53 | 33 |
| DMT | $A/(kN/m^2)$ | 黏土 | 13 | 10～20 | 17 | 119～455 | 358 | 12～32 | 20 |
| DMT | $B/(kN/m^2)$ | 砂土到黏质砂土 | 15 | 12～25 | 17 | 346～2435 | 1337 | 13～59 | 37 |
| DMT | $B/(kN/m^2)$ | 黏土 | 13 | 10～20 | 17 | 502～876 | 690 | 12～38 | 20 |
| DMT | $E_D/(MN/m^2)$ | 砂土到黏质砂土 | 15 | 12～25 | 15 | 9.4～46.1 | 25.4 | 9～92 | 50 |
| DMT | $E_D/(MN/m^2)$ | 砂土，粉土 | 16 | — | — | 10.4～53.4 | 21.6 | 7～67 | 36 |
| DMT | $I_D$ | 砂土到黏质砂土 | 15 | 10～25 | 15 | 0.8～8.4 | 2.85 | 16～130 | 53 |
| DMT | $I_D$ | 砂土，粉土 | 16 | — | — | 2.1～5.4 | 3.89 | 8～48 | 30 |
| DMT | $K_D$ | 砂土到黏质砂土 | 15 | 10～25 | 15 | 1.9～28.3 | 15.1 | 20～99 | 44 |
| DMT | $K_D$ | 砂土，粉土 | 16 | — | — | 1.3～9.3 | 4.1 | 17～67 | 38 |
| PMT | $P_L/(kN/m^2)$ | 砂土 | 4 | | 17 | 1617～3566 | 2284 | 23～50 | 40 |
| PMT | $P_L/(kN/m^2)$ | 黏性土 | 5 | 10～25 | | 428～2779 | 1084 | 10～32 | 15 |
| PMT | $E_{PMT}/(MN/m^2)$ | 砂土 | 4 | — | — | 5.2～15.6 | 8.97 | 28～68 | 42 |

a　CPT＝静力触探试验；VST＝十字板剪切试验；SPT＝标准贯入试验；DMT＝扁铲侧胀试验；PMT＝旁压试验。

b　$q_c$＝CPT 锥尖阻力；$q_T$＝修正的 CPT 锥尖阻力；$s_u$(VST)＝VST 得到的不排水抗剪强度；$N$＝SPT 锤击计数（每英尺或 305mm 的锤击数）；$A$ 和 $B$＝DMT 气压值 A 和 B 的读数；$E_D$＝DMT 模量；$I_D$＝DMT 材料指数；$K_D$＝DMT 水平应力指数；$P_L$＝PMT 极限应力；$E_{PMT}$＝PMT 模量。

## 3.4　测量误差

表 3.4 和表 3.5 分别总结了室内试验和现场试验的典型测量误差。测量误差的统计信息十分有限。基于类似的测试程序报道的统计，大部分室内强度试验的测量误差的 COV 大约在 5％～15％之间。塑限和液限试验的测量误差的 COV 范围分别是 10％～15％和 5％～10％。天然含水率的测量误差 COV 处于塑限和液限试验之间。对于塑性指数，其测量误差的标准差在 2％～6％之间。容重具有最小的测量误差 COV（约 1％）。如表 3.5 所列，标准贯入试验的测量误差是现场试验中最大的，而电测式静力触探试验和扁铲侧胀试验的测量误差是最小的。由于可用的数据是有限的，并且需要利用判断估计这些误差，因此表 3.5 中最后一列给出了在典型现场试验中可以预料的可能整体测量误差的范围。

**表 3.4　　　　一些室内试验的总测量误差（Phoon 和 Kulhawy，1999a，表 5）**

| 特性参数[a] | 土体类型 | 数据组数 | 每组试验数目 | | 特性参数值 | | 特性参数的 COV/％ | |
|---|---|---|---|---|---|---|---|---|
| | | | 范围 | 均值 | 范围 | 均值 | 范围 | 均值 |
| $s_u$(TC) /(kN/m$^2$) | 黏土，粉土 | 11 | — | 13 | 7～407 | 125 | 8～38 | 19 |
| $s_u$(DS) /(kN/m$^2$) | 黏土，粉土 | 2 | 13～17 | 15 | 108～130 | 119 | 19～20 | 20 |
| $s_u$(LV) /(kN/m$^2$) | 黏土 | 15 | | | 4～123 | 29 | 5～37 | 13 |
| $\bar{\varphi}$(TC)/(°) | 黏土，粉土 | 4 | 9～13 | 10 | 2～27 | 19.1 | 7～56 | 24 |
| $\bar{\varphi}$(DS)/(°) | 黏土，粉土 | 5 | 9～13 | 11 | 24～40 | 33.3 | 3～29 | 13 |
| $\bar{\varphi}$(DS)/(°) | 砂土 | 2 | 26 | 26 | 30～35 | 32.7 | 13～14 | 14 |
| $\tan\bar{\varphi}$(TC) | 砂土，粉土 | 6 | — | — | — | — | 2～22 | 8 |
| $\tan\bar{\varphi}$(DS) | 黏土 | 2 | | | | | 6～22 | 14 |
| $w_n$/％ | 细粒土 | 3 | 82～88 | 85 | 16～21 | 18 | 6～12 | 8 |
| $w_L$/％ | 细粒土 | 26 | 41～89 | 64 | 17～113 | 36 | 3～11 | 7 |
| $w_P$/％ | 细粒土 | 26 | 41～89 | 62 | 12～35 | 21 | 7～18 | 10 |
| PI/％ | 细粒土 | 10 | 41～89 | 61 | 4～44 | 23 | 5～51 | 24 |
| $\gamma$/(kN/m$^3$) | 细粒土 | 3 | 82～88 | 85 | 16～17 | 17.0 | 1～2 | 1 |

a　$s_u$=不排水抗剪强度；$\bar{\varphi}$=有效应力摩擦角；TC=三轴压缩试验；UC=无侧限压缩试验；DS=直剪试验；LV= 室内十字板剪切试验；$w_n$=天然含水率；$w_L$=液限；$w_P$=塑限；PI=塑性指数；$\gamma$=总容重。

**表 3.5　　　　常见现场试验的总测量误差（Phoon 和 Kulhawy，1999a，表 6）**

| 试　　验 | 试验设备 COV/％ | 试验程序 COV/％ | 随机误差 COV/％ | 总 COV[a]/％ | COV[b]/％ 范围 |
|---|---|---|---|---|---|
| 标准贯入试验（SPT） | 5～75[c] | 5～75[c] | 12～15 | 14～100[c] | 15～45 |
| 机械式静力触探试验（MCPT） | 5 | 10～15[d] | 10～15[d] | 15～22[d] | 15～25 |
| 电测式静力触探试验（ECPT） | 3 | 5 | 5～10[d] | 7～12[d] | 5～15 |

续表

| 试　验 | 试验设备 COV/% | 试验程序 COV/% | 随机误差 COV/% | 总 COVᵃ/% | COVᵇ/% 范围 |
|---|---|---|---|---|---|
| 十字板剪切试验（VST） | 5 | 8 | 10 | 14 | 10～20 |
| 扁铲侧胀试验（DMT） | 5 | 5 | 8 | 11 | 5～15 |
| 旁压试验（PMT） | 5 | 12 | 10 | 16 | 10～20ᵉ |
| 自钻式旁压试验（SBPMT） | 8 | 15 | 8 | 19 | 15～25ᵉ |

a　COV（总）= [COV（试验设备）$^2$+COV（试验程序）$^2$+COV（随机误差）$^2$]$^{0.5}$。

b　由于数据有限和估计 COV 时涉及判断，因此范围表示现场试验测量误差的可能大小。

c　上下限分别表示 SPT 的最好和最差情形。

d　上下限分别表示 CPT 的锥尖阻力和侧壁阻力。

e　对于 $P_o$、$P_f$ 和 $P_L$ 可能会有所不同，但是数据量不足以说明这一问题。

## 3.5　转换不确定性

　　岩土试验获得的直接测量数据通常不能直接应用于设计。相反，需要借助于转换模型将直接测量数据转换为岩土设计参数。由此便引入了一定程度的不确定性，因为岩土工程中的许多转换模型是通过经验或半经验方法拟合试验数据得到的。由于理论模型的理想化和简单化导致理论模型也存在转换不确定性。转换模型中数据的离散性可以利用概率模型进行量化，如图 3.2 所示。图中的方法通过回归分析估计转换模型。超过两个参数之间相关性的不确定性可以采用更加通用的方法进行量化，有关方法见本书第 4 章。大多数情况下，关于回归曲线的数据离散性可以模拟为一个均值为零的随机变量 $\varepsilon$。在这种情况下，$\varepsilon$ 的标准差 $s_\varepsilon$ 是表征转换不确定性大小的指标，如图 3.2 所示。

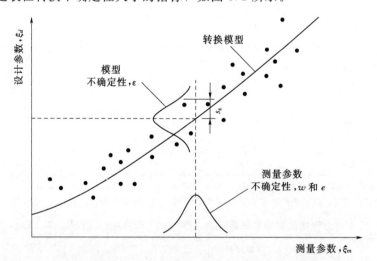

图 3.2　测量参数和设计参数的转换关系导致的转换不确定性

　　将转换不确定性定义为回归误差 $\varepsilon$ 的标准差是顺理成章的。这个定义与回归分析文献中的定义是一致的。然而，这种转换不确定性定义方法有 3 个局限：①用一个没有标准化的量如标准差比较不同转换模型的精度是困难的；②该方法并不适用于那些基于经验而不是基于数据通过回归分析得到的转换模型，这些经验模型具有偏差，这种偏差（预测值高于或低于实际值）对于工程师而言非常重要；③将多个直接测量数据转换为一个设计参数的转换模型。转换不确定性有效地描述了该模型的预测性能，它与本书第 5 章中模型不确定性的概念是一致的，两者的唯一区别是应用领域的不同。转换不确定性用于描述岩土参数之间不精确的关系，而模型不确定性用于描述实测响应与计算响应之间不精确的关系，例如基桩承载力或沉降问题。Ching 和 Phoon（2014）将 $\varepsilon$ 重新定义为

$$\varepsilon = \frac{实际目标值}{b \times 预测目标值} \tag{3.1}$$

式中：实际目标值指的是设计参数的实测值；预测目标值指的是基于转换模型的设计参数预测值。

将预测目标值乘以常数 $b$ 是为了在平均意义上保持预测值的无偏性，即 $b$ 是平均偏差。随机变量 $\varepsilon$ 表征实测值和无偏预测值之间的差异。根据定义，$\varepsilon$ 的均值为 1。可以看出式（5.1）中定义的模型因子 $M$ 与 $\varepsilon$ 之间有以下关系：

$$M = b\varepsilon \tag{3.2}$$

换句话说，$M$ 的均值等于 $b$，$M$ 的 COV 就是 $\varepsilon$ 的 COV。本书第 4 章中表 4.2 和表 4.3 分别给出了黏土和砂土/砂砾土参数的平均偏差 $b$ 和 $\varepsilon$ 的 COV。

作为一种实用的权宜之计转换模型被广泛应用于岩土工程。文献中（Kulhawy 和 Mayne，1990；Mayne 等，2001）总结了这些模型（大部分是两个参数之间的关系）。从这些文献总结中可以看到各种类型和数目的模型。岩土工程中有许多不同的试验（如标准贯入试验和静力触探试验）以及不同的转换模型将同一测量参数（如锥尖阻力）和设计参数（如不排水抗剪强度）联系起来。存在大量的转换模型的原因是许多模型只是针对特定的岩土材料类型和/或特定的场地开发的。在没有充分了解岩土材料特性和地质情况的条件下随意地将这些模型应用于其他场地是不合适的。特定场地的模型一般比基于许多场地数据得到的通用模型更加精确（Ching 和 Phoon，2012）。然而，当特定场地模型应用于其他场地时会出现很大的偏差。这种特定场地的限制是岩土工程特有和基本的特征。岩土可靠度设计必须认清这个限制以避免对"地表实况"的过度简化。基于有限的特定场地数据和先验信息如岩土参数的典型取值范围（Wang 和 Cao，2013），贝叶斯模型比选（Cao 和 Wang，2014a）和模型选择方法（Wang 和 Aladejare，2015）可以用来选择特定场地模型。关于特定场地转换模型的选择将在 3.10 节中讨论。

这些模型的转换不确定性很少像 Ching 和 Phoon（2012）中的那些模型一样进行严格地分析。这些模型中大多数是经验的，没有包含统计表征所需的足够信息。鉴于约 2/3 的数据通常落在转换模型一倍标准差范围内，因此可以得到转换不确定性的一阶估计值。即使利用这种简单方法，也仅可以得到有限模型的转换不确定性，因为目前大多数模型并没有给出推导它们的数据。

虽然这些经验模型的转换不确定性未知，但是它们可能与 Ching 和 Phoon（2012）中表 4 列出的转换不确定性差不多，尤其对于那些将两个（或更多）没有直接关系的参数联结在一起的经验模型。典型的例子就是标准贯入试验（SPT）的 $N$ 值。$N$ 值是特定类型取样器的动态驱动阻力，然而它与土体稠度、相对密度、竖直和水平的土体应力状态、排

水和不排水强度、模量和抗液化强度都相关。虽然这些参数都间接地影响 $N$ 值，但是期望它们都能被准确地预测而不引入明显的不确定性是过奢了。

可以看出，土体设计参数的不确定性是天然变异性、测量误差和转换不确定性的函数。这些不确定性分量可以通过 Phoon 和 Kulhawy（1999b）所描述的简单二阶矩概率方法结合起来。表 3.6 给出了一些土体设计参数 COV 的一阶近似参考值及与之对应的测量参数、相关方程和土体类型。表中还给出了在 5m 范围内空间平均时设计参数的 COV，以强调识别控制特定极限状态的特征设计参数的关键需求。对于承载能力极限状态问题，

表 3.6　一些土体设计参数的变异系数的近似参考值（Phoon 和 Kulhawy，1999b，表 5）

| 设计参数[a] | 试验[b] | 土体类型 | 点 COV/% | 空间平均 COV[c]/% | 相关方程[f] |
|---|---|---|---|---|---|
| $s_u$(UC) | 直接（室内） | 黏土 | $20\sim55$ | $10\sim40$ | — |
| $s_u$(UU) | 直接（室内） | 黏土 | $10\sim35$ | $7\sim25$ | — |
| $s_u$(CIUC) | 直接（室内） | 黏土 | $20\sim45$ | $10\sim30$ | — |
| $s_u$(field) | VST | 黏土 | $15\sim50$ | $15\sim50$ | 14 |
| $s_u$(UU) | $q_T$ | 黏土 | $30\sim40^d$ | $30\sim35^d$ | 18 |
| $s_u$(CIUC) | $q_T$ | 黏土 | $35\sim50^d$ | $35\sim40^d$ | 18 |
| $s_u$(UU) | $N$ | 黏土 | $40\sim60$ | $40\sim55$ | 23 |
| $s_u^e$ | $K_D$ | 黏土 | $30\sim55$ | $30\sim55$ | 29 |
| $s_u$(field) | PI | 黏土 | $30\sim55^d$ | — | 32 |
| $\overline{\varphi}$ | 直接（室内） | 黏土，砂土 | $7\sim20$ | $6\sim20$ | — |
| $\overline{\varphi}$(TC) | $q_T$ | 砂土 | $10\sim15^d$ | $10^d$ | 38 |
| $\overline{\varphi}_{cv}$ | PI | 黏土 | $15\sim20^d$ | $15\sim20^d$ | 43 |
| $K_o$ | 直接（SBPMT） | 黏土 | $20\sim45$ | $15\sim45$ | — |
| $K_o$ | 直接（SBPMT） | 砂土 | $25\sim55$ | $20\sim55$ | — |
| $K_o$ | $K_D$ | 黏土 | $35\sim50^d$ | $35\sim50^d$ | 49 |
| $K_o$ | $N$ | 黏土 | $40\sim75^d$ | — | 54 |
| $E_{PMT}$ | 直接（PMT） | 砂土 | $20\sim70$ | $15\sim70$ | — |
| $E_D$ | 直接（DMT） | 砂土 | $15\sim70$ | $10\sim70$ | — |
| $E_{PMT}$ | $N$ | 黏土 | $85\sim95$ | $85\sim95$ | 61 |
| $E_D$ | $N$ | 粉土 | $40\sim60$ | $35\sim55$ | 64 |

a　$s_u$＝不排水抗剪强度；UU＝不固结不排水三轴压缩试验；UC＝无侧限压缩试验；CIUC＝固结各向同性不排水三轴压缩试验；$s_u$(field)＝修正的十字板剪切试验 $s_u$ 值；$\overline{\varphi}$＝有效应力摩擦角；TC＝三轴压缩试验；$\overline{\varphi}_{cv}$＝恒定体积的 $\overline{\varphi}$；$K_o$＝原位水平应力系数；$E_{PMT}$＝旁压模量；$E_D$＝扁铲模量。

b　VST＝十字板剪切试验；$q_T$＝修正的锥尖阻力；$N$＝标准贯入试验锤击数；$K_D$＝膨胀水平应力指数；PI＝塑性指数。

c　在 5m 范围内空间平均。

d　COV 是均值的函数；细节参考 Phoon 和 Kulhawy（1999b）中 COV 方程。

e　UU、UC 和 VST 的混合 $s_u$。

f　参考 Phoon 和 Kulhawy（1999b）中方程编号。

特征设计参数通常是在临界失效路径上的空间平均强度。在存在空间变异性的条件下，这种空间平均强度的 COV 比空间中某一点强度的 COV 要小。COV 折减程度是波动范围的函数，这一问题将在本章 3.6 节中讨论。对于 COV 折减显著的问题不适合用点强度的 COV，因为此时波动范围相对于一些失效路径长度的特征长度（如边坡高度、隧洞直径、开挖深度）要短。

这里有两点值得注意。①需要区分从物理角度定义的特征设计参数和从统计角度定义的特征值之间的差别。将 5％分位数作为特征值的传统定义应该理解为空间平均强度或其他根据物理问题定义的设计参数的概率分布的 5％分位数。②沿着失效路径的空间平均强度与沿着空间变异介质中预设路径的空间平均强度是不同的。后者获得了相当广泛地研究（Vanmarcke，2010），而前者正在逐渐地被意识到（Ching 和 Phoon，2013；Ching 等，2014b）。

表 3.6 中的设计参数 COV 取值范围是基于本章 3.3 和 3.4 节给出的天然变异性和测量误差的代表性统计得出的。更加精确的设计参数 COV 可以通过将特定场地数据的天然变异性和测量误差代入 Phoon 和 Kulhawy（1999b）提出的封闭式 COV 公式或基于二阶矩概率方法的类似公式得到。通过几种不同方法确定的不排水抗剪强度的 COV 取值范围为 10％～60％。对于根据标准贯入试验 $N$ 值预测的不排水抗剪强度而言，当采用未考虑特定地质条件的通用转换模型时会得到更大的 COV，不排水抗剪强度的 COV 取值范围可能为 10％～70％。砂土和黏土的摩擦角的 COV 取值范围为 5％～20％。对于原位水平应力系数 $K_o$ 而言，黏土中的 COV 取值范围为 20％～80％，具体数值需要根据评价方法确定。砂土中 $K_o$ 的 COV 取值范围为 25％～55％，该取值范围仅仅适用于 $K_o$ 的直接确定方法。砂土中采用间接方法确定 $K_o$ 时，$K_o$ 的 COV 取值范围不能确定，因为间接方法采用的转换模型的转换不确定性文献中未有报道。土体模量的 COV 是最大的。即使对于直接评估方法，COV 的取值范围仍有 20％～70％。根据 $N$ 值预测的土体模量的 COV 更大，尤其当转换模型没有考虑特定地质条件时，土体模量的 COV 的取值范围可以达到 30％～90％的水平。

结果是土体设计参数及其概率分布必须依赖于场地条件、测量方法和转换模型。设计参数的均值或另一个特征值如 5％分位数，是实际工程经常估计的其概率分布的一个方面。设计参数的 COV 是其概率分布的另一方面，它也必须依赖于场地变异性、测量精度和转换质量。ISO 2394：2015 中 D.2 节强调了这一点。值得注意的是，在没有提及参数评估方法时，给土体设计参数赋予单个 COV 值是过度简化的例子。例如，当基于高质量室内试验或根据现场试验（如静力触探试验）利用直接关系获得不排水抗剪强度时，不排水抗剪强度的 COV 为 30％也许是合适的。而当根据标准贯入试验利用间接关系获得不排水抗剪强度时，该变异系数也许就不合适了。这一现象说明在简化可靠度设计方法中，校准抗力/分项系数为单一数值是不符合实际的。该做法对于结构工程而言是可行的，因为人造材料的 COV 可以控制在很窄的区间内，比如 5％～15％。另一方面，不排水抗剪强度的 COV 可以在 10％～70％之间变化。基于对基础的可靠度校准研究（Phoon 等，1995），Phoon 和 Kulhawy（2008）提出了一个合理的三级分类方案（表 3.7）来校准简化可靠度设计中抗力/分项系数。根据这一方案，每个抗力/分项系数可以根据设计参数变异性水平（低、中、高）取一个合适的数值。这个方案在 ISO 2394：2015 的图 D.3 中有说明。Paikowsky 等（2004）在可靠度校准深基础抗力系数时也采用了类似的方法，将场地变异性水平分为低（COV＜25％）、中（25％＜COV＜40％）和高（COV＞40％）三级。

2014 加拿大公路桥梁设计规范或 CHBDC(CAN/CSAS614：2014)，也采用同样的方法允许抗力系数根据"理解"的水平（低、中、高）取不同的值。理解水平包括场地信息质量和性能预测质量。表 3.7 最后可能拓展到对全部信息进行分类，包括预设计信息（如先验信息、场地勘察、原型试验）和后设计信息（如质量控制、监测）。可以说表 3.7 是建立和工程实际紧密联系的关键的一步。

**表 3.7  可靠度校准中土体参数变异性的三级分类方案（Phoon 和 Kulhawy，2008，表 9.7）**

| 岩 土 参 数 | 变异性水平 | COV/% |
|---|---|---|
| 不排水抗剪强度 | 低[a] | 10～30 |
| | 中[b] | 30～50 |
| | 高[c] | 50～70 |
| 有效应力摩擦角 | 低[a] | 5～10 |
| | 中[b] | 10～15 |
| | 高[c] | 15～20 |
| 水平应力系数 | 低[a] | 30～50 |
| | 中[b] | 50～70 |
| | 高[c] | 70～90 |

a  通常针对具有较高质量直接室内或现场试验数据。
b  通常针对基于良好现场数据采用间接相关转换而来，除了标准贯入试验数据。
c  通常针对基于现场 SPT 数据或严格经验关系采用间接相关转换而来。

顺便注意的是，荷载抗力系数设计（LRFD）（本书 6.2 节）需要比较一个乘以系数的抗力与两个或多个乘以系数的荷载之和的大小。一个乘以系数的抗力是指一个抗力系数与一个特征/名义抗力的乘积。Ching 和 Phoon（2011）指出，无需应用抗力系数而只需采用基于分位数的特征抗力即可维持较大范围 COV 内相对均匀的可靠度水平。该方法称为分位值法（quantile value method，QVM）（本书 6.5 节）。这种保持抗力系数不变而根据不同场地条件调整特征抗力的方法有点类似于 Eurocode 7 的分项系数法（EN 1997—1：2004）。然而，QVM 是简化可靠度设计的一种形式，相反 Eurocode 7 并不是。这里想表达的意思是，岩土设计并不像结构设计那样易于标准化，工程师应该能够根据特定场地情况调整抗力系数和/或特征抗力。

# 3.6  波动范围

土体是一种经过各种地质、环境和物理化学过程综合作用形成的天然材料。这些过程大多是连续的，并且时刻改变着原位土体。由于这些天然过程，所有原位土体参数均沿着竖直和水平方向变化。如图 3.3 所示，土体参数的这种空间变化可以方便地分解为光滑变

化的趋势函数 $t(z)$ 和一个波动分量 $w(z)$ 的叠加。这个波动分量通常称为土体天然变异性。

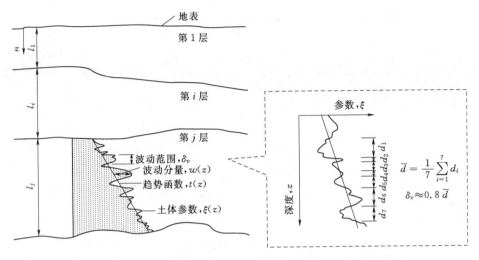

图 3.3　土体天然变异性的随机场模型（修改自 Phoon 和 Kulhawy，1999a）

天然变异性通常采用一个平稳（统计均匀）随机场进行模拟（Vanmarcke，1977）。值得指出的是，物理上均匀的土层不一定是统计均匀的。一些合理实用方法被提出以识别这些统计均匀土层（Phoon 等，2003；Uzielli 等，2005）。也存在可以同时识别统计均匀土层及每一统计均匀土层内统计参数的方法（Cao 和 Wang，2013；Wang 等，2013，2014）。相关距离或波动范围是描述天然变异性的一个关键的统计参数。波动范围是指在该距离范围内土体参数具有相对较强的相关性。图 3.3 中展示了一种简单近似的确定波动范围的方法。然而，这种波动范围估计方法仅适用于平方指数型自相关函数（Vanmarcke，1977 引用 Rice，1944，1945）。

当波动范围很短时，一个点的参数值与另一点的参数值是近乎独立的，即使它们之间的距离非常短。这表明视觉上参数值沿着深度变化很快。这是一个极端的例子，即不同位置的参数值相互独立，在典型的土体剖面中很少出现。当波动范围很长时，对于一次给定的随机场实现，一个点的参数值与另一点几乎是相等的。这表明视觉上参数值有一个沿深度近乎不变的趋势项。第二个极端的例子称为完全相关或随机变量模型，也很少出现在典型的土体剖面中。本章 3.5 节已经强调了考虑一个合理的波动范围（即合理的真实的空间变异性）在估计设计参数 COV 中的实际意义。对于空间平均而言，土体参数相互独立的假设将对 COV 造成不保守的折减，而土体参数完全相关的假设没有对 COV 进行折减，这种做法是过于保守的。除了 COV 的折减之外，还有更多与这些方便但过于简化的假设有关的基本问题。简单来说，就是失效机制与空间变异性有关。Fenton 和 Griffiths（2008）提供了相关案例。

表 3.8 总结了文献中报道的波动范围取值。很明显波动范围的信息量与 COV 的信息量相比相对有限。因此，表 3.8 应该被谨慎对待，因为没有足够的数据作为坚实的基础支撑它们的普遍性。然而，水平方向的波动范围明显比竖直方向的波动范围约大一个数量级。关于波动范围的详细研究虽然有，但十分有限（Jaksa，1995；Fenton，1999a；Uzielli 等，2005）。

表 3.8　　　　　　一些岩土参数的波动范围（Phoon 和 Kulhawy，1999a，表 4）

| 岩土参数[a] | 土体类型 | 文献数目 | 波动范围/m | |
|---|---|---|---|---|
| | | | 范围 | 均值 |
| 竖直方向 | | | | |
| $s_u$ | 黏土 | 5 | 0.8～6.1 | 2.5 |
| $q_c$ | 砂土，黏土 | 7 | 0.1～2.2 | 0.9 |
| $q_T$ | 黏土 | 10 | 0.2～0.5 | 0.3 |
| $s_u$（VST） | 黏土 | 6 | 2.0～6.2 | 3.8 |
| $N$ | 砂土 | 1 | — | 2.4 |
| $w_n$ | 黏土，壤土 | 3 | 1.6～12.7 | 5.7 |
| $w_L$ | 黏土，壤土 | 2 | 1.6～8.7 | 5.2 |
| $\bar{\gamma}$ | 黏土 | 1 | | 1.6 |
| $\gamma$ | 黏土，壤土 | 2 | 2.4～7.9 | 5.2 |
| 水平方向 | | | | |
| $q_c$ | 砂土，黏土 | 11 | 3.0～80.0 | 47.9 |
| $q_T$ | 黏土 | 2 | 23.0～66.0 | 44.5 |
| $s_u$（VST） | 黏土 | 3 | 46.0～60.0 | 50.7 |
| $w_n$ | 黏土 | 1 | — | 170.0 |

a　$s_u$＝室内试验测得的不排水抗剪强度；$s_u$（VST）＝VST 测得的 $s_u$；$q_c$＝CPT 锥尖阻力；$q_T$＝修正的 CPT 锥尖阻
力；$N$＝标准贯入击数（每英尺或 305mm 锤击数目）；$w_n$＝天然含水率；$w_L$＝液限；$\bar{\gamma}$＝有效容重；$\gamma$＝总容重。

　　除了波动范围外，随机场模拟天然变异性时还需要确定相关函数，波动范围通常是相
关函数的一个输入参数。尽管单指数型相关函数在文献中被频繁地应用，但其他几种相关
函数也会被用到，例如二元噪声型自相关函数和平方指数型自相关函数（Fenton 和 Grif-
fiths，2008；Cao 和 Wang，2014b）。基于可用的特定场地数据，可以用贝叶斯模型比选
方法（Cao 和 Wang，2014b）选出最合适的相关函数，然后应用于天然变异性的随机场
模拟。

## 3.7　完整岩石和岩体

### 3.7.1　完整岩石的天然变异性

　　文献中建议了完整岩石的几种概率分布类型。然而，一种虽然简单但物理上可行的概
率分布类型是对数正态分布。图 3.4 给出了将这种概率分布应用于实际岩石参数概率分布
拟合的例子。可以看出，对数正态分布能很好地拟合岩石参数分布，因此在发展 RBD 的

过程中，它可以用作主要岩石参数的概率分布。

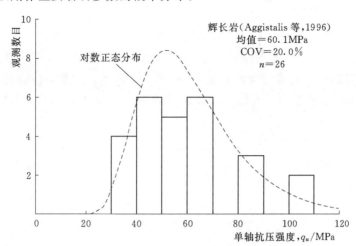

图 3.4 完整岩石参数的分布示例

文献中给出了以变异系数（COV）表示的未风化岩石的指标、强度和刚度参数的变异性。指标参数包括容重（$\gamma$ 和 $\gamma_d$）、孔隙率 $n$、施密特硬度 $R$ 和肖式硬度 $S_h$（Kulhawy 和 Prakoso，2003）。强度参数包括单轴抗压强度 $q_u$、基于巴西试验方法的抗拉强度 $q_{t\text{-Brazilian}}$ 和点荷载强度 $I_s$，而刚度参数是指 $q_u$ 的 50% 处的切线杨氏模量 $E_{t\text{-}50}$（Prakoso，2002）。表 3.9 总结了完整岩石的一些基本试验参数固有变异性的典型 COV。表中给出了 COV 的均值、标准差、变化范围以及每个参数的数据组数。值得注意的是，数据库中碎屑化学沉积岩占主导地位，接着依次是非叶片状变质岩、侵入岩和喷出岩，而变质片状岩和火成碎屑岩的数据很少。

表 3.9 完整岩石的 COV（Prakoso，2002）

| 试验类型 | 参数 | 变异系数/% | | | |
|---|---|---|---|---|---|
| | | 数据组数 | 均值 | 标准差 | 范围 |
| 指标参数 | $\gamma$，$\gamma_d$ | 79 | 1.0 | 1.2 | 0.1~8.6 |
| | $n$ | 30 | 24.2 | 18.6 | 3.0~71 |
| | $R$ | 54 | 8.7 | 5.4 | 1.4~26 |
| | $S_h$ | 59 | 11.1 | 8.5 | 1.4~38 |
| 强度参数 | $q_u$ | 174 | 14.0 | 11.7 | 0.8~61 |
| | $q_{t\text{-Brazilian}}$ | 54 | 19.4 | 12.9 | 3.8~61 |
| | $I_s$ | 66 | 20.5 | 14.3 | 2.8~59 |
| 刚度参数 | $E_{t\text{-}50}$ | 72 | 20.5 | 16.9 | 1.4~69 |

$\gamma$ 和 $\gamma_d$ 的 COV 的均值和变化范围相对较小，因此实际工程中这些参数可以当作确定量处理。孔隙率 $n$ 的 COV 下限保持相对恒定，大约是 5%~10%，但是上限却随着孔隙

率的均值 $m_n$ 的增大而减小。岩石类型对 $n$ 的 COV 的影响并不明显，但是沉积碎屑岩具有较高的 $m_n$ 值。

施密特硬度 $R$ 和肖式硬度 $S_h$ 的 COV 均值在 8％～12％之间变化。$R$ 的 COV 下限保持相对恒定（大约为 5％），$S_h$ 的 COV 下限保持相对恒定（小于 5％）。然而，两种硬度参数的 COV 上限都随其均值的增大而减小。如图 3.5 所示，随着均值的增大，$R$ 和 $S_h$ 的 COV 均具有整体减小的趋势。岩石类型对 $R$ 和 $S_h$ 的 COV 以及 $m_R$（即施密特硬度的均值）的影响并不明显。

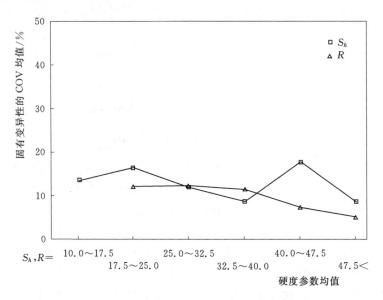

图 3.5　COV 均值随硬度参数均值的变化曲线

这里考虑的强度参数包括单轴抗压强度 $q_u$、基于巴西试验方法的抗拉强度 $q_{t\text{-Brazilian}}$ 和点荷载强度 $I_s$，而刚度参数是指 $q_u$ 的 50％处的切线杨氏模量 $E_{t\text{-}50}$。在建立数据库时，当同一场地具有几组不同取样直径 $B_{sample}$、含水率和岩心定向的数据时，只有一组数据会被采用。被选中的这组数据的 $B_{sample}$ 更接近 50～58mm，是饱和的并且垂直于层理或者叶理。

$q_u$、$q_{t\text{-Brazilian}}$、$I_s$ 和 $E_{t\text{-}50}$ 的 COV 均值在 14％～21％之间变化。它们的 COV 下限保持相对恒定（大约为 5％）。然而，它们的 COV 上限则随其均值 $m_{q_u}$、$m_{q_{t\text{-Brazilian}}}$、$m_{I_s}$ 和 $m_{E_{t\text{-}50}}$ 的增大而减小。如图 3.6 所示，随着均值的增大，强度和刚度参数的 COV 均具有整体减小的趋势。岩石类型对 $q_u$、$q_{t\text{-Brazilian}}$、$I_s$ 和 $E_{t\text{-}50}$ 的 COV 以及 $m_{q_u}$ 的影响并不明显。

### 3.7.1.1　$m_{i\text{-GSI}}$ 的统计评估

Hoek 和 Brown（1980）提出了一种经验方法估计岩体的强度，Hoek 等（1995）随后又引入了地质强度指数 GSI 的概念。其中要求的参数之一就是基于三轴试验结果的 Hoek – Brown 完整强度常数 $m_{i\text{-GSI}}$。读者不要把 Hoek – Brown 完整强度常数的"$m$"和本节代表均值的符号"$m$"混淆。Doruk（1991）对 $m_{i\text{-GSI}}$ 进行了广泛地评估，这些结果将用于评价 $m_{i\text{-GSI}}$ 的不确定性，表 3.10 中给出了相关的统计结果。$m_{i\text{-GSI}}$ 的概率分布可以采用

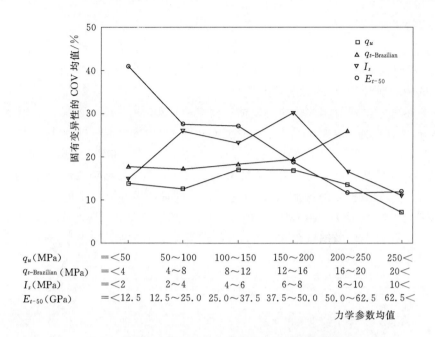

力学参数均值

图 3.6　COV 均值随强度和刚度参数均值的变化曲线

对数正态分布表征。$m_{i\text{-GSI}}$ 的 COV 均值比 $q_u$ 和其他前面讨论的强度参数的 COV 均值要大得多。

表 3.10　　　　　　　　　　　$m_{i\text{-GSI}}$ 的统计参数（Doruk，1991）

| 岩石类型 | $m_{i\text{-GSI}}$ 的统计参数 | | | |
| --- | --- | --- | --- | --- |
| | 数据组数 | 均值 | 范围 | COV/% |
| 花岗岩 | 18 | 25.3 | 8~43 | 37.7 |
| 粗粒玄武岩 | 4 | 13.2 | 11~15 | 14.7 |
| 花岗闪长岩 | 4 | 26.0 | 16~35 | 31.4 |
| 砂岩 | 57 | 16.0 | 3~42 | 53.8 |
| 泥岩 | 7 | 19.2 | 9~47 | 75.8 |
| 页岩 | 3 | 14.6 | 3~29 | 91.9 |
| 白垩岩 | 2 | 7.2 | — | — |
| 石灰岩 | 25 | 9.6 | 4~26 | 47.3 |
| 白云岩 | 8 | 11.4 | 5~18 | 37.7 |
| 光卤石岩 | 5 | 20.8 | 3~46 | 94.7 |
| 角闪岩 | 3 | 27.8 | 24~33 | 16.7 |
| 石英岩 | 6 | 20.4 | 15~28 | 24.9 |
| 大理石 | 14 | 8.1 | 5~16 | 39.5 |
| | | | 均值 | 47.2 |
| | | | 标准差 | 27.1 |

### 3.7.1.2　COV 的比较

$q_u$、$q_{t\text{-Brazilian}}$、$I_s$ 和 $E_{t\text{-}50}$ 的 COV 均值在 $14\%\sim21\%$ 之间的相对狭窄的范围变化，图 3.5 所示的不同试验的 COV 均值也在相对狭窄的范围变化。这种 COV 均值的相对较小的差别表明试验类型对 COV 的影响是很小的。

此外，$q_u$ 经常根据硬度试验的结果估计而来（Kulhawy 和 Prakoso，2003），而 $E_{t\text{-}50}$ 通常根据 $q_u$ 估计得到。文献中给出了 $q_u$ 的 COV 和硬度试验结果的 COV 之间的关系以及 $E_{t\text{-}50}$ 的 COV 和 $q_u$ 的 COV 之间的关系。表 3.9 给出的 $q_u$ 的 COV 均值和变化范围大于 $R$ 和 $S_h$ 的 COV 均值和变化范围。图 3.7 给出了 $q_u$ 的 COV 及其对应的 $R$ 和 $S_h$ 的 COV，可以看出只有 $55\%$ 的数据点落在 1：1 直线的下方。同理，表 3.9 给出的 $E_{t\text{-}50}$ 的 COV 均值和变化范围大于 $q_u$ 的 COV 均值和变化范围。$E_{t\text{-}50}$ 的 COV 及其对应的 $q_u$ 的 COV 如图 3.7 所示，可见只有 $42\%$ 的数据点落在 1：1 直线的下方。上述结果表明，不同试验的 COV 值实际上是相似的。

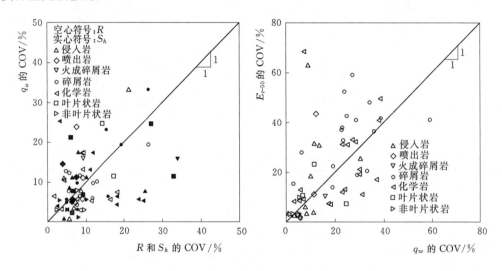

图 3.7　不同岩石参数 COV 的对比

### 3.7.1.3　风化影响

文献中评价了风化岩石参数的变异性。表 3.11 给出了三套岩石数据说明不同风化条件对完整岩石天然变异性的影响。随着风化程度的增加，岩石参数的 COV 值逐渐增大。此外，表 3.11 也指出混合风化状态的岩石参数的 COV（未风化、轻微风化和中等风化组合）比单一风化状态的岩石参数的 COV 要大。

表 3.11　　　　　　　　　　风化对岩石参数 COV 的影响（Prakoso，2002）

| 岩石类型 | 试验类型 | 变异系数/% | | | |
| --- | --- | --- | --- | --- | --- |
| | | Ⅰ | Ⅱ | Ⅲ | 组合的 |
| 辉长岩 | $q_u$ | 33.2 | 51.5 | — | 52.8 |
| | $I_s$ | 46.8 | 47.1 | — | 53.9 |

| 岩石类型 | 试验类型 | 变异系数/% | | | |
| --- | --- | --- | --- | --- | --- |
| | | I | II | III | 组合的 |
| 玄武岩 | $q_u$ | 23.9 | 26.8 | — | 41.0 |
| | $I_s$ | 26.1 | 45.7 | — | 39.6 |
| 花岗岩，饱和的 | $q_u$ | — | 28.6 | 31.1 | 51.1 |
| | $q_{t\text{-Brazilian}}$ | — | 28.9 | 30.6 | 53.2 |
| | $I_s$ | — | 28.5 | 30.2 | 53.4 |
| | $q_{t\text{-direct}}$ | — | 27.4 | 36.4 | 56.0 |
| | $E_{t\text{-}50}$ | — | 18.8 | 35.2 | 49.9 |

注 I=新鲜未风化；II=轻微风化；III=中等风化；样本数目大于 10。

### 3.7.2 完整岩石的测量误差

Prakoso 和 Kulhawy（2011）深入讨论了完整岩石的测量误差和转换不确定性。该研究提出了室内试验测得的单轴抗压强度 $q_u$、基于巴西试验方法测得的抗拉强度 $q_{t\text{-Brazilian}}$、点荷载强度 $I_s$ 与样本直径之间的相关关系以量化样本直径的影响。此外，该研究还提出了这些强度参数之间的直接相关关系。上述相关关系在估计完整岩石强度时存在相对较大的不确定性。尽管在利用上述关系考虑样本直径对完整岩石强度的影响时存在较大的不确定性，但样本直径对估计的岩石强度参数的 COV 并没有太大的影响。对于 $q_u$ 和 $q_{t\text{-Brazilian}}$ 而言，样本直径改变造成的 COV 的最大改变值的中位值大约为 5%。如图 3.8 所示，样本直径改变造成 $q_{t\text{-Brazilian}}$ 和 $I_s$ 的 COV 的最大改变值的中位值大约为 8%。此外，一般的岩石类型对 COV 的最大改变值没有影响。

文献中研究了干燥和饱和样本估计的岩石强度参数 $q_u$、$q_{t\text{-Brazilian}}$ 和 $I_s$。这些参数随着含水率的增加而减小。尽管在利用相关关系考虑含水率对完整岩石强度的影响时存在较大的不确定性，但含水率对估计的岩石强度参数的 COV 并没有太大的影响。尽管与这些关系有关的巨大不确定性考虑了含水率对实际的完整岩石强度的影响，但含水率对这些岩石强度参数的 COV 并没有造成太大的影响。如图 3.8 所示，当直接比较烘干样本的 COV 数据与饱和样本的 COV 数据时，这些数据点大约落在 1∶1 直线周围。当直接比较风干样本的 COV 数据与饱和样本的 COV 数据时，这些数据点也都大约落在 1∶1 直线周围并且离散性最小。上述结果表明，不同的样本干燥过程对于不确定性水平的影响不大。

Prakoso（2002）报道了相对加载方向的岩心定向对岩石单轴抗压强度 $q_u$ 和点荷载强度 $I_s$ 的影响。这些完整岩石强度可能随着岩心定向的改变而变化。图 3.7 给出了垂直于和平行于叶理和层理钻孔时岩石强度参数的 COV 值，可见仅有 55% 的数据点落在 1∶1 直线下方，表明 COV 实际上与岩心定向无关。

### 3.7.3 完整岩石的波动范围

文献中有关完整岩石参数的波动范围信息非常有限。表 3.12 给出了 Prakoso（2002）

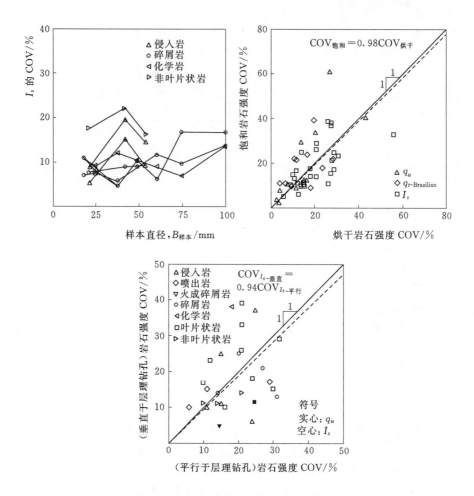

图 3.8　不同试验条件下岩石参数 COV 的对比（Prakoso，2002）

报道的两种沉积碎屑岩强度参数的波动范围。相比较而言，从表 3.8 中可以看出土体参数的水平波动范围大约为 10m 或大于 10m。

表 3.12　　　　　　　　　　　　　　　完整岩石强度的波动范围

| 岩石类型 | 方向 | 试验类型 | 波动范围 $\delta$/m |
| --- | --- | --- | --- |
| 页岩 | 竖直方向 | $q_{t\text{-Brazilian}}$ | 1.22 |
| 砂岩 | 水平方向 | $I_s$ | 0.61 |

### 3.7.4　岩体的天然变异性

这里讲述的岩体的天然变异性是指岩体杨氏模量 $E_m$ 的 COV。$E_m$ 的不确定性是基于 Prakoso 和 Kulhawy（2004）总结的 9 份报告中通过现场荷载试验反推的 $E_m$ 的数据评估的。表 3.13 仅给出了侵入岩、喷出岩和沉积碎屑岩的数据。$E_m$ 的 COV 均值明显比前面提到的 $E_{t-50}$ 的 COV 均值大。

**表 3.13**　　　　　　　　　　荷载试验得到的岩体杨氏模量的 COV

| 岩 石 名 称 | 数 据 数 目 | 岩体模量 $E_m$ | |
|---|---|---|---|
| | | 均值 $m_{E_m}/MPa$ | $COV_{E_m}/\%$ |
| 铁矿石 | 12 | 406.3 | 66.6 |
| 铁赭石 | 4 | 205.5 | 49.9 |
| 火山灰岩 | 4 | 484.4 | 62.0 |
| 波莫纳玄武岩：竖直的 | 40 | 9441 | 63.4 |
| 波莫纳玄武岩：水平的 | 36 | 17908 | 67.2 |
| 德沃夏克花岗岩 | 24 | 23265 | 51.1 |
| 砂岩 | 5 | 178.6 | 47.2 |
| 泥岩：S 系列 | 17 | 198.4 | 71.9 |
| 泥岩：M 系列 | 21 | 615.3 | 48.2 |
| 页岩 | 5 | 354.0 | 21.1 |
| 页岩 | 3 | 345.0 | 9.9 |
| 页岩 | 3 | 3020.0 | 29.1 |
| 砂岩 | 3 | 148.7 | 13.8 |
| 泥页岩 | 3 | 418.3 | 78.6 |
| | | 均值 | 47.9 |
| | | 标准差 | 21.8 |

此外，Prakoso 和 Kulhawy（2004）还给出了利用混凝土砌块做成的人工岩体来研究不连续结构面方向、不连续结构面数目和围压对岩体天然变异性的影响，如图 3.9 所示。岩体强度采用岩体和完整岩石强度的比值 $SR_{block}$ 表示。图 3.9 中（a）图表明岩体强度的变异性依赖于岩体的控制性不连续结构面夹角，当不连续结构面夹角在 $40°\sim60°$ 之间时岩体强度变异性达到最大值。图 3.9 中（b）图表明 $SR_{block}$ 的变异性随着不连续结构面数目的增加而增大。图 3.9 中（c）图表明 $SR_{block}$ 的变异性随围压的增加而减小。

### 3.7.5　岩体的转换不确定性

这里讲述的岩体的转换不确定性是指岩体杨氏模量 $E_m$ 的转换不确定性。$E_m$ 经常根据完整岩石的杨氏模量 $E_{t-50}$ 和比值 $\alpha_E(=E_m/E_{t-50})$ 估计得到。然而，$\alpha_E$ 并不是一个基本参数，而是完整岩石参数、不连续结构面频数及其参数的函数。Heuze（1980）收集和评估了来自一个场地的大量 $\alpha_E$ 值，列在表 3.14 中作为参考。$\alpha_E$ 的 COV 变化范围为 $49\%\sim81\%$，与前面提到的通过现场荷载试验反推的 $E_m$ 的 COV 变化范围差不多。

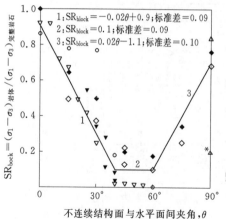

1：$SR_{block} = -0.02\theta + 0.9$；标准差 $= 0.09$
2：$SR_{block} = 0.1$；标准差 $= 0.09$
3：$SR_{block} = 0.02\theta - 1.1$；标准差 $= 0.10$

不连续结构面与水平面间夹角，$\theta$

△ Einstein 等（1969,1973），$\sigma_3 = 0$
◇ Ladanyi 和 Archambault(1972)，$\sigma_3 = 0.35\text{MPa}$
◆ Ladanyi 和 Archambault(1972)，$\sigma_3 = 0.70\text{MPa}$
▽ Kulatilake 等（1997），$\sigma_3 = 0$，对称
▼ Kulatilake 等（1997），$\sigma_3 = 0$，非对称
○ Yang 等（1998），$\sigma_3 = 0$

（a）

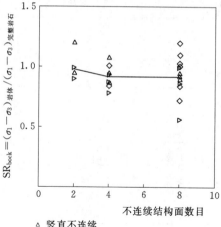

不连续结构面数目

△ 竖直不连续
▷ 水平不连续
◇ 竖直和水平不连续
不连续结构面数目 $= 2$；均值 $= 0.98$；标准差 $= 0.12$
不连续结构面数目 $= 4$；均值 $= 0.92$；标准差 $= 0.10$
不连续结构面数目 $= 8$；均值 $= 0.92$；标准差 $= 0.17$

（b）

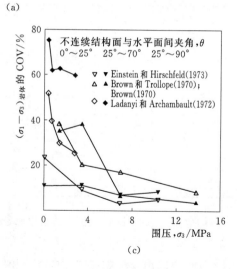

不连续结构面与水平面间夹角，$\theta$
$0° \sim 25°$  $25° \sim 70°$  $25° \sim 90°$
▽ ▼ Einstein 和 Hirschfeld(1973)
△ ▲ Brown 和 Trollope(1970)；Brown(1970)
◇ ◆ Ladanyi 和 Archambault(1972)

围压，$\sigma_3/\text{MPa}$

（c）

图 3.9　人造岩体的变异性（Prakoso，2002）

表 3.14　　　　岩体模量与完整岩石模量的比值（修改自 Heuze，1980）

| 试验类型 | 数据数目 | $\alpha_E = E_m / E_{t-50}$ | | |
| --- | --- | --- | --- | --- |
| | | 均值 $m_{\alpha_E}$ | 标准差 $s_{\alpha_E}$ | $\text{COV}_{\alpha_E}/\%$ |
| 承载板试验 | 27 | 0.32 | 0.26 | 81 |
| 全尺度变形 | 14 | 0.44 | 0.26 | 59 |
| 扁千斤顶 | 10 | 0.54 | 0.27 | 50 |
| 钻孔千斤顶或膨胀仪 | 9 | 0.33 | 0.17 | 52 |
| 压力室 | 8 | 0.45 | 0.22 | 49 |

## 3.8　特定场地天然变异性的统计不确定性

前面已经讨论了岩土工程中三种主要的变异性，它们是天然变异性（本章 3.3 节和 3.7 节）、测量误差（本章 3.4 节和 3.7 节）和转换不确定性（本章 3.5 节和 3.7 节）。天然变异性和转换不确定性具有场地特异性。本节和下一节将考虑天然变异性的统计不确定性，3.10 节将考虑特定场地转换的统计不确定性。测量误差不具有场地特异性，因为它主要与设备、程序和操作人员有关。

### 3.8.1　特定场地趋势函数的统计不确定性

天然变异性的趋势函数明显是场地特异的。特定场地的趋势函数可以基于场地勘察数据（如 CPT 数据）利用回归分析估计得出。工程上通常假设估计的趋势函数与实际的趋势函数是一致的。这也是消除趋势时的假设：消除趋势后的数据（残差）被认为是均值为零的数据（Fenton，1999a；Uzielli 等，2005）。然而，如果估计的趋势函数不是实际的趋势函数，那么消除趋势后的数据均值将不为零。已有的研究已经认识到消除趋势这个过程应该得到更加严谨地对待（Kulatilake，1991；Li，1991；Jaksa 等，1997；Fenton，1999b）。

原则上估计的趋势函数与实际的趋势函数是不一样的。两者之间的差别就是趋势函数的统计不确定性。Honjo 和 Setiawan（2007）对特定场地趋势函数统计不确定性进行了研究。在给定特定场地勘察数据的条件下，该研究提出了一个框架表征沿某一深度空间平均的统计不确定性。在他们的框架中，特定场地天然变异性的标准差（或 COV）和波动范围 SOF 是预先给定的而不是根据数据估计出来的。预设 COV 和 SOF 是因为场地勘察数据通常不足以估计这些二阶统计量。为了规避这一实际困难，Honjo 和 Setiawan（2007）依据以往经验给出了 COV 和 SOF 保守值的建议。

### 3.8.2　特定场地 COV 和 SOF 的统计不确定性

天然变异性的 COV 和 SOF 也具有场地特异性，因为不同场地的 COV 和 SOF 是不一样的。前面的表格中总结的变化范围是依据文献中的以往经验得到的。尽管可以根据这些表格采用 Honjo 和 Setiawan（2007）建议的方法假设 COV 和 SOF 的保守值，但这在实际的操作中仍有困难。首先，这些表中的 COV 和 SOF 在很大的范围内变化。例如，黏土的不排水抗剪强度的 COV 的变化范围为 6%～80%（表 3.1）。它的竖直方向的 SOF 变化范围是 0.8～6.2m（表 3.8）。关于它的水平方向的 SOF 资料非常有限〔表 3.8 中只给出了 3 个文献，SOF 的变化范围是 46～60m，El-Ramly 等（2003）收集的 3 个文献中SOF 的变化范围是 22～40m〕。如果选用 80%（上限）作为 COV 的保守取值，那么对于大多数场地而言都过于保守。如果 80% 过于保守，那么合理的 COV 保守取值该是多少呢？这是一个很难回答的问题。当根据表 3.8 中变化范围选择 SOF 时也面临同样的问题。此外，SOF 可能依赖所研究问题的尺度（Fenton，1999a），COV 和 SOF 也可能依赖所采用的趋势函数和采样间距（Cafaro 和 Cherubini，2002）。原有研究中所考虑问题的尺度可能与现在的岩土工程项目的尺度不同。同理，文献中的趋势函数和采样间距也可能不适用于现在的岩土工程项目条件。

Jaksa 等（2005）采用了一种不同的方法：他们建议用一个"最差情况"的 SOF，以一个三层九垫脚基础建筑为例，SOF 等于地基基脚之间的空间距离。这种"最差情况"的方法避免了根据以前的经验估计 SOF。然而，选取地基基脚之间的空间距离作为 SOF 仅适用于 Jaksa 等（2005）研究的算例。表 3.15 给出了原有研究报道的"最差情况"的 SOF 值。"最差情况"的 SOF 通常是结构的特征长度（如基础宽度、挡墙高度、隧洞直径、开挖深度）的倍数。然而，并没有一种确定"最差情况"SOF 的普遍方法。

表 3.15                    文献中报道的"最差情况"的 SOF

| 参考文献 | 问题类型 | "最差情况"的定义 | 特征长度 | "最差情况"的 SOF |
|---|---|---|---|---|
| Jaksa 等（2005） | 九垫脚基础系统的沉降 | 不安全设计概率最大 | 基础间距 $S$ | $1 \times S$ |
| Fenton 和 Griffiths（2003）<br>Soubra 等（2008） | 坐落在 $c-\varphi$ 土上基础的承载力 | 平均承载力最小 | 基础宽度 $B$ | $1 \times B$ |
| Fenton 等（2005） | 挡土墙的主动土压力 | 不安全设计概率最大 | 挡土墙高度 $H$ | $(0.5 \sim 1) \times H$ |
| Breysse 等（2005） | 基础系统的沉降 | 基础转动最大 | 基础间距 $S$ | $0.5 \times S$ |
|  |  | 地基不均匀沉降最大 | 基础间距 $S$ | $f(S,B)$ |
|  |  |  | 基础宽度 $B$ |  |
| Griffiths 等（2006） | 坐落在 $\varphi=0$ 土上基础的承载力 | 平均承载力最小 | 基础宽度 $B$ | $(0.5 \sim 2) \times B$ |
| Ching 和 Phoon（2013） | 土柱的整体强度 | 平均强度最小 | 土柱宽度 $W$ | $1 \times W$（压缩） |
| Ching 等（2014b） |  |  |  | $0 \times W$（简单剪切） |
| Hu 和 Ching（2015） | 挡土墙的主动土压力 | 平均主动土压力最大 | 挡土墙高度 $H$ | $0.2 \times H$ |

更加明智的做法是利用场地勘察数据获得特定场地的 COV 和 SOF，而不是根据过去经验假设它们的取值或选取"最差情况"的 SOF。然而，主要的困难是场地勘察信息通常不足以准确地确定特定场地的 COV 和 SOF。Ching 等（2016a）指出如果总勘察深度小于 20 倍实际竖直方向 SOF，那么土体参数的竖直方向 SOF 便无法准确估计。假设实际竖直方向 SOF 是 0.5m，那么总勘察深度必须大于 10m。然而，许多土层的厚度通常小于 10m。Ching 等（2016a）还指出如果总勘察深度小于 4 倍的实际竖直方向 SOF，那么土体参数的 COV 也无法准确估计。这意味着总勘察深度必须大于 2m 才能准确估计土体参数的 COV。除了对总勘察深度有最小要求外，Ching 等（2016a）指出准确估计 COV 和 SOF 还对取样间距有要求。如果取样间距大于 1/2 的竖直方向 SOF，那么竖直方向 SOF 也无法准确估计。假设实际的竖直方向 SOF 是 0.5m，那么取样间距必须小于 0.25m。这一要求就排除了大多数现场试验类型，例如，SPT 试验的取样间距通常为 1～2m。相反，CPT 试验在这方面具有优势，因为 CPT 试验具有 2cm 的取样间距。

COV 和 SOF 的估计值与它们的实际值之间的差别就是 COV 和 SOF 的统计不确定性。ISO 2394：2015 的 D.1 节条款 c 明确阐明：因为场地勘察收集的信息是有限的，因此应该谨慎地处理由此带来的统计不确定性。ISO 2394：2015 的公式（26）也明确指出分项系数（抗力系数）应该考虑抗力的统计不确定性。由以上讨论可知，如果总勘察深度不够大或取样间距不够小都会导致 COV 和 SOF 的估计值与实际值之间出现较大的差别。前者（总勘察深度不够大）对岩土工程来说非常重要，因为薄土层在岩土工程中是普遍存在的。Ching 等（2016a）指出，当总勘察深度不够大时（如薄土层），必须对估计的 COV 和 SOF 进行很强的权衡：基于特定场地数据可以得到大量可能的 COV 和 SOF 组合。此外，这些可能的 COV 和 SOF 组合在二维空间形成了一个狭长的区域。对于薄土层而言，同时准确地估计出特定场地的 COV 和 SOF 是不可能的。下面讨论基于先验信息贝叶斯方法在估计特定场地 COV 和 SOF 中的应用。

以台湾台中市雾峰区的一个 CPT 探孔为例说明趋势函数、标准差（或 COV）和 SOF 的统计不确定性。Ching 等（2016a）对这套数据进行了分析。图 3.10（a）和图 3.10（b）

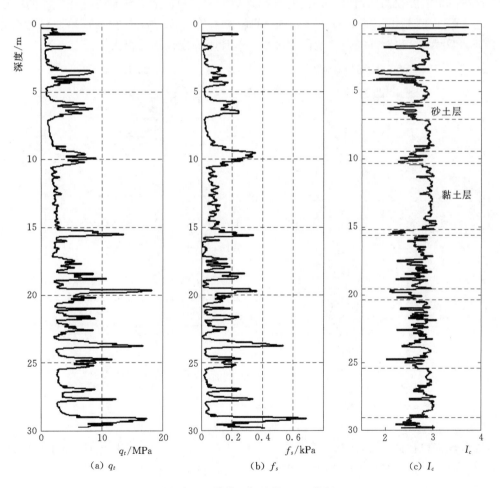

图 3.10　雾峰区场地的 CPT 数据

（Ching 等，2016a，图 14）

分别给出了这套 CPT 数据的 $q_t$ 值和 $f_s$ 值，而土体行为类型指数（$I_c$）(Robertson，2009)如图 3.10（c）所示。竖直方向的取样间距为 0.05m。图 3.10（c）还给出了基于 $I_c$ 的土层划分结果。下面以如图 3.10（c）所示的砂土层和黏土层为例说明特定场地趋势函数、标准差和 SOF 的统计不确定性。这里讨论归一化锥尖阻力 $Q_{tn}$（Robertson，2009）的对数值的趋势函数、标准差和 SOF：

$$Q_{tn} = [(q_t - \sigma_{v0})/P_a](P_a/\sigma'_{v0})^n \tag{3.3}$$

式中：$q_t$ 为（修正的）锥尖阻力；$P_a = 101.3 \text{kN/m}^2$ 为一个标准大气压；$\sigma'_{v0}$、$\sigma_{v0}$ 分别为竖向有效应力和竖向总应力；对于砂土，$n = 0.5$，对于黏土，$n = 1$。

图 3.11 给出了砂土层和黏土层中 $Q_{tn}$ 的对数值随土体深度的变化曲线。砂土层和黏土层的厚度分别为 0.80m 和 4.55m，显然砂土层是薄土层的例子，黏土层是厚土层的例子。图 3.12 给出了利用特定场地数据更新的砂土层（薄土层）的趋势函数（$\mu$）、标准差（$\sigma$）和 SOF($\delta$) 的多元概率密度函数（PDF）。虽然趋势函数 $\mu$ 可以合理地估计出来，但是 $\sigma$ 和 $\delta$ 存在一个需要权衡的区域，即同时准确地估计出 $\sigma$ 和 $\delta$ 是不可能的，有巨大的统计不确定性。图 3.13 给出了黏土层（厚土层）的趋势函数（$\mu$）、标准差（$\sigma$）和 SOF($\delta$) 的多元 PDF。显然，$\sigma$ 和 $\delta$ 可以合理地估计出来，统计不确定性不是很大。

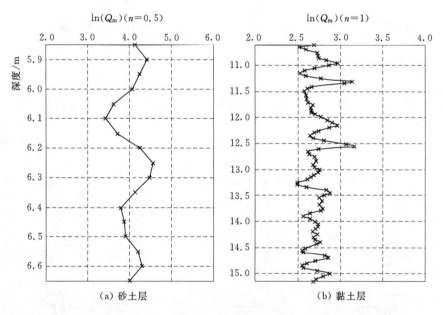

图 3.11　$Q_{tn}$ 剖面图
(Ching 等，2016a，图 15)

Ching 等（2016a）提出了一个贝叶斯框架表征特定场地趋势函数、COV 和 SOF 的统计不确定性。以往的经验如表 3.1～表 3.3 和表 3.8 中总结的变化范围，可以用来构建 COV 和 SOF 的先验概率密度函数（PDF），相反趋势函数采用了一个平缓的先验概率密度函数。然后，场地勘察数据用来更新该趋势函数、COV 和 SOF 的多元先验 PDF。更新后的多元后验 PDF 结合了过往经验和场地勘察数据，它不是标准类型的分布，如多元正

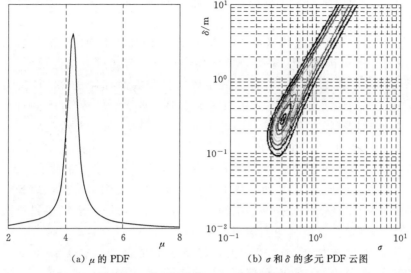

(a) $\mu$ 的 PDF　　　　　　(b) $\sigma$ 和 $\delta$ 的多元 PDF 云图

图 3.12　砂土层参数 $\mu$、$\sigma$ 和 $\delta$ 的多元 PDF

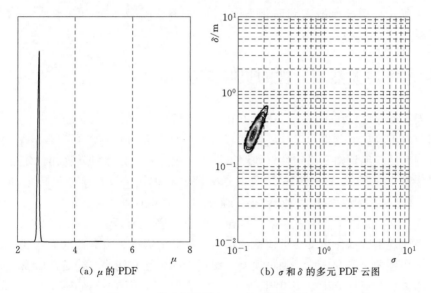

(a) $\mu$ 的 PDF　　　　　　(b) $\sigma$ 和 $\delta$ 的多元 PDF 云图

图 3.13　黏土层参数 $\mu$、$\sigma$ 和 $\delta$ 的多元 PDF

态或对数正态分布，但是可以采用马尔科夫链蒙特卡洛方法（Markov chain Monte Carlo，MCMC）产生它的随机样本。Ching 等（2016a）表明可以利用 MCMC 产生的样本构建趋势函数、COV 和 SOF 的等效多元正态 PDF。大量模拟算例表明该等效后验 PDF 的 95%贝叶斯置信区域（一个椭球体）包含实际的趋势函数、COV 和 SOF 的概率接近 95%。上述结果表明等效后验 PDF 能有效地表征趋势函数、COV 和 SOF 的统计不确定性。该结论同时适用于薄土层（总勘探深度小于 20 倍实际 SOF）和厚土层（总勘探深度不小于 20倍实际 SOF）。对于薄土层而言，等效后验 PDF 具有较大的不确定性，置信区域是一个大的椭球体，并且受以往经验和多方面权衡的限制。对于厚土层而言，等效后验 PDF 的不确定性较小，置信区域是一个小的椭球体，椭球体的中心为最可能的趋势函数、COV 和 SOF。

Ching 等（2016b）表明趋势函数、COV 和 SOF 的统计不确定性的影响是给问题带来了额外的不确定性，因此增大了失效概率估计。对于荷载抗力系数设计（LRFD）而言，抗力系数需要变得更小以迎合抗力的不确定性和根据有限试验估计抗力时带来的统计不确定性。他们还指出工程实际中只考虑趋势函数、COV 和 SOF 的点估计值是不保守的，因为这种情况下失效概率会被极大地低估。特定场地天然变异性的统计不确定性还需要进一步地研究。Honjo 和 Setiawan（2007）以及 Ching 等（2016a）在这一重要课题研究中已经取得了一些进步，但是两者都采用了不同形式的简化。Honjo 和 Setiawan（2007）预先规定了 COV 和 SOF 的取值，且仅仅关注了特定场地趋势的统计不确定性。Ching 等（2016a）则避免了该简化，可以同时表征特定场地趋势函数、COV 和 SOF 的统计不确定性。但是他们假设趋势函数是一种固定的函数形式，比如一个带有未知截距和斜率的线性函数。实际上，趋势函数的函数形式是未知的。此外，如 Fenton（1999a）所讨论的，SOF 可能不是一个恒定的常数。通过一个小尺度试验获得的 SOF 可能不太适用于大尺度的建设项目。最后，还不清楚如何将特定场地天然变异性的统计不确定性系统地纳入到简化 RBD 中，如将 LRFD 中抗力系数或 QVM 中分位数进行折减。

## 3.9 特定场地天然变异性的贝叶斯量化

尽管天然变异性、测量误差、统计不确定性和转换不确定性通常被合并为总体变异性然后应用于岩土可靠度分析和设计，但是有人认为只有天然变异性影响岩土结构的性能，所以应该将其从其他认知不确定性（如测量误差、统计不确定性和转换不确定性）中区别开来并直接量化（Wang 等，2016）。贝叶斯方法已经被提出来直接量化特定场地的天然变异性，并同时系统地考虑其他认知不确定性（Wang 和 Cao，2013；Cao 和 Wang，2014a；Wang 等，2015，2016）。天然变异性的直接量化被看成是一个贝叶斯反分析问题，特定场地观测数据作为反分析模型的输入，推断的岩土材料参数的天然变异性作为模型的输出。场地的天然变异性、测量误差、统计不确定性、转换不确定性以及合并的总体变异性都能被贝叶斯反分析方法模拟。

贝叶斯反分析方法包含 3 个重要组成部分：似然函数、先验分布以及如何以一种友好的方式求解贝叶斯方程获得和表达后验信息。似然函数是最关键的部分，它应该尽可能多地反映特定场地数据的物理本质以及现有认知对观测数据如何行为的预期。例如，因为土体的不排水抗剪强度随着竖直有效应力的增加而增大，所以基于不排水抗剪强度与竖直有效应力的比值而不是基于不排水抗剪强度本身来推导似然函数要更加有效（Cao 和 Wang，2014a）。此外，似然函数的复杂性应该与特定场地数据保持一致。例如，基于几个离散的特定场地观测数据点（如 SPT $N$ 值）量化波动范围是一件极端困难的事情。此时，将统计均匀土层中岩土参数的天然变异性模拟为一个随机变量而不是复杂的随机场更加合适。当输入数据不足时，采用复杂的模型不一定比采用简单的模型提供更好的结果。

尽管似然函数的确切方程是问题特异的，但是 Wang 等（2016）提出了一个推导不同现场或室内试验估计的各种岩土参数的似然函数的通用过程。该过程已经应用于基于 CPT 数据（Wang 等，2010；Cao 和 Wang，2013）或 SPT 数据（Wang 等，2015）的砂土有效内摩擦角的概率表征，黏土不排水杨氏模量（Wang 和 Cao，2013）和不排水抗剪强度（Cao 和 Wang，2014a）以及岩石单轴抗压强度（Wang 和 Aladejare，2015）的概率表征，基于 CPT 数据（Wang 等，2013；Cao 和 Wang，2013）和含水率数据（Wang 等，2014）的土体分层的概率识别。

在贝叶斯方法中，先验分布用来定量地表征项目建设之前场地的先验信息（例如文献中已有的数据、工程经验和工程师的专业知识）。有两种不同的方法可以将先验信息量化成先验分布（Cao 等，2016；Cao，2012）。当场地没有主流先验信息时，先验信息主要反映工程常识和判断，一般可以用均匀分布作为先验分布。只需要确定均匀分布的上下限就可以完全确定先验分布。例如，本章 3.3 和 3.7 节中总结的不同岩土参数的统计特征就可以用来确定均匀分布的上下限。结构安全度联合委员会概率模型规范（JCSS，2006）的 3.07 节建议了一些岩土参数的先验估计。随着先验信息所包含的信息量越来越多，Cao 等（2016）提出的主观概率评估框架（subjective probabilirty assessment framework，SPAF）可以用于协助工程师们将他们的先验信息和工程判断量化成一个合适的先验分布。

当似然函数和先验分布确定后，即可利用贝叶斯定理将特定场地观测数据与似然函数和先验分布结合起来获得后验信息或更新后信息。当特定场地观测数据非常稀少和有限时，可以基于马尔科夫链蒙特卡洛模拟（MCMCS），采用贝叶斯等效样本方法获得等效样本，以描述更新后的天然变异性（Wang 和 Cao，2013）。贝叶斯等效样本方法将有限的特定场地数据与工程经验和判断（即先验信息）通过贝叶斯定理结合，然后借助 MCMCS 将结合的信息转换成大量的数值样本，它有效地解决了实际工程中基于有限的特定场地数据估计合理的岩土参数统计特征的难题。当有大量的特定场地观测数据时（如 CPT 数据），基于 Laplace 渐近逼近的贝叶斯系统识别和模型比选方法可以用来估计岩土参数的统计特征和它们的波动范围（Cao 和 Wang，2013；Wang 等，2013，2014）。

贝叶斯方法的一个局限在于它在数学和计算方面的复杂性，这给工程师们造成了一定的困难。为了消除数学上的障碍，采用微软 Excel 内置的编程语言 VBA 在普遍应用的电子表格平台实现贝叶斯等效样本法。该程序被编译为 Excel VBA 插件，便于传播和安装，并命名为贝叶斯等效样本工具箱（bayesian equivalent sample toolkit，BEST）。BEST 插件可以在网站 https://sites.google.com/site/yuwangcityu/best/1 上免费下载。BEST 用户只需提供特定场地观测数据（如几个 SPT $N$ 数据点）和先验分布（如本章 3.3 和 3.7 节中总结的一些岩土参数的统计特征），BEST 就会产生大量的贝叶斯等效样本来量化特定场地岩土参数的天然变异性。

为了便于说明，下面应用 BEST 量化不排水杨氏模量 $E_u$ 的天然变异性，利用美国德克萨斯 A&M 大学国家岩土试验场地（national geotechnical experimentation sites，NG-

ES）黏土场地的 SPT $N$ 数据（Briaud，2000）。图 3.14（a）给出了从硬黏土层顶部获得的 5 个特定场地 SPT $N$ 值。图 3.14（b）给出了旁压试验获得的硬黏土层不同深度的 42 个 $E_u$ 直接测量结果（Briaud，2000）。文献中（Kulhawy 和 Mayne，1990；Phoon 和 Kulhawy，1999a，1999b）给出的不排水杨氏模量的典型范围可以用于确定 $E_u$ 的先验分布。例如，$E_u$ 的均值服从 5.0～15.0MPa 的均匀分布，标准差服从 0.5～13.5MPa 的均匀分布。

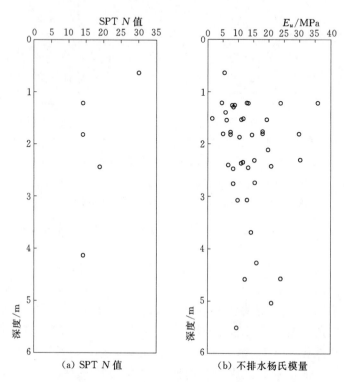

图 3.14　美国德克萨斯 A&M 大学国家岩土试验场地黏土的 SPT $N$ 值和旁压试验测量的不排水杨氏模量 $E_u$ 值（Briaud，2000）

基于 5 个 SPT $N$ 值和上面定义的先验分布，BEST 插件将产生 30000 个 $E_u$ 贝叶斯等效样本。表 3.16 给出了基于贝叶斯等效样本估计的 $E_u$ 的统计特征。为了比较，表 3.16 还给出了基于 $E_u$ 的直接测量结果估计的统计特征。可以看出，两种方法的结果非常一致。此外，图 3.15 给出了基于贝叶斯等效样本估计的 $E_u$ 的累积分布函数以及基于 42 个 $E_u$ 的直接测量结果得到的累积分布，前者采用带三角形符号的实线表示，后者采用空心四边形表示。可以看出，两种方法的结果也很相近，说明 BEST 量化的 $E_u$ 的特定场地天然变异性是合理的。

表 3.16　　　　　　　　　　　不排水杨氏模量的特定场地统计特征

| 统计特征 | BEST | 旁压试验 | BEST 和旁压试验结果差异 |
|---|---|---|---|
| 均值/MPa | 11.46 | 13.50 | 2.04 |
| 标准差/MPa | 6.00 | 7.50 | 1.50 |

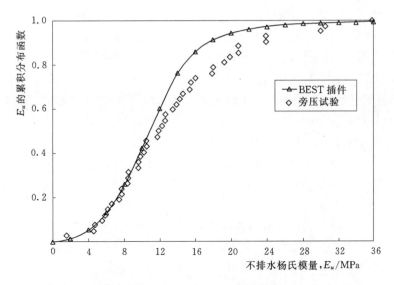

图 3.15　不排水杨氏模量 $E_u$ 的特定场地累积分布函数

## 3.10　特定场地转换模型的选择

本章 3.5 节强调了转换模型具有场地特异性且文献中存在大量的各种类型的转换模型。甚至对于相同的测量参数和设计参数也存在很多不同的转换模型。为此，实际工程中如何选取一个最合适的特定场地的转换模型是一个关键问题，特别当试验数据有限且不是设计参数的试验数据。这是工程师利用转换模型估计设计参数时经常遇到的问题。贝叶斯模型比选（Cao 和 Wang，2014a）和贝叶斯模型选择（Wang 和 Aladejare，2015）已经被提出用来帮助工程师们根据特定场地测量参数数据（即没有设计参数的数据）选择最合适的转换模型。最合适的模型是在给定测量参数观测数据条件下具有最大发生概率的模型。

例如，Wang 和 Aladejare（2015）基于印度的 Malanjkhand 炼铜项目中花岗岩的点荷载指数的 19 个数据点，从 4 种用于描述点荷载指数和岩石单轴抗压强度 UCS 的回归模型中选择了最合适的特定场地转换模型。特定场地回归模型的选择不需要 UCS 数据。这有利于在实际工程中应用，因为实际工程选择特定场地回归模型时通常没有 UCS 数据。选出的回归模型可以和先验信息、特定场地测量数据一起利用本章 3.9 节介绍的贝叶斯方法量化 UCS 的天然变异性。

当没有特定场地转换模型时，可以采用基于大范围数据建立的通用转换模型。Ching 和 Phoon（2012）构建了一个将 CPTU 参数转换为不排水抗剪强度 $s_u$ 的通用转换模型。然而，通用的转换模型通常具有更大的转换不确定性。

## 3.11　小结和展望

岩土变异性的表征是一项最重要的任务。毕竟，在良好的岩土工程实践中，场地勘察和场地数据的解译是必不可少的环节。任何设计方法，RBD 或其他方法，都应该将场地勘察作为该方法的基石。目前全方位地模拟场地变异性是不可能的。基于有限空间位置的钻孔和/或现场试验数据全面表征三维非平稳向量场仍具有挑战。尽管存在挑战，但是基于实际土体数据库且以与岩土工程实践一致的方式评估的统计资料是有价值的。如何将岩土 RBD 与日常场地勘察收集的土体数据联系起来是很重要的。说服工程师相信显式地评估岩土变异性是有价值的，而且这种额外的努力可以补充和简化从一大堆令人眼花缭乱的数据中解译单个数值的工作，这也是很重要的。

本章讨论了最基本的土体/岩体参数估计（即根据现场试验估计设计参数）的各种不确定性。估计的设计参数的不确定性（以变异系数表示）是场地天然变异性、现场试验测量误差和将现场试验数据转换为设计参数的回归方程的转换不确定性的函数。通过广泛地查阅土体和岩体数据库，给出了具有参考价值的统计表和参考资料。特别强调的是，现有的结构 LRFD 中抗力系数为单一取值的做法并不满足岩土工程实际。表 3.7（或 ISO 2394：2015 中图 D.3）是弥合这一差距的关键一步。它最终可以扩展为允许系统地考虑实践中各种信息的质量，包括场地勘察（ISO 2394：2015 的 D.3 节）、性能预测方法（ISO 2394：2015 的 D.4 节）、小型模型试验、离心机试验、原型试验、质量控制和监测。2014 CHBDC（CAN/CSAS614：2014）建议抗力系数根据"理解"程度变化。理解程度包括场地信息质量和性能预测质量。也应该为岩石参数开发类似于本章表 3.7 的指南。

基于特定场地数据，可以采用贝叶斯方法更新天然变异性和转换不确定性的统计信息。然而，应该谨慎处理有限试验数据带来的统计不确定性。对于岩土设计参数与多个试验参数具有相关性的情形，也可以基于多个试验参数数据更新岩土设计参数的不确定性。场地勘察通常开展多种类型的室内和现场试验，因此岩土数据通常是多元形式的。这一点将在本书第 4 章中讨论。

岩土数据的另一个突出特征是，它们同时在竖直和水平方向上随空间位置变化。这里有几个与空间变异性有关的实际问题。①土体设计参数沿着失效面进行空间平均比土体中一般位置处的参数值对极限状态的影响更大。这是显而易见的。②对于沿固定路径失效的极限状态而言，空间平均后土体设计参数的 COV 取决于空间平均前土体设计参数的 COV 和方差折减函数（Vanmarcke，2010）。这种 COV 折减随波动范围的减小而增大。因此，土体参数相互独立的假设将导致参数 COV 在空间平均后的过度折减。而土体参数完全相关的假设没有对参数 COV 进行折减，因此过于保守。③Vanmarcke 提出的传统的方差折减函数不能应用于没有约束的、与空间变异性相耦合的失效面（如边坡失效面）。这种失效面的位置和形状随着随机场实现的不同而不同。相反，当侧阻力被启动时，桩的失效面总是沿着桩的轴向，而与土体参数的空间变异性无关。沿着不受约束的失效面进行空间平均时，土体参数的 COV 更加复杂。尽管部分学者在这方面取得了一些进展（Ching 和 Phoon，2013；Ching 等，2014b；Hu 和 Ching，2015；Ching 等，2016c），但是到目前为止还没有一种完全解决这类失效面问题的方法。这种不受约束失效面的存在也使将空间变化土体的参数场在预设影响区域（如基础以下一倍或多倍基础宽度范围的区域）空间平均转换为均匀场更加复杂化（Ching 等，2016d）。上述转换具有重要的意义，因为采用一个随机变量（空间平均）比采用一个随机场进行可靠度设计明显要简单得多。④文献中对非平稳随机场的研究非常有限，尤其是一个均匀土体中嵌入了另一土层或包含了小块的不同类型土体的情形（Li 等，2016）。最后，统计表征相关数据比表征相互独立数据明显更加困难（Phoon 等，2003；Ching 等，2016a）。该问题具有明显的实际意义且还需要更多更深入的研究。

## 致谢

作者感谢 Marco Uzielli 博士提供的宝贵意见。

# 参 考 文 献

Aladejare，A. E. & Wang，Y. (2017). Evaluation of rock property variability，Georisk，in press.

Breysse，D.，Niandou，H.，Elachachi，S. & Houy，L. (2005) A generic approach to soil – structure interaction considering the effects of soil heterogeneity. Geotechnique，55 (2)，143 – 150.

Briaud，J. L. (2000) The National Geotechnical Experimentation Sites at Texas A&M Univer – sity: clay and sand. A Summary. National Geotechnical Experimentation Sites，Geotechnical Special Publication No. 93，26 – 51.

Cafaro，F. & Cherubini，C. (2002) Large sample spacing in evaluation of vertical strength variability of clayey soil. ASCE Journal of Geotechnical and Geoenvironmental Engineering，128 (7)，558 – 568.

CAN/CSAS614：2014. Canadian Highway Bridge Design Code. Mississauga，ON，Canadian Standards Association.

Cao，Z. J. (2012) Probabilistic Approaches for Geotechnical Site Characterization and Slope Stability Analysis. PhD Thesis. Hong Kong，City University of Hong Kong.

Cao，Z. J. & Wang，Y. (2013) Bayesian approach for probabilistic site characterization using cone penetration tests. ASCE Journal of Geotechnical and Geoenvironmental Engineering，139 (2)，267 – 276.

Cao，Z. J. & Wang，Y. (2014a) Bayesian model comparison and characterization of undrained shear strength. ASCE Journal of Geotechnical and Geoenvironmental Engineering，140 (6)，04014018.

Cao，Z. & Wang，Y. (2014b) Bayesian model comparison and selection of spatial correlation functions for soil parameters. Structural Safety，49，10 – 17.

Cao，Z.，Wang，Y. & Li，D. (2016) Quantification of prior knowledge in geotechnical site characterization. Engineering Geology，203，107 – 116.

Cherubini，C.，Vessia，G. & Pula，W. (2007) Statistical soil characterization of Italian sites for reliability analyses. In：Tan，T. S.，Phoon，K. K.，Hight，D. W. & Leroueil，S. (eds.) Char – acterisation and Engineering Properties of Natural Soils. Vol. 4. Leiden，Taylor & Francis. pp. 2681 – 2706.

Chiasson，P. & Wang，Y. J. (2007) Spatial variability of sensitive Champlain sea clay and an application to stochastic slope stability analysis of a cut. In：Tan，T. S.，Phoon，K. K.，Hight，D. W. & Leroueil，S. (eds.) Characterisation and Engineering Properties of Natural Soils. Vol. 4. Leiden，Taylor & Francis. pp. 2707 – 2720.

Ching，J. & Phoon，K. K. (2011) A quantile – based approach for calibrating reliability – based partial factors. Structural Safety，33，275 – 285.

Ching，J. & Phoon，K. K. (2012) Establishment of generic transformations for geotechnical design parameters. Structural Safety，35，52 – 62.

Ching，J. & Phoon，K. K. (2013) Probability distribution for mobilized shear strengths of spatially variable soils under uniform stress states. Georisk，7（3），209 – 224.

Ching，J. & Phoon，K. K. （2014）Transformations and correlations among some clay parameters – The global database. Canadian Geotechnical Journal，51（6），663 – 685.

Ching，J.，Phoon，K. K. & Yu，J. W. （2014a）Linking site investigation efforts to final design savings with simplified reliability – based design methods. ASCE Journal of Geotechnical and Geoenvironmental Engineering，140（3），04013032.

Ching，J.，Phoon，K. K. & Kao，P. H. （2014b）Mean and variance of the mobilized shear strengths for spatially variable soils under uniform stress states. ASCE Journal of Engineering Mechanics，140（3），487 – 501.

Ching，J.，Wu，S. H. & Phoon，K. K. （2016a）Statistical characterization of random field parameters using frequentist and Bayesian approaches. Canadian Geotechnical Journal，53（2），285 – 298.

Ching，J.，Phoon，K. K. & Wu，S. H. （2016b）Impact of statistical uncertainty on geotechnical reliability estimation. ASCE Journal of Engineering Mechanics，04016027.

Ching，J.，Lee，S. W. & Phoon，K. K. （2016c）Undrained strength for a 3D spatially variable clay column subjected to compression or shear. Probabilistic Engineering Mechanics，45，127 – 139.

Ching，J.，Hu，Y. G. & Phoon，K. K. （2016d）On characterizing spatially variable shear strength using spatial average. Probabilistic Engineering Mechanics，45，31 – 43.

Det Norske Veritas（DNV）（2010）Recommended Practice – Statistical representation of soil data. DNV – RP – C207，Oslo，Norway.

Doruk，P. （1991）Analysis of the Laboratory Strength Data Using the Original and Modified Hoek – Brown Criteria. MS Thesis. Toronto，University of Toronto. 124 pp.

El – Ramly，H.，Morgenstern，N. R. and Cruden，D. M. （2003）Probabilistic stability analy – sis of a tailings dyke on presheared clay shale. Canadian Geotechnical Journal，40（1），192 – 208.

EN 1997 – 1：2004. Eurocode 7：Geotechnical Design – Part 1：General Rules. Brussels，European Committee for Standardization（CEN）.

Federal Highway Administration（FHWA）（1985）Checklist and Guidelines for Review of Geotechnical Reports and Preliminary Plans and Specifications. Report FHWA – ED – 88 – 053. Washington，DC.

Fenton，G. A. （1999a）Random field modeling of CPT data. ASCE Journal of Geotechnical and Geoenvironmental Engineering，125（6），486 – 498.

Fenton，G. A. （1999b）Estimation for stochastic soil models. ASCE Journal of Geotechnical and Geoenvironmental Engineering，125（6），470 – 485.

Fenton，G. A. & Griffiths，D. V. （2003）Bearing capacity prediction of spatially random c – φ soils. Canadian Geotechnical Journal，40，54 – 65.

Fenton，G. A. & Griffiths，D. V. （2008）Risk Assessment in Geotechnical Engineering. New York，John Wiley & Sons.

Fenton，G. A.，Griffiths，D. V. & Williams，M. B. （2005）Reliability of traditional retaining wall design. Geotechnique，55（1），55 – 62.

Goldsworthy，J. S.，Jaksa，M. B.，Fenton，G. A.，Griffiths，D. V.，Kaggwa，W. S. & Poulos，H. G. （2007）Measuring the risk of geotechnical site investigations. In：Proc. Geo – Denver 2007，Denver.

Griffiths，D. V.，Fenton，G. A. & Manoharan，N. （2006）Undrained bearing capacity of two – strip footings on spatially random soil. ASCE International Journal of Geomechanics，6（6），421 – 427.

Heuze，F. E. （1980）Scale effects in the determination of rock mass strength and deformability. Rock Mechanics，12（3 – 4），167 – 192.

Hoek, E. & Brown, E. T. (1980) Underground Excavations in Rock. London, The Institution of Mining and Metallurgy. 527 pp.

Hoek, E. , Kaiser, P. K. & Bawden, W. F. (1995) Support of Underground Excavations in Hard Rock. Rotterdam, Balkema. 215 pp.

Honjo, Y. & Setiawan, B. (2007) General and local estimation of local average and their application in geotechnical parameter estimations. Georisk, 1 (3), 167 – 176.

Hu, Y. G. & Ching, J. (2015) Impact of spatial variability in soil shear strength on active lateral forces. Structural Safety, 52, 121 – 131.

ISO 2394: 1973/1986/1998/2015. General Principles on Reliability for Structures. Geneva, International Organization for Standardization.

Jaksa, M. B. (1995) The Influence of Spatial Variability on the Geotechnical Design Properties of a Stiff, Overconsolidated Clay. PhD Thesis. Adelaide, University of Adelaide.

Jaksa, M. B. (2007) Modeling the natural variability of over – consolidated clay in Adelaide, South Australia. In: Tan, T. S. , Phoon, K. K. , Hight, D. W. & Leroueil, S. (eds. ) Charac – terisation and Engineering Properties of Natural Soils. Vol. 4. Leiden, Taylor & Francis. pp. 2721 – 2752.

Jaksa, M. B. , Brooker, P. I. & Kaggwa, W. S. (1997) Inaccuracies associated with estimat – ing random measurement errors. ASCE Journal of Geotechnical and Geoenvironmental Engineering, 123 (5), 393 – 401.

Jaksa, M. B. , Kaggwa, W. S. , Fenton, G. A. & Poulos, H. G. (2003) A framework for quan – tifying the reliability of geotechnical investigations. In: Applications of Statistics and Probability in Civil Engineering, ICASP9, San Francisco. Vol. 2. Rotterdam, Mill Press. pp. 1285 – 1291.

Jaksa, M. B. , Goldsworthy, J. S. , Fenton, G. A. , Kaggwa, W. S. , Griffiths, D. V. , Kuo, Y. L. & Poulos, H. G. (2005) Towards reliable and effective site investigations. Geotechnique, 55 (2), 109 –121.

Joint Committee on Structural Safety (2006) Section 3. 07: Soil Properties, JCSS Probabilistic Model Code, http: //www. jcss. byg. dtu. dk/Publications.

Kahraman, S. (2001) Evaluation of simple methods for assessing the uniaxial compressive strength of rock. International Journal of Rock Mechanics and Mining Sciences, 38 (7), 981 – 994.

Kulatilake, P. H. S. (1991) Discussion on 'Probabilistic potentiometric surface mapping' by P. H. S. Kulatilake. ASCE Journal of Geotechnical Engineering, 117 (9), 1458 – 1459.

Kulhawy, F. H. & Mayne, P. W. (1990) Manual on Estimating Soil Properties for Foundation Design. Report EL – 6800. Palo Alto, Electric Power Research Institute. Available online at EPRI. COM.

Kulhawy, F. H. & Prakoso, W. A. (2003) Variability of rock index properties. In: Proceedings, Soil & Rock America, Cambridge. pp. 2765 – 2770.

Li, K. S. (1991) Discussion on 'Probabilistic potentiometric surface mapping' by P. H. S. Kulati – lake. ASCE Journal of Geotechnical Engineering, 117 (9), 1457 – 1458.

Li, D. Q. , Qi, X. H. , Cao, Z. J. , Tang, X. S. , Phoon, K. K. & Zhou, C. B. (2016) Evaluating slope stability uncertainty using coupled Markov chain. Computers and Geotechnics, 73, 72 – 82.

Look, B. G. (2014) Handbook of Geotechnical Investigation and Design Tables, Second Edition, CRC Press, UK.

Mayne, P. W. , Christopher, B. R. & DeJong, J. (2001) Manual on Subsurface Investigations. National Highway Institute Publication No. FHWA NHI – 01 – 031. Washington, DC, Federal Highway Administration.

Ng, I. T. , Yuen, K. V. & Lau, C. H. (2015) Predictive model for uniaxial compressive strength for

Grade III granitic rocks from Macao. Engineering Geology, 199, 28 - 37.

Paikowsky, S. G., Birgisson, B., McVay, M., Nguyen, T., Kuo, C., Baecher, G. B., Ayyub, B., Stenersen, K., O'Malley, K., Chernauskas, L. & O'Neill, M. (2004) Load and resistance factors design for deep foundations. NCHRP Report 507, Transportation Research Board of the National Academies, Washington DC.

Phoon, K. K. & Kulhawy, F. H. (1999a) Characterization of geotechnical variability. Canadian Geotechnical Journal, 36 (4), 612 - 624.

Phoon, K. K. & Kulhawy, F. H. (1999b) Evaluation of geotechnical property variability. Canadian Geotechnical Journal, 36 (4), 625 - 639.

Phoon, K. K. & Kulhawy, F. H. (2008) Serviceability limit state reliability - based design. In: Phoon, K. K. (ed.) Reliability - Based Design in Geotechnical Engineering: Computations and Applications. London, Taylor & Francis. pp. 344 - 383.

Phoon, K. K., Kulhawy, F. H. & Grigoriu, M. D. (1995) Reliability - Based Design of Foundations for Transmission Line Structures. Report TR - 105000. Palo Alto, Electric Power Research Institute. Available online at EPRI. COM.

Phoon, K. K., Quek, S. T. & An, P. (2003) Identification of statistically homogeneous soil layers using modified Bartlett statistics. ASCE Journal of Geotechnical and Geoenviron - mental Engineering, 129 (7), 649 - 659.

Prakoso, W. A. (2002) Reliability - Based Design of Foundations on Rock for Transmission Line & Similar Structure. PhD Thesis. New York, Cornell University.

Prakoso, W. A. & Kulhawy, F. H. (2004) Variability of rock mass engineering properties. In: Sambhandharaksa, S. et al. (ed.) Proc. 15th SE Asian Geotech. Conf. Bangkok. pp. 97 - 100.

Prakoso, W. A. & Kulhawy, F. H. (2011) Effects of testing conditions on intact rock strength and variability. Geotechnical and Geological Engineering, 29, 101 - 111.

Rice, S. O. (1944) Mathematical analysis of random noise. Bell System Technical Journal, 23 (3), 282 - 332.

Rice, S. O. (1945) Mathematical analysis of random noise. Bell System Technical Journal, 24 (1), 46 - 156.

Rehfeldt, K. R., Boggs, J. M. & Gelhar, L. W. (1992) Field study of dispersion in a heterogeneous aquifer: 3. Geostatistical analysis of hydraulic conductivity. Water Resources Research, 28 (12), 3309 - 3324.

Robertson, P. K. (2009) Interpretation of cone penetration tests - A unified approach. Canadian Geotechnical Journal, 46, 1337 - 1355.

Sari, M. & Karpuz C. (2006) Rock variability and establishing confining pressure levels for triaxial tests on rocks. International Journal of Rock Mechanics and Mining Sciences, 43 (2), 328 - 335.

Soulié, M., Montes, P. & Silvestri, V. (1990) Modelling spatial variability of soil parameters, Canadian Geotechnical Journal, 27 (5), 617 - 630.

Soubra, A. H., Massih, Y. A. & Kalfa, M. (2008) Bearing capacity of foundations resting on a spatially random soil. In: GeoCongress 2008: Geosustainability and Geohazard Mitigation (GSP 178). New Orleans, LA, ASCE, pp. 66 - 73.

Ünlü, K., Nielsen, D. R., Biggar, J. W. & Morkoc, F. (1990) Statistical parameters characterizing the spatial variability of selected soil hydraulic properties, Soil Science Society of America Journal, 54, 1537 - 1547.

Uzielli, M., Vannucchi, G. & Phoon, K. K. (2005) Random field characterization of stress - normalized

CPT Variables. Geotechnique，55（1），3 - 20.

Uzielli，M.，Lacasse，S.，Nadim，F. & Lunne，T.（2007）Uncertainty - based characterization of Troll marine clay. In：Tan，T. S.，Phoon，K. K.，Hight，D. W. & Leroueil，S.（eds.）Charac - terisation and Engineering Properties of Natural Soils Vol. 4. Leiden，Taylor & Francis. pp. 2753 - 2782.

Vanmarcke，E. H.（1977）Probabilistic modeling of soil profiles. ASCE Journal of Geotechnical Engineer- ing Division，103（GT11），1227 - 1246.

Vanmarcke，E. H.（2010）Random Fields：Analysis and Synthesis. Singapore，World Scientific.

Wang，Y. & Cao，Z. J.（2013）Probabilistic characterization of Young's modulus of soil using equivalent samples. Engineering Geology，159，106 - 118.

Wang，Y. & Aladejare，A. E.（2015）Selection of site - specific regression model for characteriza - tion of uniaxial compressive strength of rock. International Journal of Rock Mechanics and Mining Sciences，75，73 - 81.

Wang，Y.，Au，S. K. & Cao，Z. J.（2010）Bayesian approach for probabilistic characterization of sand friction angles. Engineering Geology，114（3 - 4），354 - 363.

Wang，Y.，Huang，K. & Cao，Z. J.（2013）Probabilistic identification of underground soil stratification using cone penetration tests. Canadian Geotechnical Journal，50（7），766 - 776.

Wang，Y.，Huang，K. & Cao，Z. J.（2014）Bayesian identification of soil strata in London Clay. Geotechnique，64（3），239 - 246.

Wang，Y.，Zhao，T. & Cao，Z.（2015）Site - specific probability distribution of geotechnical properties. Computers and Geotechnics，70，159 - 168.

Wang，Y.，Cao，Z. & Li，D.（2016）Bayesian perspective on geotechnical variability and site character- ization. Engineering Geology，203，117 - 125.

# 第4章

# 多元岩土数据的统计表征

*作者：Jianye Ching，Dian-Qing Li，Kok-Kwang Phoon*

## 摘要

ISO 2394 附录 D 的 D.2 节阐述了单个土体设计参数的变异系数计算方法。这也是本书第 3 章的主要内容。然而，在实际工程场地勘察中通常开展多种不同类型的室内或现场试验得到多个土体参数，这些土体参数之间通常存在明显的相关性。ISO 2394 附录 D 的 D.3 节进一步阐述了采用多元分布模型考虑不同土体参数间相关性的优势。这也是本章的主要内容。当一个或多个土体参数的信息已知时，土体参数的多元分布模型可以降低模型中其他土体参数的变异系数。土体参数的变异系数的降低可以通过可靠度设计降低工程的费用。传统的安全系数设计方法无法直接反映场地勘察投入与降低的工程费用之间的关系。

本章给出了文献中 6 个多元土体参数数据库及其构造的多元正态分布模型。基于构造的多元正态分布模型，推导了多元土体参数的转换方程。这些方程不仅可以预测土体设计参数的均值，还能预测土体设计参数的变异系数。基于转换方程预测的土体设计参数的变异系数将会明显降低。作为多元正态分布的补充，本章还给出了基于 Copula 理论的多元土体参数联合分布模型构造方法。Copula 理论可以克服多元分布建模依赖于多元正态分布的局限，可以构造出具有其他相关结构的多元分布模型。此外，还给出了一种更严谨的估计多元正态分布中相关系数矩阵的方法。

## 4.1 引言

ISO 2394 附录 D 的重点是识别和表征岩土可靠度设计区别于主要标准中的一般性原则的关键因素。其中一个关键因素是搭建场地勘察和岩土可靠度设计的桥梁。场地勘察是岩土工程所特有的活动，世界上许多建筑规范都规定设计前必须开展场地勘察工作。场地勘察通常同时开展土体室内和现场试验，而土体设计参数一般与多个室内和/或现场试验指标具有相关性。本书第 3 章介绍了基于单个室内或现场试验获得的单参数信息表征土体设计参数不确定性的方法。尽管如此，场地勘察中通常包含多参数信息，如提取场地原状土开展室内固结和三轴试验时，一般也会在场地同时开展原位标准贯入试验 SPT 和/或孔压静力触探试验 CPTU。此外，对扰动土开展简单的室内试验得到土体容重、塑限 PL、液限 LL 和液性指数 LI 也是场地勘察的基本内容。众所周知，土体设计参数（如不排水抗剪强度 $s_u$）通常与上述试验得到的土体参数同时具有相关性，将这些参数结合起来（如建立它们的多元分布模型）从而降低土体设计参数的不确定性不失为一种明智的做法。借助该方法，场地勘察投入可以通过岩土可靠度设计直接反映到工程费用中去（Ching 等，2014a）。将场地勘察投入反映到工程费用中的方法包括两个关键部分：①能充分考虑不同岩土信息的简化可靠度设计方法；②能基于多元岩土数据更新土体设计参数均值和标准差的方法。第①部分是本书第 6 章的内容，而第②部分则是本章的核心内容。

本章的主要目的是基于大范围收集的多元土体数据库构造多个土体参数的多元分布模型。构造的多元分布模型将作为先验信息与有限的特定场地数据结合从而更新土体设计参数的多元分布。值得注意的是，上述方法得到的是多个土体设计参数的多元分布，而不是它们的一元分布或第 3 章给出的均值和变异系数。基于多个直接测量参数更新多个设计参数比基于一个直接测量参数更新一个设计参数（如基于锥尖阻力更新不排水抗剪强度的分布）更加有用。

构造土体参数多元分布模型的难点是实际工程场地勘察中多个土体参数被同时确定的数据很少，这是因为同一个地点同时开展多种试验得到多个土体参数值将造成很大的经济负担。实际工程通常采取一种折中的方法，在不同的地点开展不同试验和同一个地点开展不同的试验之间取得最佳的平衡。前者能收集更多的关于场地变异的信息，而后者能收集不同试验或土体参数的相关性信息。当两个试验的地点在水平方向或竖直方向上相距一个波动范围以上时，由于土体空间变异性的影响不可能得到两个试验的相关性。因此，实际工程通常在同一个地点开展两种试验，而不同地点的两种试验又有一定的重合性。如第 1 个地点开展孔压静力触探试验 CPTU 和三轴试验，第 2 个地点开展十字板剪切试验 VSTs 和三轴试验。若第 1 个地点开展孔压静力触探试验 CPTU，第 2 个地点开展十字板剪切试验 VSTs，第 3 个地点开展三轴试验，那么这种情况下是不能得到不排水抗剪强度（来自于三轴试验）和 CPTU 数据的相关性。此外，也不能在同一个地点同时开展 CPTU、VSTs 和三轴试验，因为这样虽然能更好地描述 CPTU、VSTs 和不排水抗剪强度数据间的相关性，但是会造成较大的经济负担，而且不足以有效表征整个场地的变异性。

本章将回顾近年来文献中汇编的部分多元土体参数数据库及其构造的多元分布模型。表 4.1 给出了这些数据库，并采用土体类型/土体参数数目/样本数目表示。类似的数据库最近也汇编在文献中（Müller 等，2014；Liu 等，2016）。首先介绍数据库 CLAY/5/345（Ching 和 Phoon，2012a）和 CLAY/6/535（Ching 等，2014b）。在这两个数据库中，所有土体参数都同时已知。其次介绍数据库 CLAY/7/6310（Ching 和 Phoon，2013）和 CLAY/10/7490（Ching 和 Phoon，2014a，2014b）。在这两个数据库中，土体参数中只有两个参数同时已知。上述 4 个数据库的多元分布模型都采用多元正态分布表征。然后介绍

表 4.1　　土体参数数据库

| 数据库 | 参考文献 | 土体参数 | 样本数目 | 场地/文献数目 | 参数范围 | | |
|---|---|---|---|---|---|---|---|
| | | | | | OCR | PI | $S_t$ |
| CLAY/5/345 | Ching 和 Phoon (2012a) | $LI, s_u, s_u^{rr}, \sigma_p', \sigma_v'$ | 345 | 37 场地 | 1~4 | — | 敏感黏土 |
| CLAY/6/535 | Ching 等 (2014b) | $s_u/\sigma_v', OCR, (q_t-\sigma_v)/\sigma_v',$ $(q_t-u_2)/\sigma_v', (u_2-u_0)/\sigma_v', B_q$ | 535 | 40 场地 | 1~6 | 低到非常高的塑性 | 不敏感黏土 |
| CLAY/7/6310 | Ching 和 Phoon (2013) | 7 种试验方法得到的 $s_u$ | 6310 | 164 文献 | 1~10 | 低到非常高的塑性 | 不敏感黏土 |
| CLAY/10/7490 | Ching 和 Phoon (2014a) | $LL, PI, LI, \sigma_v'/P_a, \sigma_p'/P_a, s_u/\sigma_v', S_t,$ $(q_t-\sigma_v)/\sigma_v', (q_t-u_2)/\sigma_v', B_q$ | 7490 | 251 文献 | 1~10 | 低到非常高的塑性 | 不敏感黏土 |
| CLAY/4/BN | Ching 等 (2010) | $OCR, s_u, N_{60}, (q_t-\sigma_v)/\sigma_v'$ | — | — | 1~50 | — | — |
| F-CLAY/7/216 | D'Ignazio 等 (2016) | $s_u, \sigma_p', \sigma_v', LL, PL, w_n, S_t$ | 216 | 24 场地 | 1~8 | 低到非常高的塑性 | 不敏感黏土 |
| SAND/4/BN | Ching 等 (2012) | $D_r, \varphi', (N_1)_{60}, q_{t1}$ | — | — | — | — | — |

注：LL：液限；PL：塑限；PI：塑性指数；LI：液性指数；$s_u$：不排水抗剪强度；$s_u^{rr}$：重塑不排水抗剪强度；$\sigma_p'$：预固结应力；$\sigma_v'$：垂直有效应力；$\sigma_v$：垂直总应力；OCR：超固结比；$q_t$：修正锥尖阻力；$u_2$：锥后孔隙水压力；$u_0$：静水压力；$B_q$：CPTU 孔隙水压比；$P_a$：一个大气压；$S_t$：敏感度；$N_{60}$：SPT N 值（采用能量比修正）；$D_r$：相对密度；$\varphi'$：有效内摩擦角；$(N_1)_{60}$：SPT N 值（采用能量比修正，并采用覆岩应力归一化）；$q_{t1}$：采用覆岩应力归一化的修正锥尖阻力。

数据库 CLAY/4/BN 和 SAND/4/BN，它们的多元分布模型采用贝叶斯网络（Jensen，1996）构造。当只有部分两参数间数据而没有所有两参数间数据时，通过合适的条件独立假设，可以采用贝叶斯网络构造多元分布模型。如对于 3 个土体参数 OCR、$s_u$ 和 CPTU，只有 OCR-$s_u$ 和 $s_u$-CPTU 的数据，而没有 OCR-CPTU 的数据，则可以假设 OCR 和 CPTU 条件独立，从而构造 OCR、$s_u$ 和 CPTU 的多元分布模型。最后介绍基于 Copula 理论的多元分布模型构造方法。Copula 理论可以克服多元分布建模依赖于多元正态分布的局限，可以构造出具有其他相关结构的多元分布模型。

值得注意的是，由于表 4.1 中的数据库包含了不同地区和不同场地的数据，因此，基于这些数据库构造的多元分布模型具有较强的通用性，这些多元分布模型可以作为先验分布去更新特定场地土体设计参数的概率分布。当然，也存在上述通用模型不能用作先验分布去更新特定场地土体设计参数概率分布的情形。换句话说，必须采用基于该场地数据构造的多元分布模型去更新该场地土体设计参数的概率分布。这种情形是可以理解的，但它与现行的岩土工程实践不一致。这是因为岩土工程的一个显著特点是依赖经验，非特定场地的转换模型被广泛应用于估计特定场地的土体设计参数。不管是采用转换模型估计设计参数的具体数值或是概率分布，对于合适的转换模型的选择以及不合适的转换模型的剔除，工程判断都发挥了重要的作用。

## 4.2　相关性

土体参数之间的相关性可以通过本书第 3 章 3.5 节所述的转换模型解释。如前所述，转换模型已被广泛应用于土体参数的估计。文献中报道了大量的土体参数之间的转换模型，其中大部分为两个参数之间的转换模型（Kulhawy 和 Mayne，1990；Mayne 等，2001）。表 4.2 和表 4.3 分别给出了黏土参数和砂土/砂砾土参数的转换模型。这些转换模型的偏差和变异系数通过估计这些转换模型的数据库计算。如转换模型的偏差可以估计为实测值与模型预测值比值的样本均值，而变异系数为实测值与模型预测值比值的样本变异系数［式（3.1）和式（3.2）］。对于表 4.2 中的第二个模型 $s_u^{re}/P_a \approx 0.0144 \mathrm{LI}^{-2.44}$ 来说，实测值是 $s_u^{re}/P_a$，而模型预测值是 $0.0144 \mathrm{LI}^{-2.44}$。对于每一个数据点（LI，$s_u^{re}$）都可以计算出实测值与模型预测值的比值，相应地 899 个数据点就可以得到 899 个比值。基于 899 个比值即可计算出样本均值为 1.92 和样本变异系数为 1.25，它们分别为模型的偏差和变异系数。表 4.2 和表 4.3 列出了所有模型的偏差和变异系数。根据模型偏差和变异系数的定义，模型偏差越接近于 1，说明模型越无偏；模型变异系数越小，说明模型不确定性也越小。

下面以图 3.2 中的转换模型为例解释土体参数之间相关性的概念。如图 3.2 所示，实测的数据点通常分布在转换模型（图 3.2 中实线）两侧。假设图 3.2 中土体参数 $Y_1(\xi_d)$ 和 $Y_2(\xi_m)$ 有以下简单的转换关系：

$$Y_1 = a + bY_2 + \varepsilon \tag{4.1}$$

式中：$\varepsilon$ 为转换模型误差或不确定性，它的均值为 0，标准差为 $s_\varepsilon$。

表 4.2　　　　黏土参数转换模型 (Ching 和 Phoon, 2014a; D'Ignazio 等, 2016)

| 土体参数 | 参考文献 | 转换模型 | 偏差和变异系数 | | | 备注 |
|---|---|---|---|---|---|---|
| | | | 样本数目 | 偏差 | 变异系数 | |
| $LI - s_u^{re}/P_a$ | Wroth 和 Wood (1978) | $s_u^{re}/P_a \approx 1.7\exp(-4.6LI)$ | 899 | NF | NF | 基于修正剑桥模型 |
| | Locat 和 Demers (1988) | $s_u^{re}/P_a \approx 0.0144LI^{-2.44}$ | 899 | 1.92 | 1.25 | |
| $LI - S_t$ | Bjerrum (1954) | $S_t \approx 10^{0.8LI}$ | 1279 | 2.06 | 1.09 | 挪威海成黏土 |
| | Ching 和 Phoon (2012a, b) | $S_t \approx 20.726LI^{1.910}$ | 1279 | 0.88 | 1.28 | $S_t = 2\sim1000$ 以及 OCR=1~4 的结构性黏土 |
| $LI - \sigma_v'/P_a - S_t$ | Mitchell (1993) | 229 页图中曲线 | — | — | — | |
| | NAVFAC (1982) | 7.1~142 页图中曲线 | — | — | — | |
| $LI - \sigma_p'/P_a - S_t$ | Stas 和 Kulhawy (1984) | $\sigma_p'/P_a \approx 10^{1.11-1.62LI}$ | 249 | 2.94 | 1.90 | $S_t < 10$ 的黏土 |
| | Ching 和 Phoon (2012a, b) | $\sigma_p'/P_a \approx 0.235LI^{-1.319}S_t^{0.536}$ | 489 | 1.32 | 0.78 | $S_t = 2\sim1000$ 以及 OCR=1~4 的结构性黏土 |
| $LI - s_u/\sigma_p'$ | Bjerrum 和 Simons (1960) | 图中曲线 | — | — | — | 挪威正常固结黏土 |
| $PI - s_u/\sigma_p'$ | Mesri (1975, 1989) | $s_u/\sigma_p' \approx 0.22$ | 1155 | 1.04 | 0.55 | |
| $OCR - s_u/\sigma_v'$ | Jamiolkowski 等 (1985) | $s_u/\sigma_v' \approx 0.23OCR^{0.8}$ | 1402 | 1.11 | 0.53 | |
| | D'Ignazio 等 (2016) | $s_u/\sigma_v' \approx 0.244OCR^{0.763}$ | 173 | 0.93 | 0.27 | 芬兰软黏土; $s_u$ 为修正的现场十字板试验获得的不排水抗剪强度值 |
| $OCR - s_u/\sigma_v' - S_t$ | Ching 和 Phoon (2012a, b) | $s_u/\sigma_v' \approx 0.229OCR^{0.823}S_t^{0.121}$ | 395 | 0.84 | 0.34 | $S_t = 2\sim1000$ 以及 OCR=1~4 的结构性黏土 |
| $OCR - s_u/\sigma_v' - PI$ | D'Ignazio 等 (2016) | $s_u/\sigma_v' \approx 0.328OCR^{0.756}PI^{0.165}$ | 173 | 0.95 | 0.29 | 芬兰软黏土; $s_u$ 为现场十字板试验获得的不排水抗剪强度值 |
| $OCR - s_u/\sigma_v' - LL$ | D'Ignazio 等 (2016) | $s_u/\sigma_v' \approx 0.319OCR^{0.757}LL^{0.333}$ | 173 | 0.94 | 0.26 | 芬兰软黏土; $s_u$ 为现场十字板试验获得的不排水抗剪强度值 |

续表

| 土体参数 | 参考文献 | 转换模型 | 样本数目 | 偏差 | 变异系数 | 备注 |
|---|---|---|---|---|---|---|
| OCR-$s_u/\sigma_v'$-$w_n$ | D'Ignazio 等 (2016) | $s_u/\sigma_v' \approx 0.296 OCR^{0.788} w_n^{0.337}$ | 173 | 0.97 | 0.27 | 芬兰软黏土；$s_u$ 为现场十字板试验获得的不排水抗剪强度值 |
| OCR-$s_u/\sigma_v'$-LI | D'Ignazio 等 (2016) | $s_u/\sigma_v' \approx 0.281 OCR^{0.77} LI^{-0.088}$ | 173 | 0.95 | 0.33 | 芬兰软黏土；$s_u$ 为现场十字板试验获得的不排水抗剪强度值 |
| OCR-$s_u/\sigma_v'$-$S_t$ | D'Ignazio 等 (2016) | $s_u/\sigma_v' \approx 0.280 OCR^{0.786} S_t^{0.013}$ | 173 | 0.91 | 0.44 | 芬兰软黏土；$s_u$ 为现场十字板试验获得的不排水抗剪强度值 |
| LI-$\sigma_v'$-$s_u$ | Ng 等 (2015) | $s_u(kPa) \approx 0.2335\sigma_v' - 2.6915 w_n LI + 8.9657$ | 296 | 1.03 | 0.41 | 正常固结黏土；$s_u$ 为现场十字板试验获得的不排水抗剪强度值 |
| CPTU-$s_u/\sigma_v'$ | Ching 和 Phoon (2012c) | $(q_t-\sigma_v)/s_u \approx 29.1\exp(-0.513 B_q)$ | 423 | 0.95 | 0.49 | |
| | | $(q_t-\sigma_v)/s_u \approx 34.6\exp(-2.049 B_q)$ | 428 | 1.11 | 0.57 | |
| | | $(q_t-\sigma_v)/s_u \approx 21.5 B_q$ | 423 | 0.94 | 0.49 | |
| CPTU-OCR | Chen 和 Mayne (1996) | $OCR \approx 0.259[(q_t-\sigma_v)/\sigma_v']^{1.107}$ | 690 | 1.01 | 0.42 | |
| | | $OCR \approx 0.545[(q_t-u_2)/\sigma_v']^{0.969}$ | 542 | 1.06 | 0.57 | |
| | Kulhawy 和 Mayne (1990) | $OCR \approx 1.026 B_q^{1.077}$ | 779 | 1.28 | 0.86 | |
| | | $OCR \approx 0.32(q_t-\sigma_v)/\sigma_v'$ | 690 | 1.00 | 0.39 | |
| CPTU-$\sigma_p'/P_a$ | Chen 和 Mayne (1996) | $\sigma_p'/P_a \approx 0.227[(q_t-\sigma_v)/P_a]^{1.200}$ | 690 | 0.99 | 0.42 | |
| | | $\sigma_p'/P_a \approx 0.490[(q_t-u_2)/P_a]^{1.053}$ | 542 | 1.08 | 0.61 | |
| | | $\sigma_p'/P_a \approx 1.274 + 0.761(u_2-u_0)/P_a$ | 690 | NF | NF | — |
| | Kulhawy 和 Mayne (1990) | $\sigma_p' \approx 0.33(q_t-\sigma_v)$ | 690 | 0.97 | 0.39 | |
| | | $\sigma_p' \approx 0.54(u_2-u_0)$ | 690 | 1.18 | 0.75 | |

注：$w_n$：天然含水率（以小数形式表示，如天然含水率是 50%，那么 $w_n=0.5$）；PI：塑性指数（以小数形式表示，如塑性指数是 50%，那么 PI=0.5）；LL：液限（以小数形式表示，如液限是 50%，那么 LL=0.5）；NF：验证数据不能拟合该转换模型的趋势。

表 4.3　　砂土/砂砾土参数转换模型

| 土体参数 | 参考文献 | 转换模型 | 样本数目 | 偏差 | 变异系数 | 备注 |
|---|---|---|---|---|---|---|
| SPT − $D_r$ | Marcuson 和 Bieganousky (1977) | $D_r(\%) \approx 100[12.2 + 0.75\sqrt{222N_{60} + 2311 - 711OCR - 779(\sigma_v'/P_a) - 50C_u^2}]$ | 131 | 1.00 | 0.22 | $N_{60} < 100$ 的砂土 |
|  | Kulhawy 和 Mayne (1990) | $D_r(\%) \approx 100\sqrt{\dfrac{(N_1)_{60}}{[60 + 25\log_{10}(D_{50})]OCR^{0.18}}}$ | 195 | 1.01 | 0.21 |  |
| CPT − $D_r$ | Jamiolkowski 等 (1985) | $D_r(\%) \approx 68[\log_{10}(q_{t1}) - 1]$ | 595 | 0.84 | 0.33 | $q_{t1} < 300$ 的 NC 砂土 |
|  | Kulhawy 和 Mayne (1990) | $D_r(\%) \approx 100\sqrt{\dfrac{q_{t1}}{305Q_c \cdot OCR^{0.18}}}$ | 823 | 0.97 | 0.34 |  |
| $D_r − \varphi'$ | Bolton (1986) | $\varphi' \approx \varphi_{cv} + 3\{D_r[10 - \ln(p_f')] - 1\}$ | 431 | 1.02 | 0.047 |  |
|  | Salgado 等 (2000) | $\varphi' \approx \varphi_{cv} + 3\{D_r[8.3 - \ln(p_f')] - 0.69\}$ | 127 | 1.08 | 0.054 | 具有 10% 细颗粒的砂土 |
| SPT − $\varphi'$ | Hatanaka 和 Uchida (1996) | $\varphi' \approx \sqrt{15.4(N_1)_{60}} + 20$ | 28 | 1.05 | 0.091 | $(N_1)_{60} < 40$ 的砂土 |
|  | Chen (2004) | $\varphi' \approx 27.5 + 9.2\log_{10}[(N_1)_{60}]$ | 59 | 1.00 | 0.093 |  |
| CPT − $\varphi'$ | Robertson 和 Campanella (1983) | $\varphi' \approx \tan^{-1}[0.1 + 0.38\log_{10}(q_t/\sigma_v')]$ | 93 | 0.93 | 0.054 |  |
|  | Kulhawy 和 Mayne (1990) | $\varphi' \approx 17.6 + 11\log_{10}(q_{t1})$ | 370 | 0.98 | 0.080 |  |

注　$q_{t1} = (q_t/P_a)/(\sigma_v'/P_a)^{0.5}$；$\varphi_{cv}$：临界状态摩擦角；$p_f'$：失效时的有效应力均值，$p_f' = (\sigma_{1f}' + \sigma_{2f}' + \sigma_{3f}')/3$；$Q_c = 1.09$（低压缩性土），1.0（中等压缩性土）和 0.91（高压缩性土）。

根据相关系数的定义，$Y_1$ 和 $Y_2$ 的 Pearson 线性相关系数可以表示为

$$\rho_{12} = \frac{Cov(Y_1, Y_2)}{\sqrt{Var(Y_1)}\sqrt{Var(Y_2)}} = \frac{b\sqrt{Var(Y_2)}}{\sqrt{b^2 Var(Y_2) + s_\varepsilon^2}} \tag{4.2}$$

式中：$Var(Y)$ 为 $Y$ 的方差；$Cov(Y_1, Y_2)$ 为 $Y_1$ 和 $Y_2$ 的协方差。

从图 3.2 可以看出，当 $s_\varepsilon = 0$ 时，实测数据点 $(Y_1, Y_2)$ 将全部位于实线上，根据式 (4.2) 可以计算得到 $\rho_{12} = \pm 1$，此时 $Y_1$ 和 $Y_2$ 完全相关。给定 $Y_2 = y_2$，$Y_1 = a + b y_2$ 是完全确定的，相应的变异系数 COV$=0$。相反，如果 $s_\varepsilon$ 很大，实测数据点 $(Y_1, Y_2)$ 将非常分散于实线两侧，根据式 (4.2) 可以计算出 $\rho_{12}$ 接近于 0，此时 $Y_1$ 和 $Y_2$ 弱相关。给定 $Y_2 = y_2$，$Y_1 = a + b y_2 + \varepsilon$ 将与 $\varepsilon$ 一样具有较大的变异性。可以看出，$Y_i$ 和 $Y_j$ 间的相关系数 $\rho_{ij}$ 有效地表征了采用 $Y_i$ 估计 $Y_j$ 的有效性，这种有效性可以利用 $Y_j$ 的变异系数 COV 来衡量。当 $\rho_{ij}$ 接近于 $\pm 1$ 且 $Y_j$ 的变异系数 COV 很小时，基于 $Y_i$ 可以有效地估计 $Y_j$；相反，当 $\rho_{ij}$ 接近于 0 且 $Y_j$ 的变异系数 COV 很大时，基于 $Y_i$ 不能有效地估计 $Y_j$。Evans (1996) 给出了相关系数强弱的分级标准：$|\rho_{ij}| > 0.8$ 表示相关性很强；$0.6 \leqslant |\rho_{ij}| < 0.8$ 表示相关性较强；$0.4 \leqslant |\rho_{ij}| < 0.6$ 表示相关性中等；$0.2 \leqslant |\rho_{ij}| < 0.4$ 表示相关性较弱；$|\rho_{ij}| < 0.2$ 表示相关性很弱。

令 $Y_1 = \ln(s_u/\sigma_v')$、$Y_2 = \mathrm{LI}$ 和 $Y_3 = \ln(\mathrm{OCR})$，它们有以下两个转换模型：

$$\ln(s_u/\sigma_v') = -0.87 + 0.24\mathrm{LI} + \varepsilon$$
$$\ln(s_u/\sigma_v') = -1.47 + 0.8\ln(\mathrm{OCR}) + e \tag{4.3}$$

式中第 2 个转换模型来源于 "SHANSEP" 方法 (Ladd 和 Foott，1974)。给定式 (4.3) 中的两个转换模型，已知 $Y_2 = \mathrm{LI}$ 和 $Y_3 = \ln(\mathrm{OCR})$ 的值如何更新或估计 $Y_1 = \ln(s_u/\sigma_v')$？根据概率论，已知 $Y_1$ 和 $Y_2$ 的相关系数 $\rho_{12}$ 以及 $Y_1$ 和 $Y_3$ 的相关系数 $\rho_{13}$ 不能更新 $Y_1$，还需要已知 $Y_2$ 和 $Y_3$ 的相关系数 $\rho_{23}$。如果 $\rho_{23} = 1$（当 $\varepsilon = e$ 时可能发生），那么 $Y_2$ 和 $Y_3$ 中的一个参数是多余的，换句话说只需已知 $Y_2$ 和 $Y_3$ 中的一个参数即可更新 $Y_1$。若 $\rho_{23}$ 相对较小（当 $\varepsilon$ 和 $e$ 统计独立时可能发生），则需要同时已知 $Y_2$ 和 $Y_3$ 才能更新 $Y_1$。因此，基于 $Y_2 = y_2$，$Y_3 = y_3$，$\cdots$，$Y_n = y_n$ 更新 $Y_1$ 需要已知各变量间的相关系数 $\rho_{ij}$（$i = 1, \cdots, n-1$；$j = i+1, \cdots, n$）。由于 $\rho_{ij} = \rho_{ji}$，只需已知 $n(n-1)/2$ 个相关系数即可。

一般来说，土体参数多元分布模型的构造需要所有土体参数同时已知的数据，仅已知参数间相关系数 $\rho_{ij}$（$i = 1, \cdots, n-1$；$j = i+1, \cdots, n$）并不足以构造土体参数的多元分布模型。如构造参数 $s_u$、OCR 和 $N$ 的三元分布，需要参数（$s_u$、OCR、$N$）同时已知的数据。然而，实际工程所有土体参数同时已知的数据很少，而土体参数间相关系数则比较容易得到（如 $s_u$-$N$、$s_u$-OCR 和 $N$-OCR 之间的相关系数）。对于这种情况，采用多元正态分布构造土体参数的多元分布模型具有明显的优越性。这是因为多元正态分布只需已知土体参数间相关系数即可构造多元分布模型（Phoon 等，2012）。4.3 节将重点介绍多元正态分布及其在贝叶斯更新中的应用。

## 4.3　多元正态分布函数

众所周知，土体参数一般服从非正态分布。为了利用多元正态分布函数构造土体参数

的多元分布模型，需要将非正态分布变量转化为正态分布变量。令 $Y$ 为非正态分布变量，那么可以利用等概率变换原则 $X=\Phi^{-1}[F(Y)]$ 将 $Y$ 转化为标准正态分布变量 $X$，其中 $\Phi(\cdot)$ 为标准正态分布变量的累积分布函数，$F(\cdot)$ 为 $Y$ 的累积分布函数，$\Phi^{-1}(\cdot)$ 为标准正态分布变量累积分布函数的逆函数。同理，可以采用等概率变换原则将一系列非正态分布土体参数 $\underline{Y}=(Y_1,Y_2,\cdots,Y_n)$ 转化为标准正态分布土体参数 $\underline{X}=(X_1,X_2,\cdots,X_n)$。虽然 $X_1$，$X_2$，$\cdots$，$X_n$ 本身都是标准正态分布变量，但是它们不一定服从多元正态分布函数。即便如此，现有的研究表明多元正态分布函数可以近似地表征黏性土（Ching 等，2010；Ching 和 Phoon，2012a；Ching 和 Phoon，2013；Ching 和 Phoon，2014b；Ching 等，2014b）和砂土（Ching 等，2012）参数的多元分布模型。

根据概率论，$\underline{X}=(X_1,X_2,\cdots,X_n)$ 的多元正态密度函数 $f(\underline{X})$ 可以由 $\underline{X}$ 的相关系数矩阵 $\boldsymbol{C}$ 唯一定义：

$$f(\underline{X})=|\boldsymbol{C}|^{-\frac{1}{2}}(2\pi)^{-\frac{n}{2}}\exp\left(-\frac{1}{2}\underline{X}'\boldsymbol{C}^{-1}\underline{X}\right) \tag{4.4}$$

当 $n=3$ 时，$\underline{X}$ 的相关系数矩阵 $\boldsymbol{C}$ 可以表示为

$$\boldsymbol{C}=\begin{bmatrix} 1 & \delta_{12} & \delta_{13} \\ \delta_{12} & 1 & \delta_{23} \\ \delta_{13} & \delta_{23} & 1 \end{bmatrix} \tag{4.5}$$

式中：$\delta_{ij}$ 为 $X_i$ 和 $X_j$ 的 Pearson 线性相关系数，它不同于 $Y_i$ 和 $Y_j$ 的 Pearson 线性相关系数 $\rho_{ij}$。

可见，只需要确定各变量间的相关系数，即可唯一确定多元正态分布函数。为此，有人可能会说没必要在同一个地点同时开展不同的试验从而同时确定各变量间相关系数，而可以分别在不同的地点同时开展两种试验从而分别确定各变量间的相关系数。后者虽然也可以确定各变量间相关系数从而构造出多元正态分布函数，但是该方法得到的相关系数矩阵 $\boldsymbol{C}$ 不一定是正定的。有关相关系数矩阵正定的讨论见本章 4.5.1 节。相关系数矩阵 $\boldsymbol{C}$ 中的相关系数 $\delta_{ij}$ 可以采用下面两种方法估计得出：

（1）基于多元数据 $(X_1,X_2,\cdots,X_n)$ 采用式（4.6）直接估计。

$$\boldsymbol{C}\approx\begin{bmatrix} s_1^{-1} & & \\ & \ddots & \\ & & s_n^{-1} \end{bmatrix}\frac{1}{N-1}\sum_{k=1}^{N}\left\{\begin{bmatrix} X_1^{(k)}-m_1 \\ \vdots \\ X_n^{(k)}-m_n \end{bmatrix}\begin{bmatrix} X_1^{(k)}-m_1 \\ \vdots \\ X_n^{(k)}-m_n \end{bmatrix}^{\mathrm{T}}\right\}\begin{bmatrix} s_1^{-1} & & \\ & \ddots & \\ & & s_n^{-1} \end{bmatrix} \tag{4.6}$$

式中：$[X_1^{(k)},X_2^{(k)},\cdots,X_n^{(k)}]$ 为多元数据 $(X_1,X_2,\cdots,X_n)$ 的第 $k$ 组观测；$N$ 为多元数据 $(X_1,X_2,\cdots,X_n)$ 的总观测组数；$m_i$、$s_i$ 为 $X_i$ 的样本均值、样本标准差。

值得注意的是，该方法要求已知多元数据 $(X_1,X_2,\cdots,X_n)$。

（2）基于二元数据 $(X_i,X_j)$ 采用式（4.7）估计。

$$\delta_{ij}\approx\frac{\dfrac{1}{n_{ij}-1}\sum_{k=1}^{n_{ij}}[X_i^{(k)}-m_i][X_j^{(k)}-m_j]}{\sqrt{\dfrac{1}{n_{ij}-1}\sum_{k=1}^{n_{ij}}[X_i^{(k)}-m_i]^2\dfrac{1}{n_{ij}-1}\sum_{k=1}^{n_{ij}}[X_j^{(k)}-m_j]^2}} \tag{4.7}$$

式中：$n_{ij}$ 为二元数据 $(X_i,X_j)$ 的总观测组数。

该方法只需要已知多组二元数据 $(X_i, X_j)$，而不需要已知多元数据 $(X_1, X_2, \cdots, X_n)$。尽管该方法可能造成估计的相关系数矩阵 $\boldsymbol{C}$ 不正定，但是更加符合岩土工程实际，因为岩土工程中很少有所有岩土体参数都同时已知的情况。

多元正态分布函数的另一个优点是可以直接推出给定一个变量时另一个变量的条件分布的解析表达式。如给定 $X_2 = x_2$ 时，$X_1$ 的均值和标准差的解析表达式为

$$E[X_1 \mid X_2 = x_2] = E(X_1) + Cov(X_1, X_2) Var(X_2)^{-1} x_2 = \delta_{12} x_2$$

$$Var[X_1 \mid X_2 = x_2] = Var(X_1) - Cov(X_1, X_2) Var(X_2)^{-1} Cov(X_2, X_1) = 1 - \delta_{12}^2 \qquad (4.8)$$

从式（4.8）可以看出，当 $\delta_{12} = 0$ 即 $X_1$ 和 $X_2$ 不相关时，更新后 $X_1$ 的均值和标准差还是原来的 0 和 1。相反，当 $\delta_{12} = 1$ 即 $X_1$ 和 $X_2$ 完全相关时，更新后 $X_1$ 的均值变成了 $x_2$，标准差则变成了 0。基于 Evans（1996）对相关系数强弱的分级，$X_1$ 和 $X_2$ 相关性很弱时更新后 $X_1$ 的标准差只会降低 5%，相关性较弱、中等和较强时更新后 $X_1$ 的标准差分别降低 10%、25% 和 50%，相关性很强时更新后 $X_1$ 的标准差会降低 2/3 以上。式（4.8）所示的解析表达式可以进一步扩展到多元情况，如利用多元信息 $(aX_m + bX_n + c,\ dX_p + eX_q + f,\ \cdots)$ 更新 $\alpha X_i + \beta X_j + \gamma$ 的不确定性，其中 $a$，$b$，$\cdots$，$\beta$，$\gamma$ 为任意实数。一般来说，基于多变量信息更新后的变量变异性比基于单变量信息更新后的变量变异性小。利用多变量信息降低变量的变异性对岩土工程来说具有重要的意义。这是因为岩土可靠度设计方法经常被批评得出的设计方案与现行方法差不多，从而没有必要采用更复杂的可靠度设计方法开展岩土工程设计。利用多变量信息降低土体设计参数的变异性将表明场地勘察是一笔投资而非成本，因为土体设计参数变异性的降低可以通过可靠度设计直接转化为节约的工程费用。由于不能得到场地勘察获取的信息量与岩土工程安全系数之间的关系，许多建筑设计规范都规定了最小的钻孔数目。由于简化的可靠度设计方法中的分项系数或抗力系数与场地勘察获取的信息量无关（如不管开展多少种或多少个试验，抗力系数都为 0.5），简化的可靠度设计方法与传统的安全系数设计方法一样也不能反映场地勘察获取的信息量与节约的工程费用之间的关系。本书第 6 章将讨论不同的简化可靠度设计方法在反映场地勘察获取的信息量与节约的工程费用之间关系时的差异。

## 4.4　基于多元数据的多元正态分布函数构造

### 4.4.1　CLAY/5/345

首先以 Ching 和 Phoon（2012a）中的多元数据库 CLAY/5/345 为例阐述多元正态分布函数的构造过程。该数据库包含 5 个结构性黏土参数，它们是 $Y_1 = $ LI（液性指数）、$Y_2 = s_u$（不排水抗剪强度）、$Y_3 = s_u^{re}$（重塑不排水抗剪强度）、$Y_4 = \sigma'_p$（预固结应力）和 $Y_5 = \sigma'_v$（垂直有效应力）。数据库共有 345 组 $(Y_1, Y_2, \cdots, Y_5)$ 观测数据，这些数据来自全球范围内 37 个场地，所属黏土涵盖较宽范围的敏感度和液性指数。黏土的 OCR 值一般较小，数据库中有 97% 的观测 OCR 值小于 4。此外，裂隙黏土和有机黏土未包含在数据库中。由于 $s_u$ 值与土体的应力状态、应变率和应力路径相关，数据库中所有的 $s_u$ 值都采用 Mesri 和 Huvaj（1997）中建议的方法转换为不排水抗剪强度发挥值。表 4.4 给出了 $(Y_1,$

$Y_2, \cdots, Y_5)$ 的边缘分布函数及其统计参数。表中 $Y_i$ 的均值表示为 $\mu_i$，$Y_i$ 的变异系数表示为 $V_i$，$\ln(Y_i)$ 的均值表示为 $\lambda_i$，$\ln(Y_i)$ 的标准差表示为 $\xi_i$。

**表 4.4**　　　　　　数据库 CLAY/5/345 中 5 个土体参数的统计参数

(Ching 和 Phoon，2012b)

| 土体参数 | 分布类型 | 均值 $\mu$ | 变异系数 $V$ | $\ln Y$ 均值 $\lambda$ | $\ln Y$ 标准差 $\xi$ |
|---|---|---|---|---|---|
| $Y_1 = \mathrm{LI}$ | 对数正态 | 1.251 | 0.487 | 0.122 | 0.459 |
| $Y_2 = s_u$ | 对数正态 | 31.009kPa | 0.951 | 3.051 | 0.898 |
| $Y_3 = s_u^{re}$ | 对数正态 | 2.514kPa | 1.516 | 0.226 | 1.191 |
| $Y_4 = \sigma_p'$ | 对数正态 | 105.820kPa | 0.975 | 4.311 | 0.835 |
| $Y_5 = \sigma_v'$ | 对数正态 | 66.631kPa | 0.803 | 3.891 | 0.823 |

需要指出的是，如果数据库中每一组观测的 5 个参数不是测量自同一个地点的同一深度土体，那么表 4.4 中的单变量统计参数将没有意义。这是因为此时土体参数的总体分布不是统计均匀的。换句话说，土体参数围绕均值的变化不是随机的。如果 5 个参数不是测量自同一个地点的同一深度土体，那么土体参数围绕均值的变化可以解释为深度变化或有效应力状态变化引起的。许多土体参数都与有效应力状态有关，如 $Y_2 = s_u$ 与垂直有效应力 $Y_5 = \sigma_v'$ 和应力历史 $Y_4 = \sigma_p'$ 有关。根据上述简短的题外话，有人可能会说多元分布模型比边缘分布模型更加严谨。这是因为多元分布模型自动地抓住了 $s_u$、$\sigma_v'$ 和 $\sigma_p'$ 之间的相关性。总之，表 4.4 中的单变量统计参数或本章其他类似表格中的统计参数本来就不是打算单独使用而不管参数之间的相关性。然而，本书第 3 章给出的单变量统计参数（主要是变异系数）可以单独使用，这是因为它们都是从某一特定场地的同一深度土体测量得到的。读者将会注意到本章给出的土体参数的变异系数大于第 3 章给出的土体参数的变异系数。

当 $Y$ 服从对数正态分布时，等概率变换 $X = \Phi^{-1}[F(Y)]$ 可以由下式给出：

$$X_i = \frac{\ln(Y_i) - \lambda_i}{\xi_i} \qquad (4.9)$$

经过式 (4.9) 转换得到的 $(X_1, X_2, \cdots, X_5)$ 都服从标准正态分布。式 (4.9) 所示的等概率变换的逆变换可以表示为

$$Y_i = \exp(\lambda_i + \xi_i X_i) \qquad (4.10)$$

表 4.5 给出了采用式 (4.6) 计算的 $(X_1, X_2, \cdots, X_5)$ 的相关系数矩阵 $C$。基于相关系数矩阵 $C$，并假设 $(X_1, X_2, \cdots, X_5)$ 服从多元正态分布，即可构造 $(X_1, X_2, \cdots, X_5)$ 的多元正态分布模型。

**表 4.5**　　　$(X_1, X_2, \cdots, X_5)$ 的相关系数矩阵 $C$ (Ching 和 Phoon，2012b)

| $C$ | $X_1$ | $X_2$ | $X_3$ | $X_4$ | $X_5$ |
|---|---|---|---|---|---|
| $X_1 = \mathrm{LI}$ | 1.000 | $-0.128$ | $-0.832$ | $-0.162$ | $-0.274$ |
| $X_2 = s_u$ | $-0.128$ | 1.000 | 0.272 | 0.915 | 0.782 |
| $X_3 = s_u^{re}$ | $-0.832$ | 0.272 | 1.000 | 0.337 | 0.429 |
| $X_4 = \sigma_p'$ | $-0.162$ | 0.915 | 0.337 | 1.000 | 0.832 |
| $X_5 = \sigma_v'$ | $-0.274$ | 0.782 | 0.429 | 0.832 | 1.000 |

图 4.1 以 $Y_1 = $ LI 和 $Y_3 = s_u^{re}$ 为例给出了上述等概率变换和多元正态分布假设的有效性证明。在等概率变换之前，$Y_1$ 和 $Y_3$ 基本上服从对数正态分布；等概率变换之后，$X_1$ 和 $X_3$ 就基本上服从标准正态分布了。此外，变换前 $Y_1$ 和 $Y_3$ 表现出明显的非线性相关性；变换后，$X_1$ 和 $X_3$ 则表现出显著的线性相关性。这种线性相关性也存在于其他 $X_i$ 和 $X_j$ 之间（Ching 和 Phoon，2012a）。鉴于几乎所有的 $X_i$ 和 $X_j$ 具有线性相关性，可以认为 $(X_1, X_2, \cdots, X_5)$ 服从多元正态分布。Ching 和 Phoon（2015a）探讨了更加严谨的多元正态分布假设检验方法。

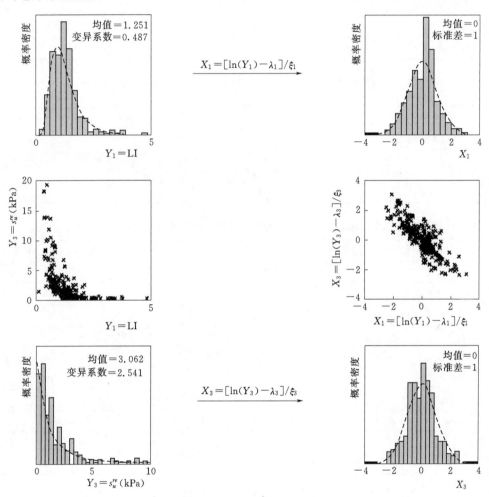

图 4.1　$(Y_1, Y_3)$ 与 $(X_1, X_3)$ 数据的对比（Ching 和 Phoon，2012a）

建立了 $(X_1, X_2, X_3, X_4, X_5)$ 的多元正态分布函数，就可以利用贝叶斯分析得到 $(X_1, X_2, X_3, X_4, X_5)$ 之间的转换模型。如给定 $(aX_m + bX_n + c,\ dX_p + eX_q + f,\ \cdots)$ 的情况下，更新后 $\alpha X_i + \beta X_j + \gamma$ 的均值和变异系数的解析表达式是什么？值得指出的是，很多土体参数都可以表示成 $\alpha X_i + \beta X_j + \gamma$ 的形式，如 $\ln(s_u/\sigma_v') = \ln(Y_2) - \ln(Y_5) = \xi_2 X_2 - \xi_5 X_5 + \lambda_2 - \lambda_5$。一旦得到更新后 $\ln(s_u/\sigma_v')$ 的均值 $m$ 和标准差 $s$，那么更新后 $s_u/\sigma_v'$ 的均值和变异系数则可以分别表示为 $\exp(m + 0.5s^2)$ 和 $[\exp(s^2) - 1]^{0.5}$。表 4.6～表 4.8 总结了 Ching

和 Phoon（2012a）基于贝叶斯分析推导的土体参数之间的转换模型。值得注意的是，表中更新后土体参数的概率分布还是对数正态分布。

**表 4.6    基于不同信息的 $s_u/\sigma_v'$ 的均值和变异系数（Ching 和 Phoon，2012b）**

| 已知信息 | 更新后 $s_u/\sigma_v'$ 的均值 | 更新后 $s_u/\sigma_v'$ 的变异系数 |
|---|---|---|
| LI | $LI^{0.241} \times 0.491$ | 0.609 |
| $\sigma_p'/\sigma_v'$ | $(\sigma_p'/\sigma_v')^{0.925} \times 0.313$ | 0.373 |
| LI, $\sigma_p'/\sigma_v'$ | $LI^{0.0612}(\sigma_p'/\sigma_v')^{0.914} \times 0.312$ | 0.371 |
| $S_t$, $\sigma_p'/\sigma_v'$ | $S_t^{0.121}(\sigma_p'/\sigma_v')^{0.823} \times 0.229$ | 0.338 |
| LI, $S_t$, $\sigma_p'/\sigma_v'$ | $LI^{-0.287}S_t^{0.192}(\sigma_p'/\sigma_v')^{0.815} \times 0.194$ | 0.323 |

**表 4.7    基于不同信息的 $\sigma_p'/P_a$ 的均值和变异系数（Ching 和 Phoon，2012b）**

| 已知信息 | 更新后 $\sigma_p'/P_a$ 的均值 | 更新后 $\sigma_p'/P_a$ 的变异系数 |
|---|---|---|
| LI | $LI^{-0.295} \times 1.070$ | 0.985 |
| LI, $S_t$ | $LI^{-1.319}S_t^{0.536} \times 0.235$ | 0.729 |
| LI, $\sigma_v'/P_a$ | $LI^{0.130}(\sigma_v'/P_a)^{0.864} \times 1.507$ | 0.485 |
| LI, $S_t$, $\sigma_v'/P_a$ | $LI^{-0.398}S_t^{0.241}(\sigma_v'/P_a)^{0.727} \times 0.722$ | 0.433 |

**表 4.8    基于不同信息的 $S_t = s_u/s_u^{re}$ 的均值和变异系数（Ching 和 Phoon，2012b）**

| 已知信息 | 更新后 $S_t$ 的均值 | 更新后 $S_t$ 的变异系数 |
|---|---|---|
| LI | $LI^{1.910} \times 20.726$ | 1.185 |
| LI, $\sigma_v'/P_a$ | $LI^{2.189}(\sigma_v'/P_a)^{0.597} \times 27.371$ | 0.982 |
| LI, $\sigma_p'/P_a$ | $LI^{2.115}(\sigma_p'/P_a)^{0.693} \times 21.256$ | 0.858 |
| LI, $\sigma_p'/\sigma_v'$ | $LI^{1.809}(\sigma_p'/\sigma_v')^{0.513} \times 16.422$ | 1.125 |
| LI, $s_u/\sigma_v'$ | $LI^{1.710}(s_u/\sigma_v')^{0.831} \times 38.262$ | 0.966 |
| LI, $s_u^{re}/P_a$ | $LI^{0.624}(s_u^{re}/P_a)^{-0.595} \times 1.642$ | 1.029 |
| LI, $s_u^{re}/P_a$, $\sigma_v'/P_a$ | $LI^{0.197}(s_u^{re}/P_a)^{-0.993}(\sigma_v'/P_a)^{0.880} \times 0.464$ | 0.599 |
| LI, $s_u/\sigma_v'$, $\sigma_p'/P_a$ | $LI^{1.939}(s_u/\sigma_v')^{0.593}(\sigma_p'/P_a)^{0.580} \times 32.797$ | 0.753 |
| LI, $s_u^{re}/P_a$, $\sigma_p'/P_a$ | $LI^{-0.0801}(s_u^{re}/P_a)^{-1.058}(\sigma_p'/P_a)^{1.006} \times 0.237$ | 0.372 |
| $s_u^{re}/P_a$, $\sigma_v'/P_a$ | $(s_u^{re}/P_a)^{-1.081}(\sigma_v'/P_a)^{0.891} \times 0.359$ | 0.601 |

从表 4.6～表 4.8 中可以看出，更新后土体参数的变异系数随给定信息的增加而减小，这些结果证明，土体设计参数的不确定性可以利用土体设计参数与场地勘察中获得的其他参数之间的多元相关性进行减小。这也进一步揭示了信息的价值。如前所述，场地勘察是一笔投资而非成本，因为场地勘察中获得的参数信息可以减小土体设计参数的不确定性，从而通过可靠度设计直接节省工程费用。此外，表 4.5 中的相关系数矩阵 $\boldsymbol{C}$ 反映了不同类型试验对减小土体参数不确定性的有效性。假设研究的土体设计参数是 $s_u(X_2)$，由于 $X_2$ 与 $X_4(\sigma_p')$ 间的相关系数 $\delta_{24}$ 最大，因此，确定预固结应力 $\sigma_p'$ 的固结试验对减小 $s_u$ 的不确定性最有效。相反，LI 对减小 $s_u$ 的不确定性帮助不大，这是因为 $X_1(\mathrm{LI})$ 与 $X_2$ 间相

关系数 $\delta_{12}$ 几乎为 0。表 4.5 中的相关系数矩阵以及表 4.6～表 4.8 中的转换模型仅对 OCR<4 的结构性黏土是有效的。

## 4.4.2　CLAY/6/535

下面进一步以 Ching 等（2014b）中的多元数据库 CLAY/6/535 为例阐述多元正态分布函数的构造过程。CLAY/6/535 数据库包含 6 个无量纲黏土参数，它们是 $Y_1=s_u/\sigma'_v$、$Y_2=$OCR、$Y_3=(q_t-\sigma_v)/\sigma'_v$、$Y_4=(q_t-u_2)/\sigma'_v$、$Y_5=(u_2-u_0)/\sigma'_v$ 和 $Y_6=B_q$。数据库共有 535 组 $(Y_1,Y_2,\cdots,Y_6)$ 观测数据，这些数据来自世界上 40 个场地，所属黏土涵盖较宽范围的 OCR 值（除了 5 个场地外大部分 OCR 值处于 1～6 范围内）和 PI 值（处于 10～168 范围内）。此外，裂隙黏土和有机黏土未包含在数据库中。由于 $s_u$ 值与土体的应力状态、应变率和应力路径相关，数据库中所有的 $s_u$ 值都转换为等效的 CIUC 值。表 4.9 给出了 $(Y_1,Y_2,\cdots,Y_6)$ 的均值、变异系数、最大值和最小值。可以看出，每个土体参数的变化范围都较宽。

表 4.9　数据库 CLAY/6/535 中 6 个土体参数的统计参数（Ching 等，2014b）

| 土体参数 | 均值 | 变异系数 | 最大值 | 最小值 |
|---|---|---|---|---|
| $Y_1=s_u/\sigma'_v$ | 0.641 | 0.596 | 3.041 | 0.105 |
| $Y_2=$OCR | 2.353 | 0.657 | 9.693 | 1.000 |
| $Y_3=(q_t-\sigma_v)/\sigma'_v$ | 9.350 | 0.678 | 58.878 | 2.550 |
| $Y_4=(q_t-u_2)/\sigma'_v$ | 5.280 | 0.885 | 43.694 | 0.605 |
| $Y_5=(u_2-u_0)/\sigma'_v$ | 4.709 | 0.574 | 21.720 | 0.236 |
| $Y_6=B_q$ | 0.556 | 0.338 | 1.072 | $-0.093$ |

对于 $(Y_1,Y_2,\cdots,Y_6)$ 而言，对数正态分布并不是合适的分布。为此，下面采用 Johnson 分布（Phoon 和 Ching，2013）拟合 $(Y_1,Y_2,\cdots,Y_6)$ 的边缘分布函数。值得注意的是，Johnson 分布包含 3 种子分布，它们分别是 SU 分布、SB 分布和 SL 分布。Johnson 分布的等概率变换 $X=\Phi^{-1}[F(Y)]$ 可以表示为

$$X_i=\begin{cases}b_x+a_x\sinh^{-1}[(Y_i-b_y)/a_y] & \text{for SU}\\ b_x+a_x\ln[(Y_i-b_y)/(a_y+b_y-Y_i)] & \text{for SB}\\ b_x^*+a_x\ln(Y_i-b_y) & \text{for SL}\end{cases} \tag{4.11}$$

式中的反双曲函数由下式给出：

$$\sinh^{-1}(x)=\ln(x+\sqrt{x^2+1}) \tag{4.12}$$

Johnson 分布的 3 种子分布中，SU 分布是一种定义在 $[-\infty,\infty]$ 范围内的无界分布；SB 分布是一种定义在 $[b_y,a_y+b_y]$ 范围内的有界分布；SL 分布则是一种定义在 $[b_y,\infty]$ 范围内的下界分布。式（4.12）所示的等概率变换的逆变换可以表示为

$$Y_i=\begin{cases}b_y+a_y\sinh[(X_i-b_x)/a_x] & \text{for SU}\\ \{b_y+(a_y+b_y)\exp[(X_i-b_x)/a_x]\}/\{1+\exp[(X_i-b_x)/a_x]\} & \text{for SB}\\ b_y+\exp[(X_i-b_x^*)/a_x] & \text{for SL}\end{cases}$$

$$\tag{4.13}$$

式中的双曲正弦函数由下式给出：

$$\sinh(x) = \frac{e^x - e^{-x}}{2} \qquad (4.14)$$

Slifker 和 Shapiro（1980）研究表明基于变量 $Y$ 的 4 个样本分位数可以有效识别 Johnson 分布的子分布类型（SU、SB、SL），并估计 4 个分布参数 $(a_x, b_x, a_y, b_y)$ （Phoon 和 Ching，2013；Ching 等，2014b）。表 4.10 给出了 $(Y_1, Y_2, \cdots, Y_6)$ 的 Johnson 分布子分布类型及分布参数。Johnson 分布可以模拟均值、变异系数、偏度和峰度具有较大变化范围变量的概率分布。有关 Johnson 分布更多细节详见文献 Phoon 和 Ching（2013）和 Ching 等（2014b）。Johnson 分布的主要优点是既能有效地模拟土体参数的概率分布又能保证等概率变换公式 $X = \Phi^{-1}[F(Y)]$ 具有解析表达式。

**表 4.10**      $(Y_1, Y_2, \cdots, Y_6)$ 的 **Johnson 子分布类型及分布参数（Ching 等，2014b）**

| 土体参数 | 子分布类型 | Johnson 分布参数 | | | |
| --- | --- | --- | --- | --- | --- |
| | | $a_x$ | $b_x$ | $a_y$ | $b_y$ |
| $Y_1 = s_u/\sigma'_v$ | SU | 1.222 | $-1.742$ | 0.141 | 0.250 |
| $Y_2 = OCR$ | SB | 0.709 | 1.887 | 12.724 | 0.954 |
| $Y_3 = (q_t - \sigma_v)/\sigma'_v$ | SU | 1.033 | $-1.438$ | 1.723 | 4.157 |
| $Y_4 = (q_t - u_2)/\sigma'_v$ | SU | 0.989 | $-1.593$ | 0.868 | 1.638 |
| $Y_5 = (u_2 - u_0)/\sigma'_v$ | SU | 0.971 | $-0.762$ | 1.116 | 3.123 |
| $Y_6 = B_q$ | SU | 2.961 | 0.049 | 0.544 | 0.570 |

采用式（4.11）即可将非正态分布的土体参数 $(Y_1, Y_2, \cdots, Y_6)$ 转化为标准正态分布的土体参数 $(X_1, X_2, \cdots, X_6)$。表 4.11 给出了基于式（4.6）计算的 $(X_1, X_2, \cdots, X_6)$ 的相关系数矩阵 $C$。表 4.12 和表 4.13 归纳了 Ching 等（2014b）基于贝叶斯分析推导的土体参数之间的转换模型。值得注意的是，更新后土体参数的概率分布仍旧是 Johnson 分布，这也是本节采用 Johnson 分布模拟土体参数的另一个原因。表 4.11 中的相关系数矩阵 $C$ 以及表 4.12 和表 4.13 中的转换模型仅对正常到中等固结并且 $OCR \leqslant 6$ 的黏土是有效的。

**表 4.11**      $(X_1, X_2, \cdots, X_6)$ 的相关系数矩阵 $C$（Ching 等，2014b）

| $C$ | $X_1$ | $X_2$ | $X_3$ | $X_4$ | $X_5$ | $X_6$ |
| --- | --- | --- | --- | --- | --- | --- |
| $X_1 = s_u/\sigma'_v$ | 1.00 | 0.62 | 0.67 | 0.61 | 0.49 | $-0.28$ |
| $X_2 = OCR$ | 0.62 | 1.00 | 0.61 | 0.51 | 0.54 | $-0.15$ |
| $X_3 = (q_t - \sigma_v)/\sigma'_v$ | 0.67 | 0.61 | 1.00 | 0.83 | 0.70 | $-0.45$ |
| $X_4 = (q_t - u_2)/\sigma'_v$ | 0.61 | 0.51 | 0.83 | 1.00 | 0.31 | $-0.77$ |
| $X_5 = (u_2 - u_0)/\sigma'_v$ | 0.49 | 0.54 | 0.70 | 0.31 | 1.00 | 0.28 |
| $X_6 = B_q$ | $-0.28$ | $-0.15$ | $-0.45$ | $-0.77$ | 0.28 | 1.00 |

**表 4.12**　　　基于不同信息的 $s_u/\sigma_v'$ 的 Johnson 子分布及参数(Ching 等，2014b)

| 已知信息 | 子分布类型 | 更新后 Johnson 分布参数 | | | |
|---|---|---|---|---|---|
| | | $a_x$ | $b_x$ | $a_y$ | $b_y$ |
| OCR | SU | 1.555 | $(-1.742-0.619X_2)/0.786$ | 0.141 | 0.250 |
| $(q_t-\sigma_v)/\sigma_v'$ | | 1.647 | $(-1.742-0.671X_3)/0.742$ | | |
| $(q_t-u_2)/\sigma_v'$ | | 1.545 | $(-1.742-0.612X_4)/0.791$ | | |
| $(u_2-u_0)/\sigma_v'$ | | 1.405 | $(-1.742-0.493X_5)/0.870$ | | |
| $(q_t-\sigma_v)/\sigma_v'$，$B_q$ | | 1.649 | $(-1.742-0.683X_3-0.0266X_6)/0.741$ | | |
| $(q_t-u_2)/\sigma_v'$，$B_q$ | | 1.669 | $(-1.742-0.972X_4-0.468X_6)/0.732$ | | |
| $(u_2-u_0)/\sigma_v'$，$B_q$ | | 1.619 | $(-1.742-0.618X_5+0.451X_6)/0.755$ | | |
| $(q_t-\sigma_v)/\sigma_v'$，$(q_t-u_2)/\sigma_v'$，$(u_2-u_0)/\sigma_v'$，$B_q$ | | 1.711 | $(-1.742-0.443X_3-0.609X_4+0.124X_5-0.422X_6)/0.714$ | | |

注　$X_2=1.887+0.709\ln[(OCR-0.954)/(13.678-OCR)]$；

$X_3=-1.438+1.033\sinh^{-1}\{[(q_t-\sigma_v)/\sigma_v'-4.157]/1.723\}$；

$X_4=-1.593+0.989\sinh^{-1}\{[(q_t-u_2)/\sigma_v'-1.638]/0.868\}$；

$X_5=-0.762+0.971\sinh^{-1}\{[(u_2-u_0)/\sigma_v'-3.123]/1.116\}$；

$X_6=0.049+2.961\sinh^{-1}[(B_q-0.570)/0.544]$。

**表 4.13**　　　基于不同信息的 OCR 的 Johnson 子分布及参数 (Ching 等，2014b)

| 已知信息 | 子分布类型 | 更新后 Johnson 分布参数 | | | |
|---|---|---|---|---|---|
| | | $a_x$ | $b_x$ | $a_y$ | $b_y$ |
| $X_3=(q_t-\sigma_v)/\sigma_v'$ | SB | 0.894 | $(0.709-0.610X_3)/0.793$ | 12.724 | 0.954 |
| $X_4=(q_t-u_2)/\sigma_v'$ | | 0.826 | $(0.709-0.514X_4)/0.858$ | | |
| $X_5=(u_2-u_0)/\sigma_v'$ | | 0.844 | $(0.709-0.542X_5)/0.840$ | | |
| $X_6=B_q$ | | 0.717 | $(0.709+0.148X_6)/0.989$ | | |
| $X_3=(q_t-\sigma_v)/\sigma_v'$，$X_6=B_q$ | | 0.909 | $(0.709-0.681X_3-0.158X_6)/0.780$ | | |
| $X_4=(q_t-u_2)/\sigma_v'$，$X_6=B_q$ | | 0.927 | $(0.709-0.982X_4-0.608X_6)/0.765$ | | |
| $X_3=(q_t-\sigma_v)/\sigma_v'$，$X_4=(q_t-u_2)/\sigma_v'$，$X_5=(u_2-u_0)/\sigma_v'$，$X_6=B_q$ | | 0.944 | $(0.709-0.257X_3-0.602X_4-0.0589X_5-0.415X_6)/0.751$ | | |

# 4.5　基于二元数据的多元正态分布函数构造

## 4.5.1　CLAY/7/6310

首先以 Ching 和 Phoon（2013）中的二元数据库 CLAY/7/6310 为例阐述多元正态分

布函数的构造过程。CLAY/7/6310 数据库包含大量不同试验方法获得的 $s_u$ 数据，这些数据收集于世界范围内 164 份文献。数据库中的黏土涵盖较宽范围的 OCR 值（大部分 OCR 值处于 1~10 范围内，92% 的文献 OCR 值小于 10，而 99.5% 的文献 OCR 值小于 50）和较宽范围的 $S_t$ 值（大部分场地的 $S_t$ 值处于 1 至数十或数百范围内）。数据库中的 7 个黏土参数分别对应于 7 种试验方法得到的标准化 $s_u$ 值：$Y_1 = (\bar{s}_u/\sigma_v')_{CIUC}$、$Y_2 = (\bar{s}_u/\sigma_v')_{CK_0UC}$、$Y_3 = (\bar{s}_u/\sigma_v')_{CK_0UE}$、$Y_4 = (\bar{s}_u/\sigma_v')_{DSS}$、$Y_5 = (\bar{s}_u/\sigma_v')_{FV}$、$Y_6 = (\bar{s}_u/\sigma_v')_{UU}$ 和 $Y_7 = (\bar{s}_u/\sigma_v')_{UC}$，其中 CIUC 表示各向同性固结不排水压缩试验，$CK_0UC$ 表示 $K_0$ 固结不排水压缩试验，$CK_0UE$ 表示 $K_0$ 固结不排水拉伸试验，DSS 表示简单的直接剪切试验，FV 表示现场十字板试验，UU 表示不固结不排水压缩试验，UC 表示无侧限压缩试验。如式（4.15）所示，PI、OCR 和应变率都参与了不排水抗剪强度的标准化过程，它们的系数 $a_{PI}$、$a_{OCR}$ 和 $a_{rate}$ 见表 4.14。虽然系数 $a_{PI}$、$a_{OCR}$ 和 $a_{rate}$ 是试验方法的函数，但是试验方法没有直接参与不排水抗剪强度的标准化过程。表 4.15 给出了黏土参数 $Y_i$ 的统计参数。

$$\bar{s}_u/\sigma_v' = (s_u/\sigma_v')/(a_{OCR} a_{rate} a_{PI}) \tag{4.15}$$

**表 4.14**　　**系数 $a_{OCR}$、$a_{rate}$ 和 $a_{PI}$ 的计算公式（Ching 和 Phoon，2013）**

| 系　数 | 试验方法 | 计　算　公　式 |
|---|---|---|
| $a_{OCR} = OCR^A$ | CIUC | $OCR^{0.602}$ |
| | $CK_0UC$ | $OCR^{0.681}$ |
| | $CK_0UE$ | $OCR^{0.898}$ |
| | DSS | $OCR^{0.749}$ |
| | FV | $OCR^{0.902}$ |
| | UU | $OCR^{0.800}$ |
| | UC | $OCR^{0.932}$ |
| $a_{rate}$ | | $1.0 + 0.1\log_{10}$（小时应变率/1%） |
| $a_{PI} = (PI/20)^\beta$ | CIUC | $(PI/20)^0 = 1$ |
| | $CK_0UC$ | $(PI/20)^0 = 1$ |
| | $CK_0UE$ | $(PI/20)^{0.178}$ |
| | DSS | $(PI/20)^{0.0655}$ |
| | FV | $(PI/20)^{0.124}$ |
| | UU | $(PI/20)^0 = 1$ |
| | UC | $(PI/20)^0 = 1$ |

由 Ching 等（2013）可知，每一种试验方法获得的 $Y_i$ 数据点基本上服从对数正态分布，即 $X_i = [\ln(Y_i) - \lambda_i]/\xi_i$ 基本上服从标准正态分布，其中 $\lambda_i$ 是 $\ln(Y_i)$ 的样本均值，$\xi_i$ 是 $\ln(Y_i)$ 的样本标准差，它们的具体数值见表 4.15。表 4.16 给出了任意两种试验方法得到的不排水抗剪强度（$X_i$，$X_j$）的观测组数。表中对角线为单种试验方法得到的不排水抗剪强度 $X_i$ 的观测组数，与表 4.15 中第 3 列样本数目数据相同。对于数据库 CLAY/7/6310 来说，$(X_1, X_2, \cdots, X_7)$ 的相关系数矩阵 $C$ 不能像数据库 CLAY/5/345 和 CLAY/6/535 一样采用式（4.6）计算，这是因为数据库 CLAY/7/6310 不是所有参数都同时已

知的多元数据。因此，相关系数矩阵 $C$ 中的相关系数 $\delta_{ij}$ 只能基于二元数据（$X_i$，$X_j$）采用式（4.7）计算。当（$X_i$，$X_j$）的样本数目较小时，如表4.16中实线框所示的与 $X_5$ 有关的试验组合以及虚线框所示的试验组合（$X_2$，$X_6$）、（$X_2$，$X_7$）、（$X_3$，$X_6$）、（$X_3$，$X_7$）、（$X_4$，$X_6$）和（$X_4$，$X_7$），基于有限数据估计的相关系数 $\delta_{ij}$ 将具有较大的误差。为此，Ching和Phoon（2013）提出了基于有限数据合理地估计 $\delta_{ij}$ 的方法。据此得到的（$X_1$，$X_2$，…，$X_7$）的相关系数矩阵 $C$ 见表4.17。值得注意的是，岩土工程中试验数据通常非常有限，基于有限试验数据如何准确地估计土体参数的统计参数是岩土工程可靠度分析一个富有挑战性的问题。

**表 4.15**　　　　　　　　**数据库 CLAY/7/6310 中 7 个土体参数的统计参数**

**（Ching 和 Phoon，2013）**

| | 土体参数 | 样本数目 | 均值 | 变异系数 | 最小值 | 最大值 | lnY 均值 $\lambda$ | lnY 标准差 $\xi$ |
|---|---|---|---|---|---|---|---|---|
| $Y_1$ | $(\bar{s}_u/\sigma'_v)_{CIUC}$ | 637 | 0.404 | 0.316 | 0.120 | 0.82 | −0.955 | 0.315 |
| $Y_2$ | $(\bar{s}_u/\sigma'_v)_{CK_0UC}$ | 555 | 0.350 | 0.318 | 0.063 | 1.72 | −1.090 | 0.280 |
| $Y_3$ | $(\bar{s}_u/\sigma'_v)_{CK_0UE}$ | 224 | 0.184 | 0.324 | 0.055 | 0.45 | −1.748 | 0.355 |
| $Y_4$ | $(\bar{s}_u/\sigma'_v)_{DSS}$ | 573 | 0.241 | 0.399 | 0.081 | 1.83 | −1.468 | 0.277 |
| $Y_5$ | $(\bar{s}_u/\sigma'_v)_{FV}$ | 1057 | 0.275 | 0.416 | 0.068 | 1.25 | −1.363 | 0.372 |
| $Y_6$ | $(\bar{s}_u/\sigma'_v)_{UU}$ | 435 | 0.243 | 0.504 | 0.067 | 1.44 | −1.523 | 0.463 |
| $Y_7$ | $(\bar{s}_u/\sigma'_v)_{UC}$ | 387 | 0.223 | 0.611 | 0.039 | 1.01 | −1.640 | 0.523 |

**表 4.16**　　　　　　　**（$X_i$，$X_j$）的观测组数（Ching 和 Phoon，2013）**

| 观测组数 | $X_1$(CIUC) | $X_2$(CK$_0$UC) | $X_3$(CK$_0$UE) | $X_4$(DSS) | $X_5$(FV) | $X_6$(UU) | $X_7$(UC) |
|---|---|---|---|---|---|---|---|
| $X_1$(CIUC) | 637 | 129 | 30 | 24 | 20 | 84 | 38 |
| $X_2$(CK$_0$UC) | 129 | 555 | 69 | 135 | 79 | 13 | 14 |
| $X_3$(CK$_0$UE) | 30 | 69 | 224 | 66 | 43 | 7 | 14 |
| $X_4$(DSS) | 24 | 135 | 66 | 573 | 58 | 18 | 14 |
| $X_5$(FV) | 20 | 79 | 43 | 58 | 1057 | 123 | 140 |
| $X_6$(UU) | 84 | 13 | 7 | 18 | 123 | 435 | 53 |
| $X_7$(UC) | 38 | 14 | 14 | 14 | 140 | 53 | 387 |

**表 4.17**　　　　　**（$X_1$，$X_2$，…，$X_7$）的相关系数矩阵 C（Ching 和 Phoon，2013）**

| $C$ | $X_1$(CIUC) | $X_2$(CK$_0$UC) | $X_3$(CK$_0$UE) | $X_4$(DSS) | $X_5$(FV) | $X_6$(UU) | $X_7$(UC) |
|---|---|---|---|---|---|---|---|
| $X_1$(CIUC) | 1.00 | 0.84 | 0.47 | 0.72 | 0.63 | 0.88 | 0.85 |
| $X_2$(CK$_0$UC) | 0.84 | 1.00 | 0.39 | 0.78 | 0.35 | 0.70 | 0.60 |
| $X_3$(CK$_0$UE) | 0.47 | 0.39 | 1.00 | 0.45 | 0.41 | 0.40 | 0.30 |
| $X_4$(DSS) | 0.72 | 0.78 | 0.45 | 1.00 | 0.73 | 0.60 | 0.50 |
| $X_5$(FV) | 0.63 | 0.35 | 0.41 | 0.73 | 1.00 | 0.64 | 0.46 |
| $X_6$(UU) | 0.88 | 0.70 | 0.40 | 0.60 | 0.64 | 1.00 | 0.68 |
| $X_7$(UC) | 0.85 | 0.60 | 0.30 | 0.50 | 0.46 | 0.68 | 1.00 |

基于相关系数矩阵 $C$，Ching 和 Phoon（2015b）进一步推导了给定其他试验方法的 $s_u$ 值情况下 $\ln[s_u(\text{mob})]$ 的更新后均值 $m$ 和标准差 $s$ 的方程，其中 $s_u(\text{mob})$ 为现场大尺度不排水剪切失效时获得的不排水抗剪强度（Mesri 和 Huvaj，2007）：

$$m = \text{更新后} \ln[s_u(\text{mob})/\sigma_v'] \text{的均值}$$
$$= a_0 + a_1 \ln[s_u(\text{CIUC})/\sigma_v'] + a_2 \ln[s_u(\text{CK}_0\text{UC})/\sigma_v'] + a_3 \ln[s_u(\text{CK}_0\text{UE})/\sigma_v']$$
$$+ a_4 \ln[s_u(\text{DSS})/\sigma_v'] + a_5 \ln[s_u(\text{FV})/\sigma_v'] + a_6 \ln[s_u(\text{UU})/\sigma_v'] + a_7 \ln[s_u(\text{UC})/\sigma_v']$$
$$+ \Lambda' \ln(\text{OCR}) + \beta' \ln(\text{PI}/20) + \ln(a_{\text{rate}})$$

$$s^2 = \text{更新后} \ln[s_u(\text{mob})/\sigma_v'] \text{的方差} \tag{4.16}$$

式中：$s_u$（试验方法）为该种试验方法的不排水抗剪强度；$a_{\text{rate}}$ 为表 4.14 所示的应变率修正系数。

Ching 和 Phoon（2015b）推导了 3 种失效模式下 $\ln[s_u(\text{mob})]$ 的均值 $m$ 和标准差 $s$ 的方程：①堤坝失效；②主动状态失效；③被动状态失效。表 4.18 给出了堤坝失效时式（4.16）中计算 $\ln[s_u(\text{mob})]$ 均值 $m$ 的系数 $(a_0, a_1, a_2, a_3, a_4, a_5, a_6, a_7, \Lambda', \beta')$ 和标准差 $s$。其他两种失效模式的系数 $(a_0, a_1, a_2, a_3, a_4, a_5, a_6, a_7, \Lambda', \beta')$ 和标准差 $s$ 见文献 Ching 和 Phoon（2015b）。

表 4.18　　堤坝失效时式（4.16）中 $(a_0, a_1, a_2, a_3, a_4, a_5, a_6, a_7, \Lambda', \beta')$ 和 $s$
（Ching 和 Phoon，2015b）

| 已知信息 | $a_0$ | $a_1$ | $a_2$ | $a_3$ | $a_4$ | $a_5$ | $a_6$ | $a_7$ | $\Lambda'$ | $\beta'$ | $s$ |
|---|---|---|---|---|---|---|---|---|---|---|---|
| 无 | $-1.435$ | | | | | | | | 0.776 | 0.081 | 0.251 |
| 1 种试验方法 | | | | | | | | | | | |
| CIUC | $-0.827$ | 0.636 | | | | | | | 0.393 | 0.081 | 0.151 |
| CK$_0$UC | $-0.612$ | | 0.755 | | | | | | 0.262 | 0.081 | 0.136 |
| CK$_0$UE | $-0.469$ | | | 0.553 | | | | | 0.279 | $-0.017$ | 0.157 |
| DSS | $-0.278$ | | | | 0.788 | | | | 0.185 | 0.030 | 0.124 |
| FV | $-0.956$ | | | | | 0.399 | | | 0.416 | 0.032 | 0.203 |
| UU | $-0.942$ | | | | | | 0.363 | | 0.486 | 0.081 | 0.187 |
| UC | $-1.047$ | | | | | | | 0.263 | 0.531 | 0.081 | 0.210 |
| 2 种试验方法 | | | | | | | | | | | |
| CK$_0$UC 和 CK$_0$UE | $-0.155$ | | 0.568 | 0.378 | | | | | 0.049 | 0.014 | 0.056 |
| CIUC 和 FV | $-0.779$ | 0.563 | | | | 0.099 | | | 0.348 | 0.069 | 0.149 |
| CIUC 和 UU | $-0.837$ | 0.740 | | | | | $-0.080$ | | 0.395 | 0.081 | 0.150 |
| CIUC 和 UC | $-0.856$ | 0.955 | | | | | | $-0.226$ | 0.411 | 0.081 | 0.138 |
| CK$_0$UC 和 FV | $-0.454$ | | 0.649 | | | 0.228 | | | 0.128 | 0.053 | 0.110 |
| CK$_0$UC 和 UU | $-0.604$ | | 0.657 | | | | 0.085 | | 0.261 | 0.081 | 0.133 |
| CK$_0$UC 和 UC | $-0.604$ | | 0.719 | | | | | 0.032 | 0.256 | 0.081 | 0.135 |
| DSS 和 FV | $-0.263$ | | | | 0.850 | $-0.062$ | | | 0.196 | 0.033 | 0.123 |

| 已知信息 | $a_0$ | $a_1$ | $a_2$ | $a_3$ | $a_4$ | $a_5$ | $a_6$ | $a_7$ | $\Lambda'$ | $\beta'$ | $s$ |
|---|---|---|---|---|---|---|---|---|---|---|---|
| DSS 和 UU | $-0.292$ | | | | 0.663 | | 0.125 | | 0.179 | 0.038 | 0.115 |
| DSS 和 UC | $-0.271$ | | | | 0.720 | | | 0.073 | 0.169 | 0.034 | 0.120 |
| FV 和 UU | $-0.848$ | | | | | 0.187 | 0.267 | | 0.394 | 0.058 | 0.179 |
| FV 和 UC | $-0.838$ | | | | | 0.291 | | 0.168 | 0.357 | 0.045 | 0.187 |
| UU 和 UC | $-0.906$ | | | | | | 0.299 | 0.083 | 0.459 | 0.081 | 0.184 |
| 3 种试验方法 | | | | | | | | | | | |
| CIUC、FV 和 UU | $-0.783$ | 0.698 | | | | 0.120 | $-0.117$ | | 0.341 | 0.066 | 0.147 |
| CIUC、FV 和 UC | $-0.825$ | 0.892 | | | | 0.062 | | $-0.214$ | 0.382 | 0.074 | 0.137 |
| CIUC、UU 和 UC | $-0.882$ | 1.226 | | | | | $-0.169$ | $-0.262$ | 0.418 | 0.081 | 0.133 |
| $CK_0UC$、FV 和 UU | $-0.428$ | | 0.728 | | | 0.278 | $-0.088$ | | 0.100 | 0.047 | 0.107 |
| $CK_0UC$、FV 和 UC | $-0.453$ | | 0.682 | | | 0.243 | | $-0.035$ | 0.126 | 0.051 | 0.109 |
| $CK_0UC$、UU 和 UC | $-0.603$ | | 0.656 | | | | 0.084 | 0.002 | 0.260 | 0.081 | 0.133 |
| DSS、FV 和 UU | $-0.260$ | | | | 0.772 | $-0.150$ | 0.163 | | 0.203 | 0.049 | 0.110 |
| DSS、FV 和 UC | $-0.250$ | | | | 0.796 | $-0.085$ | | 0.080 | 0.182 | 0.040 | 0.118 |
| DSS、UU 和 UC | $-0.288$ | | | | 0.657 | | 0.109 | 0.024 | 0.175 | 0.038 | 0.115 |
| FV、UU 和 UC | $-0.817$ | | | | | 0.182 | 0.210 | 0.077 | 0.372 | 0.059 | 0.177 |

下面以一个例子说明表 4.18 中各种系数的使用方法。假设一个黏土场地 11m 深的土体 FV 和 UC 试验得到的不排水抗剪强度分别为 $s_u(\text{FV})=33.8\text{kPa}$ 和 $s_u(\text{UC})=25\text{kPa}$，该深度土体的其他参数为 $\sigma'_v=98.4\text{kPa}$、$\text{OCR}=2.06$ 和 $\text{PI}=10$。根据上述信息，基于表 4.18 中的系数可以推出堤坝失效时 $\ln[s_u(\text{mob})/\sigma'_v]$ 的均值 $m$ 和标准差 $s$：

$$\left.\begin{array}{l} m=a_0+a_5\ln\left[\dfrac{s_u(\text{FV})}{\sigma'_v}\right]+a_7\ln\left[\dfrac{s_u(\text{UC})}{\sigma'_v}\right]+\Lambda'\ln(\text{OCR})+\beta'\ln(\text{PI}/20)+\ln(a_{\text{rate}}) \\ s=0.187 \end{array}\right\} \quad (4.17)$$

式中：$a_0=-0.838$；$a_5=0.291$；$a_7=0.168$；$\Lambda'=0.357$；$\beta'=0.045$。

由于试验 CIUC、$CK_0UC$、$CK_0UE$、DSS 和 UU 得到的不排水抗剪强度未知，因此系数 $a_1=a_2=a_3=a_4=a_6=0$。将上述系数以及 $s_u(\text{FV})$、$s_u(\text{UC})$、$\sigma'_v$、OCR 和 PI 的值代入式 (4.17) 最终得到 $m=-1.135+\ln(a_{\text{rate}})$ 和 $s=0.187$。由于 $s_u(\text{mob})/\sigma'_v$ 服从对数正态分布，$s_u(\text{mob})/\sigma'_v$ 的均值和变异系数分别为 $\exp(m+s^2/2)=0.327a_{\text{rate}}$ 和 $[\exp(s^2)-1]^{0.5}=0.189$。

## 4.5.2　CLAY/10/7490

下面进一步以 Ching 和 Phoon （2014a，2014b） 中的二元数据库 CLAY/10/7490 为例阐述多元正态分布函数的构造过程。CLAY/10/7490 数据库收集了世界范围 251 份文献的黏土参数，每份文献包含的数据点数目从 1 变化到 419，平均每份文献包含数据点 30 个。数据库中的黏土涵盖较宽范围的 OCR 值 （大部分 OCR 值处于 1~10 范围内）、较宽范围的 $S_t$ 值 （大部分场地的 $S_t$ 值处于 1 至数十或数百范围内）和较宽范围的 PI 值 （大部分 PI 值处于 8～100 范围内）。数据库包含以下 10 个无量纲黏土参数：$Y_1 = \ln(LL)$、$Y_2 = \ln(PI)$、$Y_3 = LI$、$Y_4 = \ln(\sigma'_v/P_a)$、$Y_5 = \ln(\sigma'_p/P_a)$、$Y_6 = \ln(s_u/\sigma'_v)$、$Y_7 = \ln(S_t)$、$Y_8 = B_q$、$Y_9 = \ln[(q_t - \sigma_v)/\sigma'_v]$ 和 $Y_{10} = \ln[(q_t - u_2)/\sigma'_v]$。对于 $Y_6$，所有的 $s_u$ 数据都采用文献 Mesri 和 Huvaj（2007）提出的方法转换为不排水抗剪强度发挥值。表 4.19 给出了黏土参数 $Y_i$ 的统计参数。

表 4.19　数据库 CLAY/10/7490 中 10 个土体参数的统计参数（Ching 和 Phoon，2014a）

| 土体参数 | 样本数目 | 均值 | 变异系数 | 最小值 | 最大值 |
|---|---|---|---|---|---|
| LL | 3822 | 67.70 | 0.80 | 18.10 | 515.00 |
| PI | 4265 | 39.70 | 1.08 | 1.90 | 363.00 |
| LI | 3661 | 1.01 | 0.78 | −0.75 | 6.45 |
| $\sigma'_v/P_a$ | 3370 | 1.80 | 1.47 | 4.13E−3 | 38.74 |
| $\sigma'_p/P_a$ | 2028 | 4.37 | 2.31 | 0.094 | 193.30 |
| $s_u/\sigma'_v$ | 3538 | 0.51 | 1.25 | 3.70E−3 | 7.78 |
| $S_t$ | 1589 | 35.00 | 2.88 | 1.00 | 1467.00 |
| $B_q$ | 1016 | 0.58 | 0.35 | 0.01 | 1.17 |
| $(q_t - \sigma_v)/\sigma'_v$ | 862 | 8.90 | 1.17 | 0.48 | 95.98 |
| $(q_t - u_2)/\sigma'_v$ | 668 | 5.34 | 1.37 | 0.61 | 108.20 |
| OCR | 3531 | 3.85 | 1.56 | 1.00 | 60.23 |

Ching 和 Phoon（2014b）采用 Johnson 分布拟合（$Y_1, Y_2, \cdots, Y_{10}$）的边缘分布，相应的 Johnson 子分布类型及其参数见表 4.20。此外，图 4.2 还给出了 Johnson 分布的分布图和观测数据的直方图。基于表 4.20 中的 Johnson 子分布类型及其参数，采用式（4.11）的等概率变换公式即可将 $Y_i$ 转化为标准正态分布变量 $X_i$。

表 4.20　　（$Y_1, Y_2, \cdots, Y_{10}$）的 Johnson 子分布类型及其参数（Ching 和 Phoon，2014b）

| 土体参数 | 子分布类型 | Johnson 分布参数 | | | |
|---|---|---|---|---|---|
| | | $a_X$ | $b_X$ | $a_Y$ | $b_Y$ |
| $Y_1[\ln(LL)]$ | SU | 1.636 | −1.166 | 0.616 | 3.479 |
| $Y_2[\ln(PI)]$ | SU | 1.433 | −0.265 | 0.918 | 3.178 |
| $Y_3(LI)$ | SU | 1.434 | −1.068 | 0.629 | 0.358 |
| $Y_4[\ln(\sigma'_v/P_a)]$ | SB | 3.150 | 0.256 | 14.458 | −7.010 |
| $Y_5[\ln(\sigma'_p/P_a)]$ | SB | 4.600 | 21.548 | 576.785 | −4.793 |
| $Y_6[\ln(s_u/\sigma'_v)]$ | SU | 2.039 | −0.517 | 1.427 | −1.461 |
| $Y_7[\ln(S_t)]$ | SU | 2.393 | −2.080 | 1.885 | 0.461 |
| $Y_8(B_q)$ | SU | 2.676 | 0.161 | 0.513 | 0.615 |
| $Y_9\{\ln[(q_t - \sigma_v)/\sigma'_v]\}$ | SU | 1.340 | −0.572 | 0.659 | 1.476 |
| $Y_{10}\{\ln[(q_t - u_2)/\sigma'_v]\}$ | SU | 2.134 | −1.102 | 1.154 | 0.657 |

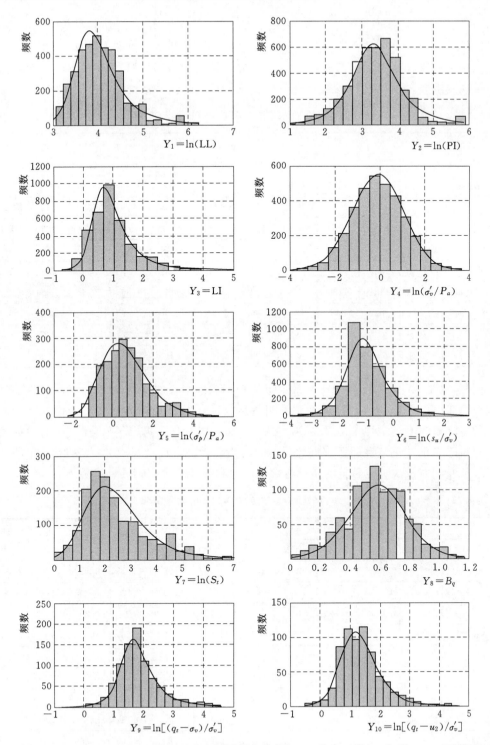

图 4.2 （$Y_1, Y_2, \cdots, Y_{10}$）的经验直方图及拟合的 Johnson 分布（Ching 和 Phoon，2014b）

表 4.21 给出了任意两参数（$X_i$，$X_j$）的观测组数，表中对角线为参数 $X_i$ 的观测组数，等于表 4.19 中第 2 列样本数目数据。可以看出，大部分（$X_i$，$X_j$）的观测组数大于

400，只有表中灰色框中（$X_7$，$X_8$）、（$X_7$，$X_9$）和（$X_7$，$X_{10}$）的观测组数在 200 左右，可见实际工程中很少同时测量黏土参数的 $S_t$ 值和 CPTU 数据。此外，表 4.21 中的 3 个矩形框从左到右依次对应黏土的指标参数、应力和强度参数、CPTU 参数。指标参数具有最大的观测组数，而 CPTU 参数具有最小的观测组数。

**表 4.21** （$X_i$，$X_j$）的观测组数（Ching 和 Phoon，2014b）

| 观测组数 | $X_1$ | $X_2$ | $X_3$ | $X_4$ | $X_5$ | $X_6$ | $X_7$ | $X_8$ | $X_9$ | $X_{10}$ |
|---|---|---|---|---|---|---|---|---|---|---|
| $X_1[\ln(LL)]$ | 3822 | 3822 | 3412 | 2084 | 1362 | 1835 | 1184 | 680 | 618 | 541 |
| $X_2[\ln(PI)]$ | 3822 | 4265 | 3424 | 2169 | 1433 | 2173 | 1203 | 688 | 626 | 549 |
| $X_3(LI)$ | 3412 | 3424 | 3661 | 1999 | 1314 | 1709 | 1279 | 660 | 598 | 521 |
| $X_4[\ln(\sigma_v'/P_a)]$ | 2084 | 2169 | 1999 | 3370 | 1944 | 2419 | 853 | 965 | 862 | 668 |
| $X_5[\ln(\sigma_p'/P_a)]$ | 1362 | 1433 | 1314 | 1944 | 2028 | 1423 | 554 | 780 | 691 | 543 |
| $X_6[\ln(s_u/\sigma_v')]$ | 1835 | 2173 | 1709 | 2419 | 1423 | 3532 | 715 | 595 | 533 | 525 |
| $X_7[\ln(S_t)]$ | 1184 | 1203 | 1279 | 853 | 554 | 715 | 1589 | 240 | 230 | 190 |
| $X_8(B_q)$ | 680 | 688 | 660 | 965 | 780 | 595 | 240 | 1016 | 862 | 668 |
| $X_9\{\ln[(q_t-\sigma_v)/\sigma_v']\}$ | 618 | 626 | 598 | 862 | 691 | 533 | 230 | 862 | 862 | 590 |
| $X_{10}\{\ln[(q_t-u_2)/\sigma_v']\}$ | 541 | 549 | 521 | 668 | 543 | 525 | 190 | 668 | 590 | 668 |

同理，$(X_1,X_2,\cdots,X_{10})$ 的相关系数矩阵 $C$ 不能采用式（4.6）计算。为此，基于二元数据 $(X_i,X_j)$ 采用式（4.7）计算 $C$ 中的相关系数 $\delta_{ij}$。然而，该方法将不能保证得到的相关系数矩阵 $C$ 具有正定性。但是，Ching 和 Phoon（2014b）提出了 Bootstrap 方法处理相关系数矩阵 $C$ 的非正定性问题。据此得到的相关系数矩阵 $C$ 见表 4.22，表 4.22 中的 3 个矩形框从左到右依次对应黏土的指标参数、应力和强度参数、CPTU 参数。

**表 4.22** $(X_1,X_2,\cdots,X_{10})$ 的相关系数矩阵 $C$（Ching 和 Phoon，2014b）

| $C$ | $X_1$ | $X_2$ | $X_3$ | $X_4$ | $X_5$ | $X_6$ | $X_7$ | $X_8$ | $X_9$ | $X_{10}$ |
|---|---|---|---|---|---|---|---|---|---|---|
| $X_1[\ln(LL)]$ | 1.00 | 0.91 | -0.25 | -0.24 | -0.30 | 0.10 | -0.21 | 0.09 | 0.09 | 0.07 |
| $X_2[\ln(PI)]$ | 0.91 | 1.00 | -0.32 | -0.21 | -0.27 | 0.04 | -0.25 | 0.11 | 0.00 | -0.01 |
| $X_3(LI)$ | -0.25 | -0.32 | 1.00 | -0.49 | -0.57 | 0.01 | 0.59 | -0.05 | 0.06 | -0.05 |
| $X_4[\ln(\sigma_v'/P_a)]$ | -0.24 | -0.21 | -0.49 | 1.00 | 0.72 | -0.50 | 0.00 | 0.20 | -0.38 | -0.32 |
| $X_5[\ln(\sigma_p'/P_a)]$ | -0.30 | -0.27 | -0.57 | 0.72 | 1.00 | 0.01 | 0.06 | -0.03 | 0.11 | 0.04 |
| $X_6[\ln(s_u/\sigma_v')]$ | 0.10 | 0.04 | 0.01 | -0.50 | 0.01 | 1.00 | 0.18 | -0.24 | 0.73 | 0.63 |
| $X_7[\ln(S_t)]$ | -0.21 | -0.25 | 0.59 | 0.00 | 0.06 | 0.18 | 1.00 | 0.18 | 0.15 | -0.08 |
| $X_8(B_q)$ | 0.09 | 0.11 | -0.05 | 0.20 | -0.03 | -0.24 | 0.18 | 1.00 | -0.45 | -0.63 |
| $X_9\{\ln[(q_t-\sigma_v)/\sigma_v']\}$ | 0.09 | 0.00 | 0.06 | -0.38 | 0.11 | 0.73 | 0.15 | -0.45 | 1.00 | 0.74 |
| $X_{10}\{\ln[(q_t-u_2)/\sigma_v']\}$ | 0.07 | -0.01 | -0.05 | -0.32 | 0.04 | 0.63 | -0.08 | -0.63 | 0.74 | 1.00 |

多元正态分布的一个显著优点是它能非常方便地模拟服从已知分布的多元土体参数。令 $U$ 为包含 10 个独立标准正态分布样本点的 $10\times1$ 向量。将表 4.22 中 $10\times10$ 相关系数

矩阵 $C$ 进行乔列斯基分解 $C=L\times L^T$ 得到下三角矩阵 $L$，那么 $\underline{X}=(X_1,X_2,\cdots,X_{10})=L\times\underline{U}$ 即为包含 10 个相关标准正态分布样本点的 $10\times1$ 向量。相应地，包含 10 个相关非正态分布样本点的 $10\times1$ 向量 $\underline{Y}=(Y_1,Y_2,\cdots,Y_{10})$ 可以基于 $\underline{X}$ 采用式（4.13）得到。$\underline{Y}=(Y_1,Y_2,\cdots,Y_{10})$ 即为模拟的多元土体参数。其他土体参数如 $\ln(OCR)$、$\ln(s_u/\sigma'_p)$、$N_{kT}$ 和 $N_{kE}$ 的模拟数据可以基于 $\underline{Y}$ 采用式（4.18）得到：

$$
\left.
\begin{aligned}
\ln(OCR) &= \ln(\sigma'_p/P_a) - \ln(\sigma'_v/P_a) = Y_5 - Y_4 \\
\ln(s_u/\sigma'_p) &= \ln(s_u/\sigma'_v) + \ln(\sigma'_v/P_a) - \ln(\sigma'_p/P_a) = Y_6 + Y_4 - Y_5 \\
\ln(N_{kT}) &= \ln[(q_t-\sigma_v)/s_u] = \ln[(q_t-\sigma_v)/\sigma'_v] - \ln(s_u/\sigma'_v) = Y_9 - Y_6 \\
\ln(N_{kE}) &= \ln[(q_t-u_2)/s_u] = \ln[(q_t-u_2)/\sigma'_v] - \ln(s_u/\sigma'_v) = Y_{10} - Y_6
\end{aligned}
\right\}
\tag{4.18}
$$

图 4.3 以 $s_u/\sigma'_v$ 和 $(q_t-\sigma_v)/\sigma'_v$ 的相关性为例比较了实测数据和模拟数据的差异。从图中可以看出，对于采用三轴试验获得的不排水抗剪强度 $s_u$，大部分数据点都落入了 Rad 和 Lunne（1988）提出的 $8\leqslant N_{kT}\leqslant29$ 范围内，其中 $N_{kT}=(q_t-\sigma_v)/s_u$。不管在变化趋势还是离散性方面，模拟数据得到的中位数和 95％置信区间与实测数据的中位数和 95％置信区间都吻合良好。有关其他参数的实测数据和模拟数据对比详见 Ching 和 Phoon（2014b）。与 $s_u/\sigma'_v$ 和 $(q_t-\sigma_v)/\sigma'_v$ 一样，其他参数的模拟数据在变化趋势和离散性方面都与实测数据吻合良好。

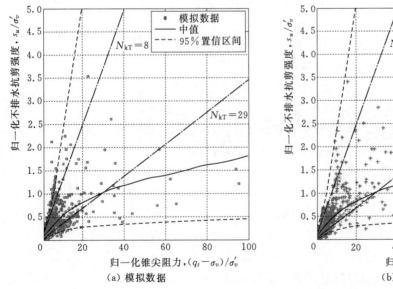
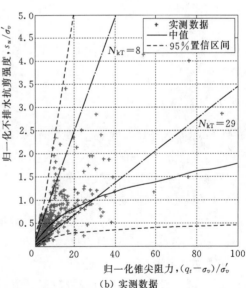

（a）模拟数据　　　　　　　　　　　　　（b）实测数据

图 4.3　$[s_u/\sigma'_v,\ (q_t-\sigma_v)/\sigma'_v]$ 模拟数据与实测数据的对比（Ching 和 Phoon，2014b）

基于构造的多元正态分布，即可在给定其他参数的情况下对数据库中的某一参数的边缘分布或多个参数的多元分布进行更新。如已知 $Y_4$、$Y_8$ 和 $Y_9$ 即可更新 $Y_5$ 和 $Y_6$ 的边缘分布。该问题是实际工程中经常遇到的问题，这是因为孔压静力触探试验一般同时测定 $Y_8$ 和 $Y_9$。假设 $Y_4=\ln(\sigma'_v/P_a)=\ln0.562=-0.577$、$Y_8=B_q=0.207$ 和 $Y_9=\ln[(q_t-\sigma_v)/\sigma'_v]=\ln18.156=2.899$，图 4.4 给出了 $Y_5$ 和 $Y_6$ 的原始即非条件分布和更新后即条件分布，图中箭头为 $Y_5$ 和 $Y_6$ 的实测值。可见，更新后 $Y_5$ 和 $Y_6$ 的分布与实测值更加吻合。有关条件分布计算的详细过程见文献 Ching 和 Phoon（2014b）。

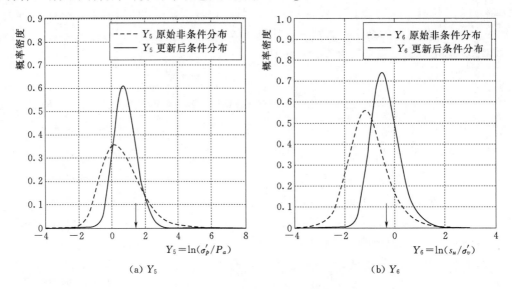

(a) $Y_5$            (b) $Y_6$

图 4.4  给定 $Y_4 = -0.577$、$Y_8 = 0.207$ 和 $Y_9 = 2.899$ 时 $Y_5$ 和 $Y_6$ 的条件分布
（Ching 和 Phoon，2014b，箭头为实测值）

# 4.6  基于不完全二元数据的多元正态分布函数构造

## 4.6.1  CLAY/4/BN

Ching 等（2010）收集了数据库 CLAY/4/BN，共包含 4 个黏土参数：$Y_1 = OCR$、$Y_2 = s_u$、$Y_3 = q_t - \sigma_v$ 和 $Y_4 = N_{60}$。数据库中的黏土涵盖更宽范围的 OCR 值（1～50）。与前述数据库不同的是，该数据库只有 $(Y_1, Y_2) = (OCR, s_u)$、$(Y_3, Y_2) = (q_t - \sigma_v, s_u)$ 和 $(Y_4, Y_2) = (N_{60}, s_u)$ 存在观测数据，而 $(Y_1, Y_3) = (OCR, q_t - \sigma_v)$、$(Y_1, Y_4) = (OCR, N_{60})$ 和 $(Y_3, Y_4) = (q_t - \sigma_v, N_{60})$ 没有观测数据。相应地，相关系数矩阵 $\boldsymbol{C} = \{\delta_{ij} : i = 1, \cdots, n-1; j = i+1, \cdots, n\}$ 中只有 $\delta_{12}$、$\delta_{23}$ 和 $\delta_{24}$ 已知，而 $\delta_{13}$、$\delta_{14}$ 和 $\delta_{34}$ 未知。因此，不能采用 4.5 节的方法构造多元正态分布。岩土工程勘查虽然经常测量两个以上的土体参数，但也不能保证所有参数之间都有观测数据。值得指出的是，岩土工程数据非常有限不仅指的是土体参数的样本数目有限，还指的是不同参数同时已知的数据非常有限。如前所述，即使所有两参数之间都存在观测数据，也不能保证这个数据库是完全多元的。

对于不完全二元数据，Ching 等（2010）提出采用贝叶斯网络建立土体参数的多元正态分布，该方法假设土体参数之间存在一些合理的条件关系从而获得土体参数多元正态分布。如 Ching 等（2010）假设 $Y_1 = OCR$ 已知，而其余 3 个参数 $Y_2$、$Y_3$ 和 $Y_4$ 都为对数正态分布变量，因此可得 $\ln(Y_2) = \ln(s_u) = \lambda_2 + \xi_2 X_2$、$\ln(Y_3) = \ln(q_t - \sigma_v) = \lambda_3 + \xi_3 X_3$ 和 $\ln(Y_4) = \ln(N_{60}) = \lambda_4 + \xi_4 X_4$，其中 $X_i$ 为标准正态分布变量。根据上述假设，Ching 等

（2010）基于贝叶斯分析推导了如表 4.23 所列的转换模型。可以看出，更新后土体参数的变异系数随信息量的增加而减小。

表 4.23 基于不同信息的非结构黏土 $s_u$ 的均值和标准差（Ching 等，2010）

| 已知信息 | 更新后 $s_u$ 的均值/kPa | 更新后 $s_u$ 的变异系数 |
|---|---|---|
| OCR | $(\sigma_v'/P_a)\text{OCR}^{0.64} \times 43.474$ | 0.313 |
| $N_{60}$ | $N_{60}^{0.602}(\sigma_v'/P_a)^{0.243} \times 33.905$ | 0.282 |
| $q_t - \sigma_v$ | $[(q_t - \sigma_v)/P_a]^{0.976} \times 8.634$ | 0.346 |
| OCR，$N_{60}$ | $\text{OCR}^{0.373} N_{60}^{0.256}(\sigma_v'/P_a)^{0.685} \times 38.690$ | 0.182 |
| OCR，$q_t - \sigma_v$ | $\text{OCR}^{0.431}[(q_t - \sigma_v)/P_a]^{0.326}(\sigma_v'/P_a)^{0.674} \times 25.001$ | 0.196 |
| $N_{60}$，$q_t - \sigma_v$ | $N_{60}^{0.362}[(q_t - \sigma_v)/P_a]^{0.399}(\sigma_v'/P_a)^{0.146} \times 19.086$ | 0.218 |
| OCR，$N_{60}$，$q_t - \sigma_v$ | $\text{OCR}^{0.291} N_{60}^{0.200}[(q_t - \sigma_v)/P_a]^{0.220}(\sigma_v'/P_a)^{0.534} \times 27.322$ | 0.160 |

在 Ching 等（2010）结果的基础上，Phoon 等（2012）进一步假设 OCR 为对数正态分布变量，相应的变异系数 COV＝0.25，因此可得 $\ln(Y_1) = \ln(\text{OCR}) = \lambda_1 + \xi_1 X_1$。在该假设下，Phoon 等（2012）推导了 $(X_1, X_2, X_3, X_4)$ 的相关系数矩阵 $C$，如表 4.24 所列。表 4.24 中的相关系数矩阵 $C$ 和表 4.23 所示的转换模型仅对具有较宽范围 OCR 值的非结构黏土是有效的。

表 4.24 4 个非结构黏土参数 $(X_1, X_2, X_3, X_4)$ 的相关系数矩阵 $C$（Phoon 等，2012）

| $C$ | $X_1(\text{OCR})$ | $X_2(s_u)$ | $X_3(q_t - \sigma_v)$ | $X_4(N_{60})$ |
|---|---|---|---|---|
| $X_1(\text{OCR})$ | 1.000 | 0.554 | 0.355 | 0.395 |
| $X_2(s_u)$ | 0.554 | 1.000 | 0.642 | 0.714 |
| $X_3(q_t - \sigma_v)$ | 0.355 | 0.642 | 1.000 | 0.458 |
| $X_4(N_{60})$ | 0.395 | 0.714 | 0.458 | 1.000 |

## 4.6.2 SAND/4/BN

Ching 等（2012）收集了数据库 SAND/4/BN，并采用贝叶斯网络构造了净砂土参数的多元正态分布。SAND/4/BN 数据库包含 5 个正常固结净砂土参数：$Y_1 = \varphi_{cv}$（临界状态摩擦角）、$Y_2 = I_R$［膨胀指数，见 Bolton（1986）和 Ching 等（2012）中定义］、$Y_3 = \varphi'$（峰值摩擦角）、$Y_4 = (q_t/P_a)/(\sigma_v'/P_a)^{0.5} = q_{t1}$（校准锥尖阻力）和 $Y_5 = (N_1)_{60}$（SPT $N$ 值）。Ching 等（2012）假设 $Y_1 = \varphi_{cv}$ 和 $Y_2 = I_R$ 已知，其余 3 个参数 $Y_3$、$Y_4$ 和 $Y_5$ 为随机变量，其中 $Y_3$ 为正态分布，$Y_4$ 和 $Y_5$ 为对数正态分布。因此，$Y_3 = \varphi' = \mu_3 + \sigma_3 X_3$、$\ln(Y_4) = \ln(q_{t1}) = \lambda_4 + \xi_4 X_4$ 和 $\ln(Y_5) = \ln[(N_1)_{60}] = \lambda_5 + \xi_5 X_5$，其中 $X_i$ 为标准正态分布变量。根据上述假设，Ching 等（2012）基于贝叶斯分析推导了表 4.25 所示的转换模型。可以看出，更新后土体参数的标准差随信息量的增加而减小。

如果进一步假设 $\varphi_{cv}$ 和 $I_R$ 为正态分布变量，相应的标准差分别为 3°和 1°，那么 $Y_1 = \varphi_{cv} = \mu_1 + 3X_1$、$Y_2 = I_R = \mu_2 + X_2$。在此基础上，假设 $\varphi_{cv}$ 和 $I_R$ 相互独立，那么 $(X_1, X_2,$

$X_3, X_4, X_5$）的相关系数矩阵 $C$ 如表 4.26 所列。表 4.26 中的相关系数矩阵 $C$ 和表 4.25 所示的转换模型仅对正常固结的净砂土是有效的。

表 4.25     基于不同信息的净砂土 $\varphi'$ 的均值和标准差（Ching 等，2012）

| 已知信息 | 更新后 $\varphi'$ 的均值 /（°） | 更新后 $\varphi'$ 的标准差 /（°） |
|---|---|---|
| $I_R$ | $3I_R + \varphi_{cv}$ | 1.960 |
| $(N_1)_{60}$ | $6.220\ln[(N_1)_{60}] + 23.167$ | 3.086 |
| $q_{t1}$ | $7.819\ln(q_{t1}) + 2.401$ | 3.919 |
| $I_R$，$(N_1)_{60}$ | $1.996I_R + 0.665\varphi_{cv} + 2.081\ln[(N_1)_{60}] + 7.751$ | 1.655 |
| $I_R$，$q_{t1}$ | $2.335I_R + 0.778\varphi_{cv} + 1.735\ln(q_{t1}) + 0.533$ | 1.753 |
| $(N_1)_{60}$，$q_{t1}$ | $3.840\ln[(N_1)_{60}] + 2.993\ln(q_{t1}) + 15.22$ | 2.423 |
| $I_R$，$(N_1)_{60}$，$q_{t1}$ | $1.814I_R + 0.605\varphi_{cv} + 1.518\ln[(N_1)_{60}] + 1.183\ln(q_{t1}) + 6.015$ | 1.524 |

表 4.26     5 个净砂土参数（$X_1$，$X_2$，$X_3$，$X_4$，$X_5$）的相关系数矩阵 $C$

| $C$ | $X_1(\varphi_{cv})$ | $X_2(I_R)$ | $X_3(\varphi')$ | $X_4(q_{t1})$ | $X_5[(N_1)_{60}]$ |
|---|---|---|---|---|---|
| $X_1(\varphi_{cv})$ | 1.000 | 0.000 | 0.642 | 0.491 | 0.536 |
| $X_2(I_R)$ | 0.000 | 1.000 | 0.642 | 0.491 | 0.536 |
| $X_3(\varphi')$ | 0.642 | 0.642 | 1.000 | 0.764 | 0.835 |
| $X_4(q_{t1})$ | 0.491 | 0.491 | 0.764 | 1.000 | 0.638 |
| $X_5[(N_1)_{60}]$ | 0.536 | 0.536 | 0.835 | 0.638 | 1.000 |

## 4.7   基于 Copula 理论的多元分布函数构造

前面阐述了基于多元正态分布函数的土体参数多元分布模型构造方法，本节将进一步介绍基于 Copula 理论的土体参数多元分布模型构造方法。近年来，Copula 理论已被广泛应用于构造两个岩土体参数的二元分布模型（Li 等，2012，2013，2015；Li 和 Tang，2014；Tang 等，2013，2015；Wu，2013；Zhang 等，2014；Huffman 和 Stuedlein，2014）。然而，Copula 理论很少用于构造多个岩土体参数的多元分布模型，这是因为数学上只有椭圆 Copula 函数（如 Gaussian 和 $t$ Copula 函数）具有简单而实用的多元形式。本节以数据库 Clay/5/345（表 4.1 和 4.4.1 节）为例阐述多元 Gaussian 和 $t$ Copula 函数在多个土体参数多元分布模型构造中的应用。

### 4.7.1   Copula 理论

如 4.3 节所述，采用多元正态分布函数构造土体参数的多元分布模型时，需要基于 $X = \Phi^{-1}[F(Y)]$ 将非正态分布的土体参数 $\underline{Y} = (Y_1, Y_2, \cdots, Y_n)$ 转化为标准正态分布变量 $\underline{X} = (X_1, X_2, \cdots, X_n)$，从而 $\underline{Y}$ 的多元分布函数 $F(y_1, y_2, \cdots, y_n)$ 转化为 $\underline{X}$ 的多元分布函数，即多元正态分布函数。同理，基于 $U = F(Y)$ 即可将 $\underline{Y}$ 转化为标准均匀分布变量 $\underline{U} = (U_1, U_2, \cdots, U_n)$，从而 $\underline{Y}$ 的多元分布函数 $F(y_1, y_2, \cdots, y_n)$ 可以转化为 $\underline{U}$ 的多元分布函数 $C(u_1,$

$u_2, \cdots, u_n$），该函数称为 Copula 函数。根据 Sklar 定理（Nelsen，2006），$F(y_1, y_2, \cdots, y_n)$ 与 $C(u_1, u_2, \cdots, u_n)$ 之间有以下函数关系：

$$F(y_1, y_2, \cdots, y_n) = C(u_1, u_2, \cdots, u_n) = C[F_1(y_1), F_2(y_2), \cdots, F_n(y_n)] \qquad (4.19)$$

式中：$F_i(y_i)$ 为 $Y_i$ 的边缘分布函数。

从式（4.19）可以看出，$\underline{Y} = (Y_1, Y_2, \cdots, Y_n)$ 的多元分布函数 $F(y_1, y_2, \cdots, y_n)$ 可以表示为边缘分布函数 $F_i(y_i)$ 与 Copula 函数 $C(u_1, u_2, \cdots, u_n)$ 的组合。众所周知，边缘分布函数 $F_i(y_i)$ 只描述了单个土体参数的概率分布，而 Copula 函数 $C(u_1, u_2, \cdots, u_n)$ 则描述了所有土体参数之间的相关性。因此，基于 Copula 理论的多元分布模型构造方法包括以下两步：①确定每个土体参数的边缘分布函数 $F_i(y_i)$；②选取一个合适的 Copula 函数描述$(U_1, U_2, \cdots, U_n)$ 的相关结构。值得注意的是，上述两步可以分开独立进行。对式（4.19）求偏导，即可得到 $\underline{Y} = (Y_1, Y_2, \cdots, Y_n)$ 的联合概率密度函数 $f(y_1, y_2, \cdots, y_n)$（McNeil 等，2005）：

$$
\begin{aligned}
f(y_1, y_2, \cdots, y_n) &= \frac{\partial^n C[F_1(y_1), F_2(y_2), \cdots, F_n(y_n)]}{\partial F_1(y_1), \partial F_2(y_2), \cdots, \partial F_n(y_n)} \prod_{i=1}^{n} \frac{\partial F_i(y_i)}{\partial y_i} \\
&= c[F_1(y_1), F_2(y_2), \cdots, F_n(y_n)] \prod_{i=1}^{n} f_i(y_i) \\
&= c(u_1, u_2, \cdots, u_n) \prod_{i=1}^{n} f_i(y_i)
\end{aligned}
\qquad (4.20)
$$

式中：$c(u_1, u_2, \cdots, u_n) = \partial^n C(u_1, u_2, \cdots, u_n)/(\partial u_1, \partial u_2, \cdots, \partial u_n)$ 为 Copula 函数 $C(u_1, u_2, \cdots, u_n)$ 的密度函数；$f_i(y_i)$ 为 $Y_i$ 的概率密度函数。

### 4.7.2　Gaussian 和 $t$ Copula 函数

多元 Gaussian Copula 函数和多元 $t$ Copula 函数分别来源于多元正态分布函数和多元 $t$ 分布函数。多元 Gaussian Copula 函数 $C^{\mathrm{Ga}}(u_1, u_2, \cdots, u_n; \boldsymbol{C})$ 和密度函数 $c^{\mathrm{Ga}}(u_1, u_2, \cdots, u_n; \boldsymbol{C})$ 分别为（McNeil 等，2005）

$$C^{\mathrm{Ga}}(u_1, u_2, \cdots, u_n; \boldsymbol{C}) = \Phi_n[\Phi^{-1}(u_1), \Phi^{-1}(u_2), \cdots, \Phi^{-1}(u_n); \boldsymbol{C}] \qquad (4.21)$$

$$c^{\mathrm{Ga}}(u_1, u_2, \cdots, u_n; \boldsymbol{C}) = |\boldsymbol{C}|^{-1/2} \exp\left[-\frac{1}{2}\underline{X}'(\boldsymbol{C}^{-1} - \boldsymbol{I})\underline{X}\right] \qquad (4.22)$$

式中：$\boldsymbol{C}$ 为式（4.4）中定义的相关系数矩阵；$\Phi_n(.,.,\cdots,.,.;\boldsymbol{C})$ 为相关系数矩阵为 $\boldsymbol{C}$ 的多元标准正态分布函数；$|\boldsymbol{C}|$ 为矩阵 $\boldsymbol{C}$ 的行列式值；$\boldsymbol{I}$ 为单位矩阵；$\underline{X} = [\Phi^{-1}(u_1), \Phi^{-1}(u_2), \cdots, \Phi^{-1}(u_n)]$ 为标准正态分布变量。

将式（4.22）中的 Gaussian Copula 密度函数代入式（4.20）可得式（4.4）所示的多元正态分布的密度函数。因此，多元正态分布函数的相关结构本质上是 Gaussian Copula 函数。

多元 $t$ Copula 函数 $C^t(u_1, u_2, \cdots, u_n; \boldsymbol{C}, \nu)$ 和密度函数 $c^t(u_1, u_2, \cdots, u_n; \boldsymbol{C}, \nu)$ 分别为（McNeil 等，2005）

$$C^t(u_1, u_2, \cdots, u_n; \boldsymbol{C}, \nu) = t_n[t_\nu^{-1}(u_1), t_\nu^{-1}(u_2), \cdots, t_\nu^{-1}(u_n); \boldsymbol{C}, \nu] \qquad (4.23)$$

$$c^t(u_1, u_2, \cdots, u_n; \boldsymbol{C}, \nu) = |\boldsymbol{C}|^{-1/2} \frac{\Gamma\left(\frac{\nu+n}{2}\right)\left[\Gamma\left(\frac{\nu}{2}\right)\right]^{n-1}}{\left[\Gamma\left(\frac{\nu+1}{2}\right)\right]^n} \frac{\left[1 + \frac{1}{\nu}\underline{T}'\boldsymbol{C}^{-1}\underline{T}\right]^{-(\nu+n)/2}}{\prod\limits_{i=1}^{n}\left(1 + \frac{t_i^2}{\nu}\right)^{-(\nu+1)/2}}$$

(4.24)

式中：$t_n(., ., \cdots, .; \boldsymbol{C}, \nu)$ 为相关系数矩阵是 $\boldsymbol{C}$、自由度是 $\nu$ 的多元标准 $t$ 分布函数；$t_\nu^{-1}(.)$ 为自由度是 $\nu$ 的一元 $t$ 分布函数的逆函数；$\underline{T} = [t_\nu^{-1}(u_1), t_\nu^{-1}(u_2), \cdots, t_\nu^{-1}(u_n)]$ 为自由度是 $\nu$ 的 $t$ 分布变量；$\Gamma$ 为伽马函数。

多元 Gaussian Copula 函数是多元 $t$ Copula 函数当自由度 $\nu$ 趋于无穷大时的极限情况。多元 $t$ Copula 函数中的自由度 $\nu$ 描述了多元数据的相关结构偏离 Gaussian 相关结构的程度。自由度 $\nu$ 越小，多元数据的相关结构偏离 Gaussian 相关结构的程度越明显。

### 4.7.3　Kendall 秩相关系数

相关系数对于多元分布建模至关重要。本章 4.2 节介绍了工程上常用的 Pearson 线性相关系数。顾名思义，Pearson 线性相关系数只描述了变量之间的线性相关性。如当式 (4.1) 中的转换模型是非线性的（如 $Y_1 = a + bY_2^3 + \varepsilon$），那么 $Y_1$ 和 $Y_2$ 的 Pearson 线性相关系数 $\rho_{12}$ 当 $s_\varepsilon = 0$ 时不等于 $\pm1$。此外，Pearson 线性相关系数只在线性单调变换时才保持不变。由于大部分概率分布的等概率变换 $X = \Phi^{-1}[F(Y)]$ 都是非线性的，当基于 $X = \Phi^{-1}[F(Y)]$ 将 $Y$ 变换为 $X$ 或将 $X$ 变换为 $Y$ 时，$Y_1$ 和 $Y_2$ 的 Pearson 线性相关系数将不等于 $X_1$ 和 $X_2$ 的 Pearson 线性相关系数。为了克服 Pearson 线性相关系数的上述缺点，下面介绍只依赖于变量的秩而不是具体数值的 Kendall 秩相关系数。

与 Pearson 线性相关系数不同的是，Kendall 秩相关系数是度量变量间一致性变化程度的指标。一致性变化的概率非常简单。令 $(y_{11}, y_{21})$ 和 $(y_{12}, y_{22})$ 为 $(Y_1, Y_2)$ 的两组观测，若 $(y_{11} - y_{12})(y_{21} - y_{22}) \geqslant 0$，则称 $(y_{11}, y_{21})$ 和 $(y_{12}, y_{22})$ 是一致性变化的；若 $(y_{11} - y_{12})(y_{21} - y_{22}) < 0$，则称 $(y_{11}, y_{21})$ 和 $(y_{12}, y_{22})$ 是非一致性变化的。对于一组样本数目为 $N$ 的二元数据 $(Y_i, Y_j)$，共有 $0.5N(N-1)$ 个观测组合 $(Y_{im}, Y_{jm})$ 与 $(Y_{in}, Y_{jn})$，其中 $m < n$。每一个组合 $(Y_{im}, Y_{jm})$ 与 $(Y_{in}, Y_{jn})$ 都可以通过 $(Y_{im} - Y_{in})(Y_{jm} - Y_{jn})$ 的符号来判断它们是一致性变化的还是非一致性变化的。根据概率统计学理论，$Y_i$ 和 $Y_j$ 之间的 Kendall 秩相关系数 $\tau_{ij}$ 定义为一致性变化概率与非一致性变化概率之差（Nelsen，2006），可以采用下式计算：

$$\tau_{ij} = \frac{\sum\limits_{m<n} \text{sgn}[(y_{im} - y_{in})(y_{jm} - y_{jn})]}{0.5N(N-1)}$$

(4.25)

其中，sgn (.) 可以采用式 (4.26) 计算：

$$\text{sgn} = \begin{cases} 1 & (y_{im} - y_{in})(y_{jm} - y_{jn}) \geqslant 0（一致性变化）\\ -1 & (y_{im} - y_{in})(y_{jm} - y_{jn}) < 0（非一致性变化）\end{cases} \quad m < n = 1, 2, \cdots, N \quad (4.26)$$

Kendall 秩相关系数在变量进行严格的非线性和线性单调变换时都保持不变。因此，基于 $X = \Phi^{-1}[F(Y)]$ 将 $Y$ 变换为 $X$ 或将 $X$ 变换为 $Y$ 时，$Y_1$ 和 $Y_2$ 之间的 Kendall 秩相关系数等于 $X_1$ 和 $X_2$ 之间的 Kendall 秩相关系数。Kendall 秩相关系数的上述优点将有效简化 Gaussian Copula 函数或多元正态分布函数中相关系数矩阵 $C$ 的估计。

### 4.7.4 基于 Pearson 和 Kendall 相关系数的 $C$ 估计

本节首先阐述基于 Gaussian Copula 函数的土体参数多元分布模型构造方法，而基于 $t$ Copula 函数的土体参数多元分布模型构造方法将在下节介绍。从式（4.21）和式（4.22）可以看出，确定多元 Gaussian Copula 函数的关键是确定标准正态分布变量 $\underline{X} = [\Phi^{-1}(u_1), \Phi^{-1}(u_2), \cdots, \Phi^{-1}(u_n)]$ 的相关系数矩阵 $C$。将多元 Gaussian Copula 函数和土体参数的边缘分布函数代入式（4.19）和式（4.20）即可得到土体参数的多元分布模型。值得注意的是，$C$ 可以基于 $\underline{Y} = (Y_1, Y_2, \cdots, Y_n)$ 的 Pearson 线性相关系数矩阵和 Kendall 秩相关系数矩阵估计而来。为了简单起见，本章将前者称为 P 方法，将后者称为 K 方法。下面详细比较两种方法的优劣。对于 P 方法，$C$ 中的 $\delta_{ij}$ 与 $Y_i$ 和 $Y_j$ 的 Pearson 线性相关系数 $\rho_{ij}$ 之间有以下积分关系（Li 和 Tang，2014）：

$$\rho_{ij} = \int_{-\infty}^{\infty} \int_{-\infty}^{\infty} \left( \frac{y_i - \mu_i}{\sigma_i} \right) \left( \frac{y_j - \mu_j}{\sigma_j} \right) \frac{f_i(y_i) f_j(y_j)}{\sqrt{1 - \delta_{ij}^2}} \exp\left\{ -\frac{\delta_{ij}^2 x_i^2 - 2\delta_{ij} x_i x_j + \delta_{ij}^2 x_j^2}{2(1 - \delta_{ij}^2)} \right\} \mathrm{d}y_i \mathrm{d}y_j$$

$$(4.27)$$

式中：$\mu_i$、$\sigma_i$ 分别为 $Y_i$ 的均值、标准差；$x_i = \Phi^{-1}[F_i(y_i)]$ 为标准正态分布变量。

因此，已知 $Y_i$ 和 $Y_j$ 的 Pearson 线性相关系数 $\rho_{ij}$，采用式（4.27）即可估计出 $\delta_{ij}$。然而，式（4.27）所示的积分方程求解比较繁琐。幸运的是，数据库 Clay/5/345 中 5 个土体参数 $\underline{Y} = (Y_1, Y_2, \cdots, Y_5)$ 都服从对数正态分布。对于对数正态分布变量，式（4.27）所示的积分方程可以简化为式（4.28）所示的显示表达式：

$$\delta_{ij} = \frac{\ln\left[1 + \rho_{ij} \sqrt{\exp(\xi_i^2) - 1} \sqrt{\exp(\xi_j^2) - 1}\right]}{\xi_i \xi_j}$$

$$(4.28)$$

式中：$\xi_i$ 为 $\ln(Y_i)$ 的标准差，见表 4.4 中最后一列。

因此，当土体参数 $Y_i$ 和 $Y_j$ 都服从对数正态分布时，P 方法只需采用式（4.28）即可估计 $\delta_{ij}$；当土体参数 $Y_i$ 和 $Y_j$ 不服从对数正态分布时，则需采用式（4.27）估计 $\delta_{ij}$。对于 K 方法，$C$ 中的 $\delta_{ij}$ 与 $Y_i$ 和 $Y_j$ 的 Kendall 秩相关系数 $\tau_{ij}$ 之间有以下简单关系（Li and Tang，2014）：

$$\delta_{ij} = \sin\left( \frac{\pi \tau_{ij}}{2} \right)$$

$$(4.29)$$

因此，已知 $Y_i$ 和 $Y_j$ 的 Kendall 秩相关系数 $\tau_{ij}$，采用式（4.29）即可估计出 $\delta_{ij}$。从式（4.29）可以看出，K 方法估计 $\delta_{ij}$ 与土体参数的边缘分布无关。

表 4.27 给出了采用式（4.7）计算的 $(Y_1, Y_2, Y_3, Y_4, Y_5)$ 的 Pearson 线性相关系数 $\rho_{ij}$ 和采用式（4.25）计算的 $(Y_1, Y_2, Y_3, Y_4, Y_5)$ 的 Kendall 秩相关系数 $\tau_{ij}$。基于计算的 $\rho_{ij}$ 和 $\tau_{ij}$，分别采用 P 方法和 K 方法即可估计出 $\delta_{ij}$，相应的结果如表 4.27 所示。可以看出，P 方法和 K 方法估计的 $\delta_{ij}$ 差异明显。为了比较两种方法得到的 Gaussian Copula 函数拟合实测数据的能力，表 4.27 进一步给出了两种方法的 Gaussian Copula 函数计

算的 AIC 值和 BIC 值（Li 和 Tang，2014）。可以看出，K 方法得到的 Gaussian Copula 函数计算的 AIC 值和 BIC 值远远小于 P 方法得到的 Gaussian Copula 函数计算的 AIC 值和 BIC 值，因此，K 方法得到的 Gaussian Copula 函数拟合实测数据的能力更强，相应地 K 方法比 P 方法估计 $\delta_{ij}$ 更加准确。

**表 4.27**                **P 方法和 K 方法结果的比较**

| 计算结果 | P 方法 | K 方法 |
|---|---|---|
| $\underline{Y}$ 的 Pearson 线性相关系数矩阵（$\rho_{ij}$） | $\begin{bmatrix} 1 & 0.053 & -0.500 & -0.060 & -0.208 \\ 0.053 & 1 & 0.169 & 0.844 & 0.567 \\ -0.500 & 0.169 & 1 & 0.303 & 0.417 \\ -0.060 & 0.844 & 0.303 & 1 & 0.725 \\ -0.208 & 0.567 & 0.417 & 0.725 & 1 \end{bmatrix}$ | |
| $\underline{Y}$ 的 Kendall 秩相关系数矩阵（$\tau_{ij}$） | $\begin{bmatrix} 1 & -0.103 & -0.620 & -0.113 & -0.175 \\ -0.103 & 1 & 0.177 & 0.747 & 0.592 \\ -0.620 & 0.177 & 1 & 0.209 & 0.279 \\ -0.113 & 0.747 & 0.209 & 1 & 0.662 \\ -0.175 & 0.592 & 0.279 & 0.662 & 1 \end{bmatrix}$ | |
| Gaussian Copula 函数中的相关系数矩阵 $\boldsymbol{C}(\delta_{ij})$ | $\begin{bmatrix} 1 & 0.065 & -0.914 & -0.077 & -0.261 \\ 0.065 & 1 & 0.249 & 0.881 & 0.635 \\ -0.914 & 0.249 & 1 & 0.414 & 0.533 \\ -0.077 & 0.881 & 0.414 & 1 & 0.780 \\ -0.261 & 0.635 & 0.533 & 0.780 & 1 \end{bmatrix}$ | $\begin{bmatrix} 1 & -0.161 & -0.827 & -0.176 & -0.272 \\ -0.161 & 1 & 0.274 & 0.922 & 0.802 \\ -0.827 & 0.274 & 1 & 0.323 & 0.424 \\ -0.176 & 0.922 & 0.323 & 1 & 0.863 \\ -0.272 & 0.802 & 0.424 & 0.863 & 1 \end{bmatrix}$ |
| AIC 值 | 83.4 | $-1462.4$ |
| BIC 值 | 121.8 | $-1424.0$ |

除了采用 AIC 值和 BIC 值表征 Gaussian Copula 函数的拟合能力外，还可以根据模拟数据和实测数据的对比判断 Gaussian Copula 函数的拟合能力。图 4.5 以 $s_u$ 和 $\sigma_v'$ 的相关性为例给出了 P 方法和 K 方法得到的 Gaussian Copula 函数的模拟数据与实测数据的对比。可以看出，两种方法得到的 Gaussian Copula 函数生成的模拟数据都与实测数据吻合良好。然而，P 方法的模拟数据相比实测数据展现出更大的离散性，相反 K 方法的模拟数

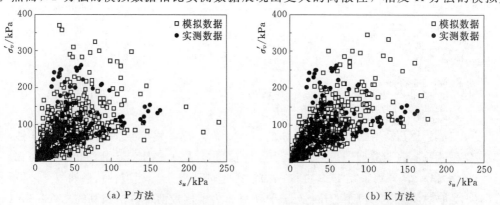

（a）P 方法             （b）K 方法

图 4.5   P 方法和 K 方法得到的（$s_u$，$\sigma_v'$）模拟数据与实测数据的对比

据则展现出较小的离散性，与实测数据吻合地更好。原因在于 P 方法估计的 $\delta_{ij}$ 为 0.635，小于 K 方法估计的 $\delta_{ij}=0.802$。因此，采用 P 方法估计 $\delta_{ij}$ 将会低估 $s_u$ 和 $\sigma'_v$ 的相关性。

　　K 方法优于 P 方法的原因可以解释如下：P 方法估计 $\delta_{ij}$ 受 $Y_i$ 和 $Y_j$ 的边缘分布影响，当 $Y_i$ 和 $Y_j$ 的边缘分布估计存在误差时，这种误差会影响 $\delta_{ij}$ 的估计精度。相反，K 方法估计 $\delta_{ij}$ 不受 $Y_i$ 和 $Y_j$ 的边缘分布影响，当 $Y_i$ 和 $Y_j$ 的边缘分布估计存在误差时，这种误差不会影响 $\delta_{ij}$ 的估计精度。因此，K 方法不管是在简便性方面还是严谨性方面都比 P 方法要优越。

　　值得注意的是，P 方法和 K 方法都是基于土体参数（$Y_1$，$Y_2$，$Y_3$，$Y_4$，$Y_5$）的相关系数矩阵估计 Gaussian Copula 中相关系数矩阵 $C$。这是工程上常用的 Gaussian Copula 函数构造方法，原因在于实际工程中已知的往往是土体参数的相关系数矩阵，而不是土体参数的多元数据。如果已知土体参数的多元数据 $\underline{Y}$，那么可以先将 $\underline{Y}$ 转化为标准正态分布变量 $\underline{X}$，然后基于 $\underline{X}$ 直接估计 $C$，该方法也是本章第 4.4 节和第 4.5 节采用的方法，本章称之为 XP 方法。

　　在 P 方法、K 方法和 XP 方法中，K 方法是最严谨准确的方法，这是因为 K 方法与土体参数的边缘分布函数无关。K 方法唯一的假设是土体参数的相关结构是 Gaussian 相关结构或者 $\underline{X}$ 服从多元标准正态分布。与 K 方法相比，XP 方法同样要求 $\underline{X}$ 服从多元标准正态分布。然而，当 $\underline{X}$ 表现出较强的非线性相关性时，XP 方法将具有较大的误差。因此，XP 方法比 K 方法严谨性和准确性差一些。对于数据库 Clay/5/345 而言，$\underline{X}$ 表现出较好的线性相关性，因此，XP 方法估计的相关系数矩阵 $C$（表 4.5）与 K 方法估计的相关系数矩阵 $C$ 基本相同。与 K 方法和 XP 方法相比，P 方法是最不严谨和准确性最差的方法，因为 P 方法既要求 $\underline{X}$ 服从多元标准正态分布，还受土体参数 $\underline{Y}$ 边缘分布估计误差的影响。对于上述 3 种方法的优劣性，Ching 等（2016）开展了系统地研究。

### 4.7.5　Gaussian 和 $t$ Copula 函数的对比

　　前面研究了 Gaussian Copula 函数在土体参数多元分布模型构造中的应用。然而，Gaussian Copula 函数可能并不是拟合数据库 Clay/5/345 中土体参数相关结构最优的 Copula 函数。为此，本节继续研究 $t$ Copula 函数在土体参数多元分布模型构造中的应用，并详细比较 Gaussian Copula 函数和 $t$ Copula 函数结果的差异。

　　上节构造 Gaussian Copula 函数采用的 P 方法和 K 方法都是矩方法，该方法虽然也可以估计 $t$ Copula 函数的相关系数矩阵 $C$，但是不能估计自由度 $\nu$。为此，本节采用极大似然估计方法估计 $t$ Copula 函数的相关系数矩阵 $C$ 和自由度 $\nu$。为了比较，也采用极大似然估计方法估计 Gaussian Copula 函数的相关系数矩阵 $C$。

　　表 4.28 给出了极大似然估计方法得到的 Gaussian Copula 函数的相关系数矩阵 $C$。可以看出，基于极大似然估计方法得到的 $C$ 与基于 K 方法得到的 $C$ 几乎完全相同，它们得到的 Gaussian Copula 函数的 AIC 值和 BIC 值也几乎相同。由于极大似然估计方法被认为是参数估计最严谨的方法，而 K 方法得到了与极大似然估计方法相同的结果，这进一步验证了 K 方法的有效性。

　　表 4.28 还给出了极大似然估计得到的 $t$ Copula 函数的相关系数矩阵 $C$ 和自由度 $\nu$。

可以看出，$t$ Copula 函数的相关系数矩阵 $\boldsymbol{C}$ 亦与 Gaussian Copula 函数的相关系数矩阵 $\boldsymbol{C}$ 非常相似。这是因为极大似然估计得到的 $t$ Copula 函数的自由度 $\nu$ 高达 15，而 $\nu$ 的大小反应了土体参数的相关结构偏离 Gaussian 相关结构的程度，$\nu$ 值越小，土体参数的相关结构偏离 Gaussian 相关结构的程度越明显。因此，$\nu=15$ 表明数据库 Clay/5/345 中的土体参数基本服从 Gaussian 相关结构。此外，Gaussian 和 $t$ Copula 函数计算的 AIC 值和 BIC 值也很相似，因此可以采用 Gaussian Copula 函数描述数据库 Clay/5/345 中土体参数的相关结构。

表 4.28　　　　　　　　　　　　　Gaussian 和 $t$ Copula 函数结果的比较

| 计算结果 | Gaussian Copula | | | | | $t$ Copula | | | | |
|---|---|---|---|---|---|---|---|---|---|---|
| 相关系数矩阵 $\boldsymbol{C}$ | 1 | $-0.115$ | $-0.818$ | $-0.161$ | $-0.277$ | 1 | $-0.112$ | $-0.832$ | $-0.159$ | $-0.293$ |
| | $-0.115$ | 1 | 0.260 | 0.910 | 0.769 | $-0.112$ | 1 | 0.250 | 0.913 | 0.763 |
| | $-0.818$ | 0.260 | 1 | 0.332 | 0.425 | $-0.832$ | 0.250 | 1 | 0.323 | 0.429 |
| | $-0.161$ | 0.910 | 0.332 | 1 | 0.838 | $-0.159$ | 0.913 | 0.323 | 1 | 0.833 |
| | $-0.277$ | 0.769 | 0.425 | 0.838 | 1 | $-0.293$ | 0.763 | 0.429 | 0.833 | 1 |
| 自由度 $\nu$ | $\infty$ | | | | | 15 | | | | |
| AIC 值 | $-1474.3$ | | | | | $-1489.9$ | | | | |
| BIC 值 | $-1435.9$ | | | | | $-1447.7$ | | | | |

如前所述，Gaussian Copula 函数由相关系数矩阵 $\boldsymbol{C}$ 表征，而 $\boldsymbol{C}$ 既可以基于多元数据估计也可以基于多组二元数据估计，因此，Gaussian Copula 与多元正态分布函数一样可以基于多元数据和二元数据构造土体参数的多元分布模型。基于二元数据估计相关系数矩阵 $\boldsymbol{C}$ 时，可能导致 $\boldsymbol{C}$ 不正定，为此，Ching 和 Phoon（2014b）提出了 Bootstrap 方法解决 $\boldsymbol{C}$ 不正定的问题。由于 $t$ Copula 函数的自由度 $\nu$ 只能通过极大似然估计基于多元数据求得，因此，$t$ Copula 函数只能用于构造具有多元数据的土体参数的多元分布模型。

# 4.8　结论

基于文献中的数据库，可以有效构造土体参数的多元分布模型。本章给出了文献中的多个数据库及其构造的土体参数的多元分布模型。构造土体参数多元分布模型的主要难点在于文献中土体参数的多元数据很少，而二元数据相对较多。尽管如此，基于文献中的二元数据采用本章给出的方法也能有效构造土体参数的多元分布模型。此外，基于 Copula 理论可以克服多元分布建模依赖多元正态分布的局限。Copula 理论将土体参数多元分布模型分解为土体参数的边缘分布函数和表征土体参数相关结构的 Copula 函数。因此，Copula 理论将土体参数多元分布模型的构建简化为了土体参数边缘分布函数的确定和最优 Copula 函数的选取问题。

基于土体参数的多元分布模型，即可根据其他土体参数（如界限含水率和 CPTU 参数）采用贝叶斯分析更新设计参数（如不排水抗剪强度）的概率分布。不管是多元正态分布还是 Copula 理论构造的土体参数的多元分布模型，都可以采用贝叶斯分析更新设计参数的概率分布。基于其他参数信息更新后的设计参数的变异系数会进一步降低。本书第 6

章将讨论简化的可靠度设计方法。通过简化的可靠度设计方法，岩土工程勘查投入将转化为节约的工程费用。构建岩土工程勘查投入与节约的工程费用之间的关系是岩土工程领域特有的问题。

# 参 考 文 献

Bjerrum，L．（1954）Geotechnical properties of Norwegian marine clays. Geotechnique，4（2），49 - 69.

Bjerrum，L．& Simons，N. E．（1960）Comparison of shear strength characteristics of normally consolidated clays. In：Proc. of Research Conference on Shear Strength of Cohesive Soils. Boulder，ASCE. pp. 711 - 726.

Bolton，M. D．（1986）The strength and dilatancy of sands. Geotechnique，36（1），65 - 78.

Chen，B. S. Y．& Mayne，P. W．（1996）Statistical relationships between piezocone measurements and stress history of clays. Canadian Geotechnical Journal，33（3），488 - 498.

Chen，J. R．（2004）Axial Behavior of Drilled Shafts in Gravelly Soils. PhD Dissertation. Ithaca，NY，Cornell University.

Ching，J．& Phoon，K. K．（2012a）Modeling parameters of structured clays as a multivariate normal distribution. Canadian Geotechnical Journal，49（5），522 - 545.

Ching，J．& Phoon，K. K．（2012b）Corrigendum：Modeling parameters of structured clays as a multivariate normal distribution. Canadian Geotechnical Journal，49（12），1447 - 1450.

Ching，J．& Phoon，K. K．（2012c）Establishment of generic transformations for geotechnical design parameters. Structural Safety，35，52 - 62.

Ching，J．& Phoon，K. K．（2013）Multivariate distribution for undrained shear strengths under various test procedures. Canadian Geotechnical Journal，50（9），907 - 923.

Ching，J．& Phoon，K. K．（2014a）Transformations and correlations among some clay parameters - The global database. Canadian Geotechnical Journal，51（6），663 - 685.

Ching，J．& Phoon，K. K．（2014b）Correlations among some clay parameters - The multivariate distribution. Canadian Geotechnical Journal，51（6），686 - 704.

Ching，J．& Phoon，K. K．（2015a）Constructing multivariate distributions for soil parameters. Chapter 1. In：Phoon，K. K．& Ching J．（eds.）Risk and Reliability in Geotechnical Engineering. London，Taylor & Francis.

Ching，J．& Phoon，K. K．（2015b）Reducing the transformation uncertainty for the mobilized undrained shear strength of clays. ASCE Journal of Geotechnical and Geoenvironmental Engineering，141（2），04014103.

Ching，J．，Phoon，K. K．& Chen，Y. C．（2010）Reducing shear strength uncertainties in clays by multivariate correlations. Canadian Geotechnical Journal，47（1），16 - 33.

Ching，J．，Chen，J. R．，Yeh，J. Y．& Phoon，K. K．（2012）Updating uncertainties in friction angles of clean sands. ASCE Journal of Geotechnical and Geoenvironmental Engineering，138（2），217 - 229.

Ching，J．，Phoon，K. K．& Lee，W. T．（2013）Second - moment characterization of undrained shear strengths from different test modes. In：Foundation Engineering in the Face of Uncertainty，Geotechnical Special Publication Honoring Professor F. H. Kulhawy. ASCE. pp. 308 - 320.

Ching，J．，Phoon，K. K．& Yu，J. W．（2014a）Linking site investigation efforts to final design savings with simplified reliability - based design methods. ASCE Journal of Geotechnical and Geoenvironmental Engineering，140（3），04013032.

Ching，J．，Phoon，K. K．& Chen，C. H．（2014b）Modeling CPTU parameters of clays as a multivariate normal distribution. Canadian Geotechnical Journal, 51 (1), 77 - 91.

Ching, J., Li, D. Q. & Phoon, K. K. (2016) Robust estimation of correlation coefficients among soil parameters under the multivariate normal framework, conditionally accepted by Structural Safety.

D'Ignazio, M., Phoon, K. K., Tan, S. A. & Länsivaara, T. T. (2016) Correlations for undrained shear strength of Finnish soft clays, Canadian Geotechnical Journal, in press.

Evans, J. D. (1996) Straightforward Statistics for the Behavioral Sciences. Brooks/Cole Publishing, Pacific Grove, CA.

Hatanaka, M. & Uchida, A. (1996) Empirical correlation between penetration resistance and internal friction angle of sandy soils. Soils and Foundations, 36 (4), 1 - 9.

Huffman, J. C. & Stuedlein, A. W. (2014) Reliability - based serviceability limit state design of spread footings on aggregate pier reinforced clay. ASCE Journal of Geotechnical and Geoenvironmental Engineering, 140 (10), 04014055.

Jamiolkowski, M., Ladd, C. C., Germain, J. T. & Lancellotta, R. (1985) New developments in field and laboratory testing of soils. In: Proceeding of the 11th International Conference on Soil Mechanics and Foundation Engineering, San Francisco. Vol. 1. pp. 57 - 153.

Jensen, F. V. (1996) An Introduction to Bayesian Networks. New York, Springer.

Kulhawy, F. H. & Mayne, P. W. (1990) Manual on Estimating Soil Properties for Foundation Design. Report EL - 6800. Palo Alto, Electric Power Research Institute. Available online at EPRI. COM.

Ladd, C. C. & Foott, R. (1974) New design procedure for stability in soft clays. ASCE Journal of the Geotechnical Engineering Division, 100 (7), 763 - 786.

Li, D. Q. & Tang, X. S. (2014) Modeling and simulation of bivariate distribution of shear strength parameters using copulas. Chapter 2. In: Risk and Reliability in Geotechnical Engineering. Boca Raton, CRC Press. pp. 77 - 128.

Li, D. Q., Tang, X. S., Zhou, C. B. & Phoon, K. K. (2012) Uncertainty analysis of correlated non - normal geotechnical parameters using Gaussian copula. Science China Technological Sciences, 55 (11), 3081 - 3089.

Li, D. Q., Tang, X. S., Phoon, K. K., Chen, Y. F. & Zhou, C. B. (2013) Bivariate simulation using copula and its application to probabilistic pile settlement analysis. International Journal for Numerical and Analytical Methods in Geomechanics, 37 (6), 597 - 617.

Li, D. Q., Zhang, L., Tang, X. S., Zhou, W., Li, J. H., Zhou, C. B. & Phoon, K. K. (2015) Bivariate distribution of shear strength parameters using copulas and its impact on geotechnical system reliability. Computers and Geotechnics, 68, 184 - 195.

Liu, S., Zou, H., Cai, G., Bheemasetti, B. V., Puppala, A. J. & Lin, J. (2016) Multivariate correlation among resilient modulus and cone penetration test parameters of cohesive subgrade soils, Engineering Geology, 209, 128 - 142.

Locat, J. & Demers, D. (1988) Viscosity, yield stress, remoulded strength, and liquidity index relationships for sensitive clays. Canadian Geotechnical Journal, 25, 799 - 806.

Marcuson III, W. F. & Bieganousky, W. A. (1977) SPT and relative density in course sands. ASCE Journal of the Geotechnical Engineering Division, 103 (11), 1295 - 1309.

Mayne, P. W., Christopher, B. R. & DeJong, J. (2001) Manual on Subsurface Investigations. National Highway Institute Publication No. FHWA NHI - 01 - 031. Washington, DC, Federal Highway Administration.

McNeil, A. J., Frey, R. & Embrechts, P. (2005) Quantitative Risk Management: Concepts, Techniques and Tools. Princeton, Princeton University Press.

Mesri, G. (1975) Discussion on "New design procedure for stability of soft clays". ASCE Journal of the Geotechnical Engineering Division, 101 (4), 409 – 412.

Mesri, G. (1989) A re – evaluation of $s_u$ (mob) $= 0.22\sigma_p$ using laboratory shear tests. Canadian Geotechnical Journal, 26 (1), 162 – 164.

Mesri, G. & Huvaj, N. (2007) Shear Strength Mobilized in Undrained Failure of Soft Clay and Silt Deposits. ASCE Geotechnical Special Publication 173, Geo – Denver.

Mitchell, J. K. (1993) Fundamentals of Soil Behaviour. 2nd edition. New York, John Wiley and Sons.

Müller, R., Larsson, S. & Spross, J. (2014) Extended Multivariate Approach for Uncertainty Reduction in the Assessment of Undrained Shear Strength in Clays, Canadian Geotechnical Journal, 51 (3), 231 – 245.

NAVFAC (1982) Soil Mechanics DM7.1. Naval Facilities Engineering Command, Alexandria.

Nelsen, R. B. (2006) An Introduction to Copulas. 2nd edition. New York, Springer.

Ng, I. T., Yuen, K. V. & Dong, L. (2016) Nonparametric estimation of undrained shear strength for normally consolidated clays. Marine Georesources and Geotechnology, 34 (2), 127 – 137.

Phoon, K. K. & Ching, J. (2013) Multivariate model for soil parameters based on Johnson distributions. In: Withiam, J. L., Phoon, K. K. & Hussein, M. H. (eds.) Foundation Engineering in the Face of Uncertainty: Honoring Fred H. Kulhawy (GSP 229). Reston, ASCE. pp. 337 – 353.

Phoon, K. K., Ching, J. & Huang, H. W. (2012) Examination of multivariate dependency structure in soil parameters. In: GeoCongress 2012 – State of the Art and Practice in Geotechnical Engineering (GSP 225). Reston, ASCE. pp. 2952 – 2960.

Rad, N. S. & Lunne, T. (1988) Direct correlations between piezocone test results and undrained shear strength of clay. In: Proc. International Symposium on Penetration Testing, ISOPT – 1, Orlando. Vol. 2. Rotterdam, Balkema. pp. 911 – 917.

Robertson, P. K. & Campanella, R. G. (1983) Interpretation of cone penetration tests: Part I – Sands. Canadian Geotechnical Journal, 20 (4), 718 – 733.

Salgado, R., Bandini, P. & Karim, A. (2000) Shear strength and stiffness of silty sand. ASCE Journal of Geotechnical and Geoenvironmental Engineering, 126 (5), 251 – 462.

Slifker, J. F. & Shapiro, S. S. (1980) The Johnson system: Selection and parameter estimation. Technometrics, 22 (2), 239 – 246.

Stas, C. V. & Kulhawy, F. H. (1984) Critical evaluation of design methods for foundations under axial uplift and compressive loading. Report EL – 3771. Palo Alto, Electric Power Research Institute.

Tang, X. S., Li, D. Q., Rong, G., Phoon, K. K. & Zhou, C. B. (2013) Impact of copula selection on geotechnical reliability under incomplete probability information. Computers and Geotechnics, 49, 264 – 278.

Tang, X. S., Li, D. Q., Zhou, C. B. & Phoon, K. K. (2015) Copula – based approaches for evaluating slope reliability under incomplete probability information. Structural Safety, 52, 90 – 99.

Wroth, C. P. & Wood, D. M. (1978) The correlation of index properties with some basic engineering properties of soils. Canadian Geotechnical Journal, 15 (2), 137 – 145.

Wu, X. Z. (2013) Probabilistic slope stability analysis by a copula – based sampling method. Computational Geosciences, 17 (5), 739 – 755.

Zhang, J., Huang, H. W., Juang, C. H. & Su, W. W. (2014) Geotechnical reliability analysis with limited data: Consideration of model selection uncertainty. Engineering Geology, 181, 27 – 37.

# 第 5 章

# 模型不确定性的统计表征

*作者*：Mahongo Dithinde，Kok‑Kwang Phoon，
Jianye Ching，Limin Zhang，Johan V. Retief

## 摘要

岩土工程中执行可靠度设计（RBD）的关键要素之一是计算模型不确定性的表征。由于对真实世界的认知不足或为了便于数学处理而对其进行的简化，岩土结构分析和设计中使用的计算模型通常是不完备和不精确的。本章目的是阐述表征岩土结构计算模型不确定性的方法。虽然所提供的示例有限，但是阐述的方法广泛适用于各类岩土结构。首先，介绍通用的统计表征步骤，包括：①探索性数据分析；②异常值的检测和校正；③使用校正后的数据计算样本矩（均值、标准差、偏度和峰度）；④验证模型因子 $M$ 的随机性；⑤确定适合 $M$ 的概率分布；⑥去除统计相关性。随后，阐述了文献中已发表的岩土结构在承载能力和正常使用极限状态下模型因子的统计量。总之，现在已经有大量的关于模型不确定性统计量的数据可作为先验信息用于半概率设计法中分项系数的可靠度校准。

## 5.1　引言

计算模型不确定性是岩土设计不确定性的重要来源之一，对可靠度分析和半概率设计规范中分项系数的校准有显著影响。该不确定性来自于表征地质条件和预测工程行为的分析模型中的缺陷。一般来说，对物理过程的数学建模需要在机理和几何特征方面作出不切实际的假设和简化，以创建一个可用的且通常是易于解析表达的模型。例如，点荷载下应力求解的 Boussinesq 方程中假定土体是半无限、均质、各向同性和弹性的。显然，根据基于上述假设的方程计算的应力可能不同于真实土体中的应力。即使是经典的太沙基（Terghazi）承载力方程，也在推导中假设基础下的土体是均质半无限土体。然而，如本书第 3 章所述，土体会表现出固有的空间变异性，使得均一性的假设不符合实际。因此，抗力和荷载效应的计算模型不可避免地涉及复杂真实世界的过度简化。相应地，即使模型

输入是确定的，计算模型预测也存在不确定性。正因如此，结构安全度联合委员会（JC-SS，2001）的概率模型规范中将模型不确定性考虑为一个随机变量，从而反映模型中忽略的因素和数学推导中的简化。

2016 年 8 月修订的 JCSS（2001）建议规范中表 3.7.5.1 列出的岩土结构采用如下"指示性"模型统计量：

（1）基于失效圆弧法（如毕肖普和斯宾塞法等）或二维有限单元法的路堤边坡稳定性：

1）均匀土体（均值＝1.1，标准差＝0.05）。

2）非均匀土体（均值＝1.1，标准差＝0.10）。

（2）基于 Brinch Hansen 或 Blum 的弹性/塑性弹簧支撑梁模型的挡土（板桩）墙的稳定性（均值＝1.0，标准差＝0.10）。

（3）基于 Brinch Hansen 的浅基础稳定性：

1）均匀土体剖面（均值＝1.0，标准差＝0.15）。

2）非均匀土体剖面（均值＝1.0，标准差＝0.20）。

3）沉降预测（均值＝1.0，标准差＝0.20～0.30）。

（4）基于静力触探试验（CPT）经验设计规则的基桩（打入桩）：

1）点承载力（均值＝1.0，标准差＝0.25）。

2）侧阻力（均值＝1.0，标准差＝0.15）。

（5）路堤沉降预测（均值＝1.0，标准差＝0.20）。

然而，规范没有解释这些"指示性"统计量到底是从荷载试验数据库估计的还是主要从工程经验收集的。

目前，包括岩土工程在内的各领域中表征模型不确定性的方法是将理论/计算模型得到的结果与物理试验结果进行比较。因此，模型不确定性通常表示为实测值与预测值的比值。本章将该比值称为模型因子。数学上，模型因子 $M$ 表示为

$$M = \frac{R_m}{R_c} \tag{5.1}$$

式中：$R_m$ 为实测的或真实的响应；$R_c$ 为基于理论/计算模型（下文称为"计算模型"）计算的响应。

式（5.1）等同于 JCSS（2001）中第 3.9 节的式（3.9.3）。

值得注意的是，式（5.1）中实测的响应也可能受到试验不确定性的影响。然而，良好的试验应该得出相当可靠的结果。理想情况下，鲁棒的模型不确定性统计量只能利用①实际的大尺度原型试验，②足够大且具有代表性的数据库，③无关的不确定性因素得到良好控制的高质量试验来获取。可能除了基础工程之外，许多岩土计算模型并没有足够的试验数据开展鲁棒的模型不确定性表征。此外，需重点注意的是，模型因子通常适用于一组特定的条件（如失效模式、计算模型、当地条件和经验水平等）。因此，模型因子的广泛发展是可以预期的。

值得注意的是，模型因子的一组观测值将在一定范围内变化，可以认为是产生于总体的一个样本。因此，很自然地将 $M$ 考虑为一个服从某一概率分布函数的随机变量。为此，

可以采用以下步骤估计该随机变量的统计特性：①探索性数据分析；②异常值的检测和校正；③使用校正后的数据计算样本矩（均值、标准差、偏度和峰度）；④验证 $M$ 的随机性；⑤确定适合 $M$ 的概率分布。如果 $M$ 不具有随机性，则需采取额外步骤来消除其对某些基本参数的依赖性。

本章首先阐述了推导模型不确定性统计量的通用方法。随后，阐述了文献中已经发表的岩土结构（大部分是基础）的模型因子统计量，包括：①侧向受荷刚性钻孔桩（ULS）；②轴向受荷桩（ULS）；③浅基础（ULS）；④轴向受荷桩（SLS）；⑤基于极限平衡法计算的边坡安全系数；⑥黏土开挖中的基坑隆起。

## 5.2 探索性数据分析

任何数据分析的第一阶段是探索收集的数据，以便揭示数据集的一般类型/特征。因此，需要对收集的模型因子数据库进行探索性数据分析，其通常涉及输出图形（如直方图和正态性检验图）和描述性统计量的检查。图 5.1 给出了桩承载力模型因子的探索性数据分析的结果。图中比较了两组模型因子数据集的直方图与基于样本均值和标准差得到的对数正态分布的概率密度函数图。图中还给出了正态性检验拟合优度的 Anderson - Darling 检验概率 $p_{AD}$（如果 $M$ 服从对数正态分布，那么 $\ln M$ 服从正态分布）。$p_{AD}$ 小于 0.05 意味着服从正态分布的假设被拒绝。

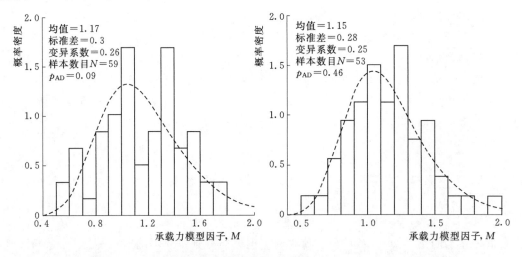

图 5.1　桩承载力模型因子的探索性数据分析（Dithinde 等，2011）

可以看出，图 5.1 揭示了数据集中隐藏的或至少不容易察觉的几个特征：

(1) 数据的变化范围，最频繁出现的值，以及数据点在均值周围的分散程度。

(2) 异常观测值，即由于未知原因偏离数据的主体分布趋势。

(3) 两个或多个峰值可能意味着数据集是由不同样本数据经过不均匀混合得到的。

(4) 数据是否对称。

(5) 数据的理论分布。

对可靠度分析和设计而言，关键的统计量是均值和标准差。除了度量数据中心性和分散性之外，模型因子的样本均值 $m_M$ 和样本标准差 $s_M$ 还被认为是度量计算方法准确性和精确度的指标。一个准确且精确的方法应满足 $m_M = 1$ 和 $s_M = 0$，意味着每一种情况下计算承载力等于实测承载力（一种理想情况）。然而，由于存在不确定性，工程中不存在这种理想情况。因此，实际中当 $m_M$ 接近 1 且 $s_M$ 接近 0 时，则认为对应的计算方法更好。一般地，当 $m_M > 1$ 时，计算承载力小于实际承载力，这是保守和安全的。而当 $m_M < 1$ 时，计算承载力大于实际承载力，这是不保守和不安全的。

理想情况下，计算模型应能抓住物理系统的关键特征，且模型和实际之间的残差本质上应是随机的，因为它是由模型中忽略的众多次要因素引起的。模型因子统计量应能抓住模型理想化导致的这些随机残差。实际工程中，实测值和计算值之间的比值可能不是随机的，因为它受到输入参数（如被研究问题的几何特征）的系统性影响。这种情况下，把 $M$ 模拟为一个随机变量是不正确的。去除依赖性的最简单方法可通过 $\ln(R_m)$ 和 $\ln(R_c)$ 之间的线性回归实现。如果式（5.1）可行，那么回归线的斜率应接近 1。模型因子数据的统计处理与通过试验进行辅助设计的领域密切相关，ISO 2394：2015 中附录 C 和 EN 1990：2002 中附件 D 提供了相关指导。实际上，式（5.1）等同于 ISO 2394：2015 附录 C 中的式（C.14）。Holicky 等（2016）阐述了模型不确定性分类和统计处理的一般方法。Dithinde 等（2011）给出了该方法的执行步骤。

## 5.3　数据异常值检测

数据异常值是显著偏离数据集主体的极大或极小值。一般来说，数据中的异常值可归因于人为误差、仪器误差和/或总体中的自然偏差。异常值的存在可能极大地影响任何计算的统计量，以致产生有偏差的结果。例如，异常值可能增加样本的变异性，并降低随后的统计测试敏感性（McBean 和 Rovers，1998）。因此，在进一步对样本进行数值处理和应用统计手段来评估总体的参数之前，识别极值并校正异常值是非常重要的。然而，需要重点注意的是，一个看起来似乎是异常值但本质上可能是一个能表示真实状态的正确观测值。因此，必须仔细查验被怀疑是异常值的数据点，以判断将其排除在后续分析之外的合理性。

很多方法被开发出来检测异常值。这些方法可以分为单变量方法和双变量方法。在单变量方法中，需要对每个变量执行异常值的数据筛选操作，而在双变量方法中，则要同时考虑多个变量。在这方面，样本 $z$ 分数和箱形图构成了基本的单变量方法，而性能预测值和实测值构成的散点图则是一种常见的双变量方法。由于变量之间可能存在一些相关性，双变量方法因能考虑更多信息而被认为是统计上更优越的方法（Robinson 等，2005）。

### 5.3.1　样本 $z$ 分数法

$z$ 分数是度量一个观测值高于或低于样本均值多少个标准差的指标。$z$ 分数为正值表示该观测值高于样本均值，而 $z$ 分数为负值则表示该观测值低于样本均值。观测值的 $z$ 分数可以表示为

$$z = \frac{x - \overline{x}}{s} \qquad\qquad (5.2)$$

式中：$x$ 为观测值；$\overline{x}$ 为样本均值；$s$ 为样本标准差；$z$ 为 $x$ 对应的 $z$ 分数。

根据切比雪夫（Chebychev）法则，任何分布中均值±$k$ 倍标准差所包含的面积或概率占总面积或概率的比例不小于（$1 - 1/k^2$）。该法则意味着均值加/减 2 倍标准差（±$2s$）

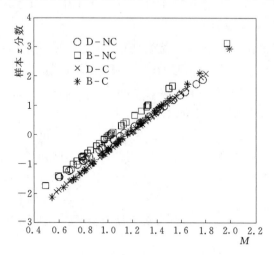

包含至少 75% 的面积或概率，且均值加/减 3 倍标准差（±$3s$）包含 89% 的面积或概率。如果该分布为正态分布，那么均值±$1s$ 包含大约 68% 的面积或概率，均值±$2s$ 则包含大约 95% 的面积或概率，而均值±$3s$ 包含大约 99% 的面积或概率。因此，一组数据中几乎所有观测值的 $z$ 分数绝对值都小于 3，意味着所有观测值将落在（$\overline{x} - 3s$，$\overline{x} + 3s$）区间内。因此，当一个观测值的 $z$ 分数绝对值大于 3 时被认为是异常值。

图 5.2　4 个荷载试验数据库的模型因子样本 $z$ 分数
（Dithinde 和 Retief，2013）
D－NC—非黏性土中打入桩；B－NC—非黏性土中钻孔桩；
D－C—黏性土中打入桩；B－C—黏性土中钻孔桩

为了将上述原理应用于模型因子数据集，首先确定每个数据点的 $z$ 分数，然后将 $z$ 分数及对应的模型因子绘于图上。图 5.2 作为一个例子给出了 4 个荷载试验数据库的 $z$ 分数与对应的桩承载力模型因子的散点图。两个位于 $z = 3$ 处的观测值可被识别为潜在异常值。

### 5.3.2　箱形图法

箱形图法是检测数据集中异常值的一种更正式的统计方法。箱形图法以图形形式显示 5 个数字的集合。这 5 个数字包括：数据集中的最大值和最小值、下四分位数和上四分位数以及中值。这些值从小到大的排序依次为：最小值、下四分位数、中值、上四分位数和最大值。这些值中的每一个值描述数据集的特定部分：中值标识数据集的中心；上四分位数和下四分位数占据数据集的中间一半；最大和最小观测值则额外提供了关于数据实际分散程度的信息。

在使用箱形图法识别数据集中的异常值时，需要计算四分位数间距（IQR）。四分位数间距是上四分位数和下四分位数之差。位于上下四分位数以外 1.5 倍 IQR 的任一观测值都被视为异常值。图 5.3 展示了一个使用箱形图法识别异常值的典型例子，分别来自荷载试验数据库 B－NC 和 B－C 的 53 号和 156 号观测值被判定为异常值。

### 5.3.3　散点图法

在计算模型因子时，主要的变量是响应的计算值和实测值。可以合理地预期计算值和实测值之间是正相关的，即当实测值较大时，计算值应该也较大，反之亦然。不遵循该预

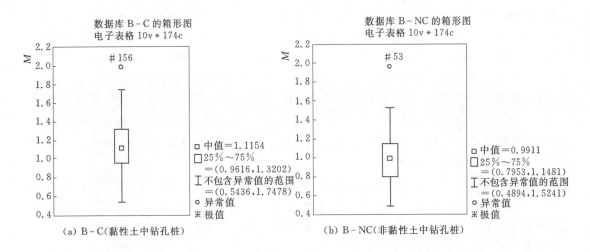

图 5.3 荷载试验数据库的模型因子箱线图（Dithinde 和 Retief，2013）

期的情形在实测承载力 $Q_m$ 和计算承载力 $Q_c$ 散点图中表现为远离数据总趋势的一个点。图 5.4 给出了桩基础的一个典型例子。可以看出，非黏性土钻孔桩数据集中的两个数据点（案例编号 53 和 55）是潜在的异常值。

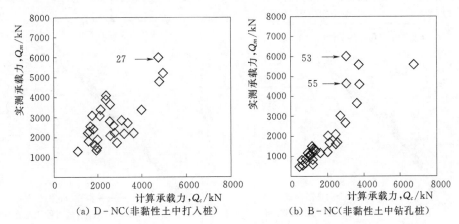

图 5.4 实测承载力和计算承载力的散点图（Dithinde 等，2011）

## 5.4 $M$ 的概率模型

可靠度理论通常认为基本变量（作用、材料特性和几何数据）可以被模拟为具有合理概率分布类型的随机变量。因此，模型因子统计表征的关键目标之一是确定模型因子的概率分布函数。基于样本数据确定的概率分布通常被认为是所研究随机变量的"实际"概率分布，即总体分布。一旦确定了模型因子的概率分布函数，就可以基于分布的统计特性开展统计推断。毋庸置疑的是，基于有限样本数据不能确切地识别出"实际"概率分布。更具体地说，每个样本分位数（所有样本分位数的集合就形成了经验累积分布函数）都具有统计不确定性。众所周知，随着样本分位数的减小，统计不确定性会增加。样本均值和样本标准差也具有统计不确定性。本章不涉及样本数目有限引起的统计不确定性。

在可靠度分析及相关研究中，描述作用、材料特性和几何数据的最常用分布函数是正态分布和对数正态分布（Allen 等，2005；Holicky，2009）。因此，在考虑更复杂的分布类型之前，首先应该检验数据对正态分布和对数正态分布的拟合优度。拟合优度可以通过以下两种方式进行检验：①使用将标准正态变量 $z$ 作为纵坐标的累积分布函数图；②对数据进行直接分布拟合。

在可靠度分析中，累积分布函数 CDF 是随机变量统计表征的一种常用工具（Allen 等，2005）。对于模型因子而言，CDF 是表示 $M$ 值小于或等于特定值的概率的函数。CDF 应被岩土工程师所熟知，因为它与土体颗粒级配曲线类似。该概率可以被转换为标准正态变量 $z$，且可以把每个数据点的 $z$ 值及对应的 $M$ 值（为 $x$ 轴）绘制在一张图上。该方法等同于在正态概率纸上绘制模型因子值及其对应的概率值。以这种方式绘制的 CDF 的一个重要性质是，符合正态分布的数据为一条直线，而符合对数正态分布的数据则为一条曲线。图 5.5 给出了上述方法绘制的 CDF 图的例子。图 5.5 还给出了拟合的正态分布和对数正态分布曲线。可以看出，两种分布总体上都与数据吻合良好，而对数正态分布相比正态分布在尾部拟合得更好。

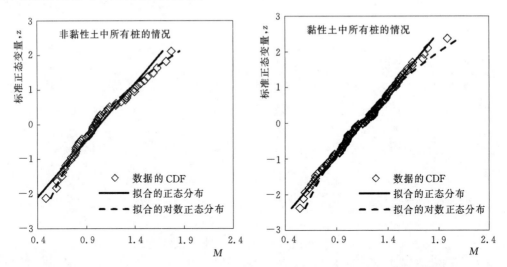

图 5.5　正态分布和对数正态分布拟合的 CDF 图（Dithinde 和 Retief，2013）

在直接分布拟合方法中，需要将基于样本矩估计的正态和对数正态概率密度函数绘制在 $M$ 的直方图上，如图 5.6 所示。可以看出，拟合得到的理论分布能提供比原始数据更加平滑的表征效果。基于有限样本数据得到的直方图是不均匀的，大样本数据则能得到相对均匀的直方图。无法判定这种不均匀的程度是否能通过有限样本数据引起的统计不确定性来解释。

经验数据频率与理论分布之间的差异可通过拟合优度检验实现定量评估。图 5.6 给出了卡方（Chi-Square）拟合优度检验结果。在这些检验中，$p$ 值是度量拟合优度的指标，

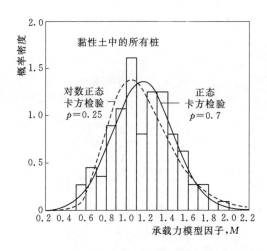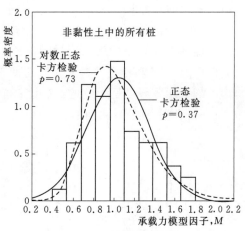

图 5.6　由数据拟合得到的正态和对数正态分布（Dithinde 和 Retief，2013）

$p$ 值越大拟合优度越好。与图 5.1 中的 Anderson - Darling 拟合优度检验一样，当 $p$ 值大于 0.05，则没有证据表明可以拒绝假设的分布。然而，基于过去的研究和实际工程考虑，发现对数正态分布更适合作为模型因子的概率分布。

## 5.5　模型因子随机性验证

可靠度分析通常假设包括模型因子在内的基本变量都是随机的。一般来说，模型因子的随机性通过调查其与数据库中相关输入参数（如材料特性和几何数据）间是否存在相关性来验证的。模型因子 $M$ 与输入参数间存在相关性将意味着：

（1）计算模型没有完全考虑输入参数的影响。

（2）$M$ 是随机变量的假设是无效的。

相关系数是度量变量之间相关程度大小的指标。最基本和广泛应用的相关系数类型是 Pearson $r$，也称为线性或积矩相关系数。相关系数可以取负值或正值。当为正值时，因变量倾向于随着自变量的增大而增大；当为负值时，因变量倾向于随着自变量的增大而减小。相关系数 $r$ 在 $-1$ 和 $+1$ 之间取值。$r$ 的绝对值越大，变量之间的相关性越高；$r$ 的绝对值越小，变量之间的相关性越低。当 $r$ 的绝对值为 1 时，变量之间是完全相关的；当 $r$ 为零时，变量之间是独立的。上述规则严格适用于正态随机变量。当随机变量的分布与正态分布相近时，上述规则是近似成立的。而当随机变量表现出强非正态分布特性时，Spearman 秩相关系数是一种更加严谨的相关性度量指标。相关系数 $r$ 在 $-1$ 和 $+1$ 之间取值时，一个关键的问题是"相关系数取值多大时这种相关性可以被认为是显著的"。不同领域的若干作者已经建议了衡量变量之间相关性强弱的标准。Franzblau（1958）提出的以下标准比较受欢迎：

（1）$r$ 的范围：$0 \sim \pm 0.2$，表示不相关或相关性可忽略。

（2）$r$ 的范围：$\pm 0.2 \sim \pm 0.4$，表示低度相关。

（3）$r$ 的范围：$\pm 0.4 \sim \pm 0.6$，表示中度相关。

（4）$r$ 的范围：±0.6～±0.8，表示明显的相关性。

（5）$r$ 的范围：±0.8～±1.0，表示高度相关。

相关性的统计显著性可以通过假设检验确定，并通常以 $p$ 值表示。在该检验中，零假设是模型因子 $M$ 和给定的输入参数之间没有相关性（意味着统计独立性）。小的 $p$ 值（$p<0.05$）表示零假设是无效的，应该被拒绝。图 5.7 给出了桩承载力模型因子与输入参数（桩的长度和直径）之间的相关性。

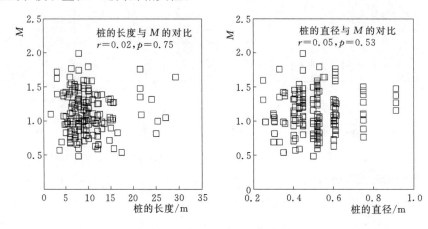

图 5.7　桩承载力模型因子与输入参数（桩的长度和直径）之间的相关性
（Dithinde，2007）

### 5.5.1　消除统计依赖性

为了修正计算模型不确定性，通常的做法是将模型因子作为独立随机变量应用于承载力计算。该方法只有当模型因子不随一些基本因素系统地变化时才有效。然而，如果模型因子与这些基本因素之间存在一定程度的相关性，除非明确地考虑这种相关性，否则计算的可靠度指标会受到影响。即使可以将相关性考虑进可靠度分析，然而这种做法却使计算变得复杂化，因为考虑相关性时需要将原始变量转换为一组不相关变量。因此，为了在可靠度分析中将模型因子作为独立随机变量来考虑，需消除模型因子与基本因素之间的统计依赖性。下面进一步介绍两种处理相关性的方法。

#### 5.5.1.1　广义模型因子法

广义模型因子法需要使用响应的计算值作为预测变量来进行回归分析。如 5.4 节所示，适合于模型因子的概率分布模型一般是对数正态分布。以桩基为例，广义模型因子由 $\ln Q_m$ 和 $\ln Q_c$ 之间的回归关系得到，其中 $Q_m$ 是实测的承载力，$Q_c$ 是计算的承载力。$\ln Q_m$ 和 $\ln Q_c$ 之间的函数关系由以下一般形式的回归模型给出：

$$\ln Q_m = a + b\ln Q_c + \varepsilon \tag{5.3}$$

式中：$a$、$b$ 为回归常数；$\varepsilon$ 为均值为零但方差不为零的正态随机变量。

在式（5.3）的两边取逆对数，得到

$$Q_m = \exp(a)\exp(\varepsilon)Q_c^b \tag{5.4}$$

式（5.3）或式（5.4）所示的回归模型消除了系统效应，剩余部分倾向于呈现随机性

（Phoon 和 Kulhawy，2005）。

式（5.4）可改写为

$$Q_m = \exp(a+\varepsilon)Q_c^b \tag{5.5}$$

令

$$\exp(a+\varepsilon) = M \tag{5.6}$$

则有

$$Q_m = MQ_c^b \tag{5.7}$$

式（5.7）是模型因子 $M$ 的广义化表征。该方程具有与传统模型因子（即 $Q_m = MQ_c$）相同的形式。事实上，传统模型因子是广义模型因子在 $b=1$ 时的特殊情况。

式（5.6）中，$\varepsilon$ 是随机变量，因此 $M$ 同样是随机的。假设 $M$ 服从对数正态分布，其均值和方差如下：

$$\mu_M = \exp(a+0.5\xi^2) \tag{5.8}$$

$$\sigma_M^2 = \mu_M^2 [\exp(\xi^2)-1] \tag{5.9}$$

式中：$\xi$ 为 $\varepsilon$ 的标准差。

与传统模型因子相比，式（5.7）中给出的广义模型因子是有量纲的。实测和计算承载力均采用力的单位（kN）对于式（5.7）来说是可行的。为了使广义模型因子无量纲化，实测和计算承载力都需要进行归一化。Dithinde（2007）调查了下述桩的广义模型因子的归一化方案：

（1）方案 1：将 $\ln Q_m$ 和 $\ln Q_c$ 除以桩基面积和大气压强的乘积 $A_b P_a$。

（2）方案 2：将 $\ln Q_m$ 和 $\ln Q_c$ 除以桩的排水体积（桩体积×单位体积水的重量 $V_w$）。

（3）方案 3：将 $\ln Q_m$ 和 $\ln Q_c$ 除以桩的重量 $W_s$。

对归一化的 $\ln Q_m$ 和 $\ln Q_c$ 进行回归分析即可获得无量纲的广义模型因子。图 5.8 给出了典型的回归分析结果。将图 5.8 中给出的回归分析结果与式（5.8）和式（5.9）结合，即可计算无量纲广义模型因子的统计量。桩基础的回归参数和相应的广义模型因子统计量汇总在表 5.1 中。从表 5.1 中可以看出，对于给定的桩类，基于上述三个归一化方案得到的模型因子统计量具有可比性。需要注意的是，计算可靠度指标时，统计量和回归参数 $b$ 将用作功能函数的输入参数。

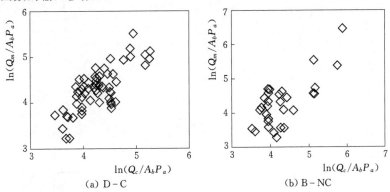

图 5.8　归一化的 $\ln Q_m$ 和 $\ln Q_c$ 之间的回归关系（Dithinde，2007）

**表 5.1**　　　　　不同归一化方案的广义模型因子统计量（Dithinde，2007）

| 桩类型 | 归一化方案 | 回 归 参 数 | | | | 广义模型因子统计量 | | |
|---|---|---|---|---|---|---|---|---|
| | | $R^2$ | $a$ | $b$ | $\xi$ | $\mu$ | $\sigma$ | COV |
| D – NC | $A_bP_a$ | 0.88 | −0.116 | 1.03 | 0.293 | 0.93 | 0.28 | 0.30 |
| | $V_w$ | 0.78 | 0.103 | 0.985 | 0.294 | 1.16 | 0.35 | 0.30 |
| | $W_s$ | 0.55 | 0.527 | 0.887 | 0.291 | 1.77 | 0.53 | 0.30 |
| B – NC | $A_bP_a$ | 0.76 | −0.183 | 1.03 | 0.264 | 0.86 | 0.23 | 0.27 |
| | $V_w$ | 0.77 | −0.019 | 0.993 | 0.264 | 1.02 | 0.27 | 0.27 |
| | $W_s$ | 0.74 | −0.425 | 1.094 | 0.262 | 0.68 | 0.18 | 0.27 |
| D – C | $A_bP_a$ | 0.68 | 0.223 | 0.977 | 0.273 | 1.30 | 0.36 | 0.28 |
| | $V_w$ | 0.74 | 0.670 | 0.89 | 0.267 | 2.02 | 0.55 | 0.27 |
| | $W_s$ | 0.74 | 0.571 | 0.89 | 0.267 | 1.83 | 0.50 | 0.27 |
| B – C | $A_bP_a$ | 0.79 | 0.298 | 0.961 | 0.244 | 1.39 | 0.34 | 0.25 |
| | $V_w$ | 0.80 | 0.277 | 0.967 | 0.244 | 1.36 | 0.34 | 0.25 |
| | $W_s$ | 0.80 | 0.248 | 0.967 | 0.244 | 1.32 | 0.33 | 0.25 |

### 5.5.1.2　消除系统依赖性的验证

具有实际意义的相关性是模型因子和计算响应之间的相关性。为了验证这种相关性已经被消除，绘制代表模型因子的回归误差 ε 与归一化的 $\ln Q_c$ 的散点图。对于给定的桩类，某一数据点的模型误差由式（5.3）计算。例如，基于归一化方案 1 得到的模型误差如下式所示：

$$\varepsilon = \ln(Q_m/A_bP_a) - a - b\ln(Q_c/A_bP_a) \tag{5.10}$$

图 5.9 给出了模型误差 ε 与计算的承载力之间的散点图。通过对散点图的初步检验，可以得出：$M$（或 ε）和 $\ln(Q_c/A_bP_a)$ 之间没有相关性。

### 5.5.2　模型因子作为输入参数的函数

广义模型因子法纯粹是经验性的。该方法通过对计算和实测承载力数据开展回归分

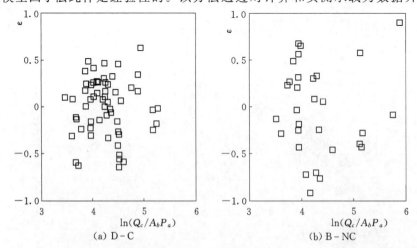

图 5.9　ε 和 $\ln(Q_c/A_bP_a)$ 的散点图（Dithinde，2007）

析，以总体的方式去除统计依赖性，并没有从机理上探究这些统计依赖的来源。该方法的一个局限性在于广义模型因子及其统计量具有多大的通用性；另一个局限性在于该方法的适用范围（如桩的长度或土体强度的范围）是不明确的，虽然有人认为如果数据库覆盖大多数实际情况，那么从该数据库获取的广义模型因子即使在没有明确适用范围的条件下也是有用的。

人们有时故意将问题过度简化以期得到简单的解决方案。虽然有人怀疑各种输入参数是模型因子和计算承载力之间统计依赖性背后的解释变量，但是通过对每个输入参数与模型因子进行回归分析（相比于 5.5.1.1 节中对总体计算承载力和模型因子进行回归分析）消除这些依赖性仍然是不容易的，这是因为在荷载试验数据库中这些输入参数的值并不能进行系统地变化以用于回归分析。

Zhang 等（2015）利用 Osman 和 Bolton（2004）提出的强度发挥值设计（MSD）法研究了不排水黏土中悬臂挡土墙挠度的计算问题。位移模型因子定义为

$$\delta_m = M\delta_c \tag{5.11}$$

式中：$\delta_m$ 为根据过去的现场案例或室内模型试验实测的墙顶位移；$\delta_c$ 为计算的位移。

作者发现，这种标准的定义不能直接应用于 MSD 计算方法，因为 $M$ 是 6 个输入参数的函数：①开挖宽度；②开挖深度；③墙厚；④静态侧向土压力系数；⑤中间深度处的不排水抗剪强度比；⑥中间深度处不排水杨氏模量和不排水抗剪强度之比。

利用现场数据无法消除 $M$ 与上述输入参数之间的依赖性，因为这些输入参数值不能进行系统地变化以用于回归分析。作者提出了一种新方法，步骤包括：①采用有限元方法（FEM）消除这些依赖性，其中输入参数可以自由地变化；②表征 FEM 计算的位移的模型因子，因为有限元法在机理上更一致，它不易受依赖性问题影响。步骤①定义了 FEM 计算的墙顶位移 $\delta_{c\_FEM}$ 与对应的 MSD 法计算的墙顶位移 $\delta_{c\_MSD}$ 之间的比值：

$$\delta_{c\_FEM} = \eta\delta_{c\_MSD} \tag{5.12}$$

式（5.12）中的修正系数 $\eta$ 可以分解为利用多元回归确定的系统部分 $f$ 和残余随机因子 $\eta^*$（回归误差）：

$$\eta = f\eta^* \tag{5.13}$$

由于 FEM 和 MSD 法可以分析大量的六个输入参数组成的不同设计状况组合，因此可以方便地开展回归分析。式（5.12）中并没有涉及现场数据。步骤②涉及现场数据，其中 FEM 的模型因子 $M_{FEM}$ 通常表示为

$$\delta_m = M_{FEM}\delta_{c\_FEM} \tag{5.14}$$

Zhang 等（2015）研究表明 $M_{FEM}$ 确实不受依赖性问题困扰。结合步骤①和②，很容易得到 MSD 的模型因子 $M$ 是

$$M = M_{FEM}\eta^* f \tag{5.15}$$

一个关键问题是，尽管 $M$ 遵循标准的模型因子定义，但由于函数 $f$ 是确定的，故 $M$ 不是随机变量。更具体地说，$M$ 是随机变量（$M_{FEM}\eta^*$）与确定性函数 $f$ 的乘积。从另一个角度看，由 MSD 法计算的位移需要通过 $f$ 修正。通过重新排列式（5.15）可以容易地看出，这种改进的 MSD 方法的模型因子（$\delta_{c\_MSD}f$）将是一个随机变量，即 $M^* = (M_{FEM}\eta^*)$。

利用上述框架还研究了其他岩土问题：

（1）组合正荷载（Phoon 和 Tang，2017）、组合负荷载以及一般组合荷载（包括正负荷载）（Phoon 和 Tang，2015a）下的条形基础承载力。

（2）密砂上圆形基础的承载力（Tang 和 Phoon，2017）。

（3）黏土中螺旋锚的抗拔承载力（Tang 和 Phoon，2016）。

表 5.2 总结了相关结果。这些研究与 Zhang 等（2015）的主要差别是：①有限单元法被有限单元极限分析（FELA）代替；②正常使用极限状态被承载力极限状态代替。需要指出的是，Phoon 和 Tang（2015a，2017）采用的荷载试验数据库的规模大于实际工程常用的规模：组合正荷载时 120 个荷载试验，组合负荷载时 72 个荷载试验。由于实际工程中荷载试验数据库的规模通常较小，Phoon 和 Tang（2015b）通过从原始大型数据库中随机抽取规模较小的数据库来检查荷载试验数据库规模对模型统计量的影响。

**表 5.2**               经 $f$ 修正后响应的模型因子统计量

| 问 题 | 变 量 | | $\ln f = b_0 + \sum b_i x_i$ | | $M^*$ 均值 | $M^*$ COV | 备 注 |
|---|---|---|---|---|---|---|---|
| 组合正荷载下坐落在砂土上的条形基础的承载力（Phoon 和 Tang，2017） | | $b_0$ | 0.28 | | 1.04 | 0.1 | |
| | $x_1$ | $\gamma D/P_a$ | $b_1$ | $-5.05$ | | | |
| | $x_2$ | $\xi$ | $b_2$ | 11.40 | | | |
| | $x_3$ | $\tan\varphi_a$ | $b_3$ | $-0.26$ | | | |
| | $x_4$ | $d/B$ | $b_4$ | $-0.09$ | | | |
| | $x_5$ | $\alpha/\varphi_a$ | $b_5$ | 0.21 | | | |
| | $x_6$ | $e/B$ | $b_6$ | $-1.12$ | | | |
| | $x_7$ | $(e/B)(\alpha/\varphi_a)$ | $b_7$ | $-0.98$ | | | |
| 组合负荷载下坐落在砂土上的条形基础的承载力（Phoon 和 Tang，2015a） | | $b_0$ | 0.10 | | 1.07 | 0.1 | $D$:基础宽度；$\gamma$:砂土重度；$P_a$:大气压强；$d$:埋置深度；$\varphi_a$:砂土自然休止角；$e$:荷载偏心距；$\alpha$:荷载倾斜角；$\xi$:经验参数；$\xi=0.02\sim0.12$ |
| | $x_1$ | $\gamma D/P_a$ | $b_1$ | $-4.50$ | | | |
| | $x_2$ | $\xi$ | $b_2$ | 10.40 | | | |
| | $x_3$ | $\tan\varphi_a$ | $b_3$ | $-0.25$ | | | |
| | $x_4$ | $d/B$ | $b_4$ | $-0.12$ | | | |
| | $x_5$ | $\alpha/\varphi_a$ | $b_5$ | $-1.03$ | | | |
| | $x_6$ | $e/B$ | $b_6$ | $-0.45$ | | | |
| | $x_7$ | $(e/B)(\alpha/\varphi_a)$ | $b_7$ | $-1.81$ | | | |
| 一般组合荷载下坐落在砂土上的条形基础的承载力（Phoon 和 Tang，2015a） | | $b_0$ | 0.10 | | 1.06 | 0.13 | |
| | $x_1$ | $\gamma D/P_a$ | $b_1$ | $-4.50$ | | | |
| | $x_2$ | $\xi$ | $b_2$ | 10.25 | | | |
| | $x_3$ | $\tan\varphi_a$ | $b_3$ | $-0.15$ | | | |
| | $x_4$ | $d/B$ | $b_4$ | 0.05 | | | |
| | $x_5$ | $\alpha/\varphi_a$ | $b_5$ | $-0.93$ | | | |
| | $x_6$ | $e/B$ | $b_6$ | $-0.05$ | | | |
| | $x_7$ | $(e/B)(\alpha/\varphi_a)$ | $b_7$ | $-2.53$ | | | |

| 问　题 | 变　量 | | $\ln f=b_0+\sum b_i x_i$ | | $M^*$ | | 备　注 |
|---|---|---|---|---|---|---|---|
| | | | | | 均值 | COV | |
| 坐落在密砂上的圆形基础的承载力（Tang 和 Phoon，2017） | | $b_0$ | 1.97 | | 1.02 | 0.15 | $D$：基础直径；$D_R$：砂土相对密度；$\varphi_{cv}$：临界状态摩擦角 |
| | $x_1$ | $\tan\varphi_{cv}$ | $b_1$ | $-3.12$ | | | |
| | $x_2$ | $D_R$ | $b_2$ | 2.23 | | | |
| | $x_3$ | $\gamma D/P_a$ | $b_3$ | $-0.68$ | | | |
| 拉伸荷载下黏土中的螺旋锚的抗拔承载力（Tang 和 Phoon，2016） | | $b_0$ | 0.75 | | 0.95 | 0.16 | $n$：螺旋板数目；$S$：板间距；$D$：螺旋板直径；$H$：顶部螺旋深度；$s_u$：不排水抗剪强度 |
| | $x_1$ | $n$ | $b_1$ | $-0.05$ | | | |
| | $x_2$ | $S/D$ | $b_2$ | $-0.11$ | | | |
| | $x_3$ | $H/D$ | $b_3$ | $-0.03$ | | | |
| | $x_4$ | $\gamma H/s_u$ | $b_4$ | $-0.11$ | | | |
| 不排水黏土中悬臂挡土墙的挠度（Zhang 等，2015） | | $b_0$ | 0.89 | | 1.02 | 0.26 | $EI$：挡土墙刚度；$B$：挡土墙宽度；$E_{ur}$：土体刚度；$\sigma'_v$：有效竖直应力；$K$：静态侧向土压力系数；$D$：挡土墙深度；$H_c$：开挖深度 |
| | $x_1$ | $2D/B$ | $b_1$ | $-0.13$ | | | |
| | $x_2$ | $\ln H_c/B$ | $b_2$ | 0.43 | | | |
| | $x_3$ | $\ln\gamma D^4/EI$ | $b_3$ | 0.12 | | | |
| | $x_4$ | $I/K_0$ | $b_4$ | 0.69 | | | |
| | $x_5$ | $s_u/\sigma'_v$ | $b_5$ | $-0.74$ | | | |
| | $x_6$ | $E_{ur}/s_u$ | $b_6$ | $-0.7\times10^{-4}$ | | | |

## 5.6　可用的模型因子统计量

可用的模型因子统计量主要是针对简单的基础计算模型。本节给出了各种基础在承载能力和正常使用极限状态（ULS 和 SLS）下模型因子的统计量：5.6.1 节-侧向受荷刚性钻孔桩（ULS）；5.6.2 节-轴向受荷桩（ULS）；5.6.3 节-浅基础（ULS）；5.6.4 节-轴向受荷基础（SLS）；5.6.5 节-极限容许位移（SLS）。5.6.6 节给出了基于极限平衡法计算的边坡安全系数的模型因子统计量，而 5.6.7 节给出了黏土中开挖基坑抗隆起安全系数的模型因子统计量。

### 5.6.1　侧向受荷刚性钻孔桩（承载能力极限状态）

侧向受荷桩的承载力通常采用传统的承载力极限侧向土应力模型进行预测。在不排水和排水加载模式下，不同承载力极限侧向土应力模型的模型因子统计量见表 5.3。

### 5.6.2　轴向受荷桩（承载能力极限状态）

表 5.4 和表 5.5 给出了各种计算方法、土体条件和破坏判断准则下的轴向受荷桩承载

**表 5.3　基于双曲线的刚性钻孔桩承载力的模型因子统计量（Phoon 和 Kulhawy，2005）**

| 计算模型[a] | 模型因子统计量 | |
|---|---|---|
| 不排水 | 荷载试验数目为 74 | |
| Reese（1958） | 范围 | 0.75～2.72 |
| | 均值 | 1.42 |
| | COV | 0.29 |
| Hansen（1961） | 范围 | 0.86～3.61 |
| | 均值 | 1.92 |
| | COV | 0.29 |
| Broms（1964a） | 范围 | 1.08～4.49 |
| | 均值 | 2.28 |
| | COV | 0.37 |
| Stevens 和 Audibert（1979） | 范围 | 0.55～2.13 |
| | 均值 | 1.11 |
| | COV | 0.29 |
| Randolph 和 Houlsby（1984） | 范围 | 0.67～2.52 |
| | 均值 | 1.32 |
| | COV | 0.29 |
| 排　水 | 荷载试验数目为 77 | |
| Reese 等（1974） | 范围 | 0.40～3.35 |
| | 均值 | 1.19 |
| | COV | 0.43 |
| Hansen（1961） | 范围 | 0.55～2.33 |
| | 均值 | 0.98 |
| | COV | 0.33 |
| Broms（1964b） | 范围 | 0.85～3.40 |
| | 均值 | 1.80 |
| | COV | 0.38 |
| Broms（1964b） | 范围 | 0.59～2.62 |
| | 均值 | 1.30 |
| | COV | 0.38 |

　a　计算模型及文献详见 Phoon 和 Kulhawy（2005）。

力的模型因子统计量。NCHRP 报告 507 请参见 Paikowsky 等（2004）。模型因子根据式（5.1）定义。

**表 5.4 打入桩的模型因子统计量（NCHRP 报告 507；Dithinde 等，2011）**

| 计算方法 | 案例数目 | 桩类型 | 土体类型 | 均值 | COV | 来源 |
|---|---|---|---|---|---|---|
| β-方法 | 4 | H 桩 | 黏土 | 0.61 | 0.61 | NCHRP 报告 507 |
| λ-方法 | 16 | | | 0.74 | 0.39 | |
| α - Tomlinson | 17 | | | 0.82 | 0.40 | |
| α - API | 16 | | | 0.90 | 0.41 | |
| SPT - 97 mob | 8 | | | 1.04 | 0.39 | |
| λ-方法 | 18 | 混凝土桩 | 黏土 | 0.76 | 0.39 | |
| α - API | 17 | | | 0.81 | 0.36 | |
| β-方法 | 8 | | | 0.81 | 0.31 | |
| α - Tomlinson | 18 | | | 0.87 | 0.48 | |
| α - Tomlinson | 18 | 管桩 | 黏土 | 0.64 | 0.50 | |
| α - API | 19 | | | 0.79 | 0.54 | |
| β-方法 | 12 | | | 0.45 | 0.60 | |
| λ-方法 | 19 | | | 0.67 | 0.55 | |
| SPT - 97 mob | 12 | | | 0.39 | 0.62 | |
| Nordlund | 19 | H 桩 | 砂土 | 0.94 | 0.40 | |
| Meyerhof | 18 | | | 0.81 | 0.38 | |
| β-方法 | 19 | | | 0.78 | 0.51 | |
| SPT - 97 mob | 18 | | | 1.35 | 0.43 | |
| Nordlund | 36 | 混凝土桩 | 砂土 | 1.02 | 0.48 | |
| β-方法 | 35 | | | 1.10 | 0.44 | |
| Meyerhof | 36 | | | 0.61 | 0.61 | |
| SPT - 97 mob | 36 | | | 1.21 | 0.47 | |
| Nordlund | 19 | 管桩 | 砂土 | 1.48 | 0.52 | |
| β-方法 | 20 | | | 1.18 | 0.62 | |
| Meyerhof | 20 | | | 0.94 | 0.59 | |
| SPT - 97 mob | 19 | | | 1.58 | 0.52 | |
| α - Tomlinson/Nordlund/Thurman | 20 | H 桩 | 混合土 | 0.59 | 0.39 | |
| α - API/Nordlund/Thurman | 34 | | | 0.79 | 0.44 | |
| β-方法/Thurman | 32 | | | 0.48 | 0.48 | |
| SPT - 97 mob | 40 | | | 1.23 | 0.45 | |
| α - Tomlinson/Nordlund/Thurman | 33 | 混凝土桩 | 混合土 | 0.96 | 0.49 | |
| α - API/Nordlund/Thurman | 80 | | | 0.87 | 0.48 | |
| β-方法/Thurman | 80 | | | 0.81 | 0.38 | |
| SPT - 97 mob | 71 | | | 1.81 | 0.50 | |
| FHWA CPT | 30 | | | 0.84 | 0.31 | |
| α - Tomlinson/Nordlund/Thurman | 13 | 管桩 | 混合土 | 0.74 | 0.59 | |
| α - API/Nordlund/Thurman | 32 | | | 0.80 | 0.45 | |
| β-方法/Thurman | 29 | | | 0.54 | 0.48 | |
| SPT - 97 mob | 33 | | | 0.76 | 0.38 | |
| 静态公式 | 28 | 混凝土桩 | 砂土 | 1.11 | 0.33 | Dithinde 等，2011 |
| 静态公式 | 59 | | 黏土 | 1.17 | 0.26 | |
| Meyerhof | 24 | | 砂土 | 1.22 | 0.54 | FHWA - HI - 98 - 032 |

**表 5.5**　　　　　　　钻孔桩的模型因子统计量（Dithinde 等，2011；
Zhang 和 Chu，2009a；NCHRP 报告 507）

| 计算方法[1] | 建造方式[2] | 案例数目 | 土体类型 | 均值 | COV | 来　源 |
|---|---|---|---|---|---|---|
| 静态公式 | 混合 | 30 | 砂土 | 0.98 | 0.24 | Dithinde 等，2011 |
| 静态公式 | | 53 | 黏土 | 1.15 | 0.25 | |
| FHWA（1999） | Casing | 11 | 砂土/粉土 | 0.60 | 0.58 | Zhang 和 Chu，2009a |
| FHWA（香港数据） | Casing | 17 | 砂土/粉土 | 1.06 | 0.28 | |
| FHWA（1999） | RCD | 15 | 岩石 | 0.48 | 0.52 | |
| COP（BD 2004） | RCD | 15 | 岩石 | 2.57 | 0.31 | |
| FHWA（1999） | 混合 | 32 | 砂土 | 1.71 | 0.60 | NCHRP 报告 507 |
| | Casing | 12 | | 2.27 | 0.46 | |
| | Slurry | 9 | | 1.62 | 0.74 | |
| R&W | 混合 | 32 | 砂土 | 1.22 | 0.67 | |
| | Casing | 12 | | 1.45 | 0.50 | |
| | Slurry | 9 | | 1.32 | 0.62 | |
| FHWA（1999） | 混合 | 53 | 黏土 | 0.90 | 0.47 | |
| | Casing | 14 | | 0.84 | 0.50 | |
| | Dry | 30 | | 0.88 | 0.48 | |
| FHWA（1999） | 混合 | 44 | 黏土＋砂土 | 1.19 | 0.30 | |
| | Casing | 21 | | 1.04 | 0.29 | |
| | Dry | 12 | | 1.32 | 0.28 | |
| | Slurry | 10 | | 1.29 | 0.27 | |
| R&W | 混合 | 44 | 黏土＋砂土 | 1.09 | 0.35 | |
| | Casing | 21 | | 1.01 | 0.42 | |
| | Slurry | 12 | | 1.20 | 0.32 | |
| | Slurry | 10 | | 1.16 | 0.25 | |
| C&K | 混合 | 46 | 岩石 | 1.23 | 0.40 | |
| | Dry | 29 | | 1.29 | 0.34 | |
| IGM | 混合 | 46 | 岩石 | 1.30 | 0.34 | |
| | Dry | 29 | | 1.35 | 0.31 | |

1　模型及文献详见原始文献。
2　Casing 为钢壳辅助下的桩孔开挖；RCD 为岩石中的反循环钻进；Slurry 为矿浆辅助下的开挖；Dry 为地下水位
线以上的开挖。

### 5.6.3　浅基础（承载能力极限状态）

与桩基础相比，关于浅基础的模型因子统计量相对较少。NCHRP 报告 651
（Paikowsky 等，2010）中总结了不同加载模式下（垂直偏心加载、倾斜偏心加载）的模
型统计量。表 5.6～表 5.10 总结了不同加载条件下的模型因子统计量。

**表 5.6　垂直偏心加载时利用有效基础宽度 $B'$ 计算的模型因子统计量（NCHRP 报告 651）**

| 试　验[1] | 案例数目 | 最小斜率准则 | | | 双斜率准则 | | |
|---|---|---|---|---|---|---|---|
| | | 均值 | 标准差 | COV | 均值 | 标准差 | COV |
| DEGEBO–径向加载路径 | 17(15)[2] | 2.22 | 0.754 | 0.340 | 2.04 | 0.668 | 0.328 |
| Montrasio（1994）；Gottardi（1992）–径向加载路径 | 14 | 1.71 | 0.399 | 0.234 | 1.52 | 0.478 | 0.313 |
| Perau(1995)–径向加载路径 | 12 | 1.43 | 0.337 | 0.263 | 1.19 | 0.470 | 0.396 |
| 所有情形 | 34(41)[2] | 1.83 | 0.644 | 0.351 | 1.61 | 0.645 | 0.400 |

1　模型及文献详见 NHCRP 报告 651。
2　双斜率准则的案例数目。

**表 5.7　垂直偏心加载时利用基础完整宽度 $B$ 计算的模型因子统计量（NCHRP 报告 651）**

| 试　验[1] | 案例数目 | 最小斜率准则 | | | 双斜率准则 | | |
|---|---|---|---|---|---|---|---|
| | | 均值 | 标准差 | COV | 均值 | 标准差 | COV |
| DEGEBO–径向加载路径 | 17(15)[2] | 1.30 | 0.464 | 0.358 | 1.20 | 0.425 | 0.355 |
| Montrasio（1994）；Gottardi（1992）–径向加载路径 | 14 | 0.97 | 0.369 | 0.380 | 0.86 | 0.339 | 0.396 |
| Perau(1995)–径向加载路径 | 12 | 0.79 | 0.302 | 0.383 | 0.64 | 0.296 | 0.464 |
| 所有情形 | 34(41)[2] | 1.05 | 0.441 | 0.420 | 0.92 | 0.423 | 0.461 |

1　模型及文献详见 NHCRP 报告 651。
2　双斜率准则的案例数目。

**表 5.8　倾斜偏心加载时利用基础有效宽度 $B'$ 计算的模型因子统计量（NCHRP 报告 651）**

| 试　验[1] | 案例数目 | 最小斜率准则 | | | 双斜率准则 | | |
|---|---|---|---|---|---|---|---|
| | | 均值 | 标准差 | COV | 均值 | 标准差 | COV |
| DEGEBO；Gottardi（1992）–径向加载路径 | 8 | 2.06 | 0.813 | 0.394 | 1.78 | 0.552 | 0.310 |
| Montrasio（1994）；Gottardi（1992） | 6 | 2.13 | 0.496 | 0.234 | 2.12 | 0.495 | 0.233 |
| Perau（1995）–正偏心率 | 8 | 2.16 | 1.092 | 0.506 | 2.15 | 1.073 | 0.500 |
| 分级加载路径 Perau（1995）–负偏心率 | 7 | 3.43 | 1.792 | 0.523 | 2.29 | 1.739 | 0.713 |
| 所有分级加载路径的情形 | 21 | 2.57 | 1.352 | 0.526 | 2.56 | 1.319 | 0.516 |
| 所有情形 | 29 | 2.43 | 1.234 | 0.508 | 2.34 | 1.201 | 0.513 |

1　模型及文献详见 NHCRP 报告 651。

**表 5.9　倾斜偏心加载时利用基础完整宽度 $B$ 计算的模型因子统计量（NCHRP 报告 651）**

| 试　验[1] | 案例数目 | 最小斜率准则 | | | 双斜率准则 | | |
|---|---|---|---|---|---|---|---|
| | | 均值 | 标准差 | COV | 均值 | 标准差 | COV |
| DEGEBO；Gottardi（1992）–径向加载路径 | 8 | 1.07 | 0.448 | 0.417 | 0.94 | 0.365 | 0.387 |
| Montrasio（1994）；Gottardi（1992） | 6 | 1.18 | 0.126 | 0.106 | 1.18 | 0.125 | 0.106 |
| Perau（1995）–正偏心率 | 8 | 0.70 | 0.136 | 0.194 | 0.70 | 0.135 | 0.194 |
| 分级加载路径 Perau（1995）–负偏心率 | 7 | 1.09 | 0.208 | 0.191 | 1.08 | 0.208 | 0.193 |
| 所有分级加载路径的情形 | 21 | 0.97 | 0.267 | 0.276 | 0.96 | 0.267 | 0.277 |
| 所有情形 | 29 | 1.00 | 0.322 | 0.323 | 0.96 | 0.290 | 0.303 |

1　模型及文献详见 NHCRP 报告 651。

表 5.10　基于 Carter 和 Kulhawy（1988）方法的所有坐落在岩石上的基础实测承载力 $q_{L2}$
与计算承载力 $q_{ult}$ 比值的统计量（NCHRP 报告 651）

| 案　　例 | $n$ | 场地数目 | $m_\lambda$ | $\sigma_\lambda$ | COV |
|---|---|---|---|---|---|
| 所有情形（实测的 $q_u$） | 119 | 78 | 8.00 | 9.92 | 1.240 |
| 实测的不连续面间距 $s'$ | 83 | 48 | 8.03 | 10.27 | 1.279 |
| 断裂情形下实测的不连续面间距 $s'$ | 20 | 9 | 4.05 | 2.42 | 0.596 |
| 所有的非断裂情形 | 99 | 60 | 8.80 | 10.66 | 1.211 |
| 非断裂情形下实测的不连续面间距 $s'$ | 63 | 39 | 9.29 | 11.44 | 1.232 |
| 非断裂情形下基于 AASHTO（2007）的 $s'$ | 36 | 21 | 7.94 | 9.22 | 1.161 |

**注**　$n$ 为历史案例数目；$m_\lambda$ 为偏差的均值；$\sigma_\lambda$ 为标准差；COV 为变异系数；$q_u$ 为完整岩石的单轴抗压强度；$q_{L2}$ 为
采用 L2 方法得到的实测承载力。

### 5.6.4　轴向受荷桩基础（正常使用极限状态）

极限状态设计要求承载能力极限状态和正常使用极限状态同时发生的概率足够低。为
了保持一致性，有必要基于可靠度原则验证正常使用极限状态。表 5.11 和表 5.12 分别给
出了打入钢板 H 桩和钻孔桩的模型因子统计值。这里的模型因子是指工作荷载水平下实
测的沉降与同一荷载水平下计算的沉降的比值。工作荷载水平定义为 Davisson 承载力的
一半。

表 5.11　　　工作荷载水平下打入桩的模型因子统计量（Zhang 等，2008）

| 计算方法 | 案例数目 | 土体类型 | 均值 | COV |
|---|---|---|---|---|
| Vesic（1977） | 34 | 砂土/粉土 | 1.02 | 0.23 |
| Fleming 等（1992） | 34 | 砂土/粉土 | 0.66 | 0.22 |
| 荷载转移法 | 34 | 砂土/粉土 | 1.34 | 0.22 |
| Vesic（1977） | 30 | 岩石 | 0.96 | 0.27 |
| Fleming 等（1992） | 30 | 岩石 | 0.81 | 0.28 |
| 荷载转移法 | 30 | 岩石 | 1.16 | 0.24 |

表 5.12　　工作荷载水平下大直径钻孔桩的模型因子统计量（Zhang 和 Chu，2009b）

| 计　算　方　法 | 建造方式 | 案例数目 | 土体类型 | 均值 | COV |
|---|---|---|---|---|---|
| Vesic（1977） | Casing | 20 | 砂土/粉土 | 0.24 | 0.38 |
| Mayne 和 Harris（1993） | Casing | 12 | 砂土/粉土 | 0.64 | 0.22 |
| Reese 和 O'Neill（1989） | Casing | 19 | 砂土/粉土 | 1.80 | 0.31 |
| Vesic（1977） | RCD | 14 | 岩石 | 0.87 | 0.30 |
| Kulhawy 和 Carter（1992） | RCD | 14 | 岩石 | 1.01 | 0.24 |
| 基于与 RQD 相关关系的荷载转移法 | RCD | 14 | 岩石 | 1.21 | 0.30 |

表 5.13 给出了容许沉降为 25mm 时另一项 SLS 研究中模型因子的统计量。在该研究中，通过将实测的荷载-沉降数据拟合为双曲线方程［式（5.16）］来推导 SLS 的模型统计量。承载能力极限状态需要从每一条实测荷载-位移曲线上得到单个"实测承载力"。如式（5.1）所示，实测的承载力与计算承载力的比值被称为模型因子。该方法同样适用于正常使用极限状态（SLS）。此时，承载力被容许承载力代替，该容许承载力取决于容许位移。SLS 模型因子的概率分布也是采用相同的方式根据荷载试验数据库建立。需要注意的是，当采用不同的容许位移时，须重新计算 SLS 模型因子。因此，表 5.11～表 5.13 仅适用于容许沉降为 25mm 的情况。如果容许的沉降在正常使用极限状态下被视为随机变量，则更一般的方法是将实测的荷载-位移数据拟合为标准化的双曲线，该双曲线方程如下所示：

$$\frac{Q}{Q_m} = \frac{y}{a+by} \tag{5.16}$$

式中：$Q$ 为施加的荷载；$Q_m$ 为从实测的荷载-位移曲线上获得的破坏荷载或承载力；"$a$"、"$b$" 为双曲线参数；$y$ 为桩顶位移。

表 5.13　容许沉降为 25mm 时 SLS 模型因子统计量（Dithinde 等，2011）

| 数据库 | $N$ | 实际统计量 | | | | 基于一次二阶矩近似的统计量 | | | |
|---|---|---|---|---|---|---|---|---|---|
| | | $M_s$ | | $M_sM$ | | $M_s$ | | $M_sM$ | |
| | | $\mu$ | COV | $\mu$ | COV | $\mu$ | COV | $\mu$ | COV |
| D－NC | 28 | 1.084 | 0.077 | 1.202 | 0.351 | 1.076 | 0.082 | 1.195 | 0.340 |
| B－NC | 30 | 1.079 | 0.083 | 1.057 | 0.238 | 1.094 | 0.114 | 1.072 | 0.266 |
| D－C | 59 | 1.082 | 0.047 | 1.259 | 0.260 | 1.083 | 0.049 | 1.267 | 0.265 |
| B－C | 53 | 1.077 | 0.063 | 1.236 | 0.250 | 1.073 | 0.059 | 1.234 | 0.257 |

注　D－NC 为非黏性土中打入桩；B－NC 为非黏性土中钻孔桩；D－C 为黏性土中打入桩；B－C 为黏性土中钻孔桩；$M_s$ 为 SLS 模型因子；$M_sM$ 为组合模型因子。

需注意的是，双曲线参数是有物理意义的，"$a$" 和 "$b$" 的倒数分别代表双曲线的初始斜率和渐进值。拟合曲线是经验性的，也可以采用其他形式的曲线来拟合实测的荷载-位移数据（Phoon 和 Kulhawy，2008）。然而，选取拟合曲线形式的一个重要标准是，得到的实测标准化荷载-位移曲线具有最小的离散性。因此，每一条实测荷载-位移曲线的拟合问题简化为确定曲线的两个参数。基于从荷载试验数据库估计的 "$a$" 和 "$b$" 的统计量（表 5.14），可以构建出合适的 $(a, b)$ 的二元概率分布，具体细节可参考 Phoon 和 Kulhawy（2008）。表 5.11 实际上是采用这种一般的曲线拟合方法得到的。显然，该方法可以与随机的容许沉降一起使用。这种方法已被应用于各种类型的基础（Phoon 等 2006，2007；Akbas 和 Kulhawy，2009a；Dithinde 等，2011；Stuedlein 和 Reddy，2013；Huffman 和 Stuedlein，2014；Huffman 等，2015）。

对于 SLS 而言，感兴趣的关系是容许荷载 $Q_a$ 和由此产生的容许沉降 $y_a$ 间的关系：

$$Q_a = \frac{y_a}{a+by_a} Q_m \tag{5.17}$$

表 5.14　双曲线参数的统计量［单轴压缩螺旋钻孔灌注桩（Phoon 等，2006）；单轴抗拔扩展式基础、单轴抗拔钻孔桩、单轴抗拔压力注入基础（Phoon 等，2007）；非黏性土中打入桩、非黏性土中钻孔桩、黏性土中打入桩、黏性土中钻孔桩（Dithinde 等，2011）；粗粒土中螺旋钻孔灌注桩（Stuedlein 和 Reddy，2013）；坐落在黏土上的扩展式基础（Huffman 等，2015）］

| 螺旋钻孔灌注桩（抗压） | 扩展式基础（抗拔） |
|---|---|
| 试验数目＝40 | 试验数目＝85 |
| a：均值＝5.15mm，SD＝3.07mm，COV＝0.60 | a：均值＝7.13mm，SD＝4.66mm，COV＝0.65 |
| b：均值＝0.62，SD＝0.16，COV＝0.26 | b：均值＝0.75，SD＝0.14，COV＝0.18 |
| 相关系数＝－0.67 | 相关系数＝－0.24 |
| 粗粒土中螺旋钻孔灌注桩 | 坐落在黏土上的扩展式基础 |
| 试验数目＝87 | 试验数目＝30 |
| a（$k_2$）：均值＝3.40mm，COV＝0.49 | a（$k_2$）：均值＝0.70mm，COV＝0.16 |
| b（$k_1$）：均值＝0.16，COV＝0.23 | b（$k_1$）：均值＝0.013，COV＝0.53 |
| 钻孔桩（抗拔） | 压力注入基础（抗拔） |
| 试验数目＝48 | 试验数目＝25 |
| a：均值＝1.34mm，SD＝0.73mm，COV＝0.54 | a：均值＝1.38mm，SD＝0.95mm，COV＝0.68 |
| b：均值＝0.89，SD＝0.063，COV＝0.07 | b：均值＝0.77，SD＝0.21，COV＝0.27 |
| 相关系数＝－0.59 | 相关系数＝－0.73 |
| 非黏性土中打入桩（抗压） | 非黏性土中钻孔桩（抗压） |
| 试验数目＝28 | 试验数目＝30 |
| a：均值＝5.55mm，SD＝3.00mm，COV＝0.54 | a：均值＝4.10mm，SD＝3.20mm，COV＝0.78 |
| b：均值＝0.71，SD＝0.10，COV＝0.14 | b：均值＝0.77，SD＝0.16，COV＝0.21 |
| 相关系数＝－0.778 | 相关系数＝－0.876 |
| 黏性土中打入桩（抗压） | 黏性土中钻孔桩（抗压） |
| 试验数目＝59 | 试验数目＝53 |
| a：均值＝3.58mm，SD＝2.04mm，COV＝0.57 | a：均值＝2.79mm，SD＝2.04mm，COV＝0.57 |
| b：均值＝0.78，SD＝0.09，COV＝0.11 | b：均值＝0.82，SD＝0.09，COV＝0.11 |
| 相关系数＝－0.886 | 相关系数＝－0.801 |

注　SD 为标准差；COV 为变异系数。

令

$$\frac{y_a}{a+by_a}=M_s \tag{5.18}$$

则有

$$Q_a=M_sQ_m \tag{5.19}$$

式中：$M_s$ 为 SLS 模型因子；其他符号意义同前。

$M_s$ 的实际统计量见表 5.13 的第 3 列和第 4 列。基于一次二阶矩分析，$M_s$ 的均值（$\mu_{M_s}$）和 COV（$\mathrm{COV}_{M_s}$）估计如下（Phoon 和 Kulhawy，2008）：

$$\mu_{M_s} = \frac{y_a}{\mu_a + \mu_b y_a} \tag{5.20}$$

$$\mathrm{COV}_{M_s} = \frac{\sqrt{\sigma_a^2 + y_a^2 \sigma_b^2 + 2 y_a \rho_{a,b} \sigma_a \sigma_b}}{\mu_a + \mu_b y_a} \tag{5.21}$$

式中：$\mu_a$、$\mu_b$ 分别为 $a$ 和 $b$ 的均值；$\sigma_a$、$\sigma_b$ 分别为 $a$ 和 $b$ 的标准差。

利用式（5.20）和式（5.21）并结合双曲线参数的统计量（表 5.14）及它们之间的相关性，可以计算出给定容许沉降时 $M_s$ 的统计量。对于容许沉降为 25mm 的常规建筑，估计的 SLS 模型不确定性的统计量见表 5.13 的第 7 列和第 8 列。结果显示，实际的和估计的统计量是接近的，这意味着式（5.20）和式（5.21）是合理的近似。区分 $M_s$ 和 $M$ 是很重要的。前者的统计量用于 SLS，它们是容许沉降 $y_a$ 的函数，而后者的统计量用于 ULS。由于在设计阶段通常无法得到 $Q_m$，式（5.19）需经如下修改后才能进行可靠度计算：

$$Q_a = M_s (M Q_c) \tag{5.22}$$

如果 $Q_a$ 是由 $Q_c$ 计算得到的，则需考虑 ULS 中的不确定性（体现在 $M$ 上）。假设 $M_s$ 和 $M$ 不相关，则可以采用一次二阶矩法估计 $M_s M$ 的统计量：

$$\mu_{M_s M} = \mu_{M_s} \mu_M \tag{5.23}$$

$$\mathrm{COV}_{M_s M} = \sqrt{\mathrm{COV}_{M_s}^2 + \mathrm{COV}_M^2} \tag{5.24}$$

$M_s M$ 的统计量见表 5.13，其中第 5 列和第 6 列是实际统计量，第 9 列和第 10 列是估计的统计量。即使是对于 $M_s M$ 的统计量，估计的数值和实际数值也非常接近。

上述方法是很实用的，它建立在实际的荷载试验数据库的基础之上，因此采用了最少的假设。与预期的结果一致，表 5.11～表 5.13 中的均值是不同的，这是由不同的计算方法导致的。更有趣的是，尽管计算方法种类繁多，但是得到的 COV 却具有可比性。值得一提的是，Akbas 和 Kulhawy（2009b）建议了一种概率方法来解决无黏性土中的基础不均匀沉降问题。

### 5.6.5　极限容许位移（正常使用极限状态）

另一个重要的正常使用极限状态问题是结构的极限容许位移。结构极限容许位移受许多因素影响，包括：结构的类型和尺寸，结构的预期用途，上-下部结构间的相互作用，结构材料，下部土体特性、沉降速率及其均一性（Zhang 和 Ng，2005，2007）。为了实现正常使用极限状态下完全的可靠度设计，应该优先获得极限容许位移的概率分布。表 5.15 和表 5.16 给出了不可容许沉降和角变形的统计量，以及 380 座建筑物的历史位移记录得到的建筑物的极限容许沉降和角变形。不可容许或极限容许位移均服从对数正态分布。

表 5.15　建筑物的不可容许及极限容许沉降的统计量（Zhang 和 Ng，2007，表 3）

| 建筑物类型 | 案例数目 | 观测的不可容许沉降/mm | | 极限容许沉降/mm | |
|---|---|---|---|---|---|
| | | 均值 | 标准差 | 均值 | 标准差 |
| 基础类型： | | | | | |
| 　所有的基础 | 221 | 328 | 265 | 156 | 118 |
| 　浅基础 | 165 | 321 | 280 | 218 | 185 |
| 　深基础 | 52 | 349 | 218 | 106 | 55 |
| 结构类型： | | | | | |
| 　所有的结构 | 185 | 296 | 220 | 134 | 109 |
| 　框架结构 | 115 | 278 | 236 | 148 | 126 |
| 　带有承重墙的结构 | 52 | 303 | 257 | 112 | 48 |
| 土体类型： | | | | | |
| 　所有的土体 | 182 | 311 | 270 | 165 | 159 |
| 　黏土 | 126 | 357 | 290 | 169 | 131 |
| 　砂土和填筑土 | 56 | 207 | 151 | 86 | 56 |
| 建筑物用途： | | | | | |
| 　所有的用途 | 164 | 269 | 247 | 150 | 144 |
| 　厂房结构 | 29 | 308 | 193 | 183 | 156 |
| 　办公室结构 | 135 | 255 | 265 | 121 | 64 |

表 5.16　建筑物的不可容许及极限容许角变形的统计量（Zhang 和 Ng，2007，表 4）

| 建筑物类型 | 案例数目 | 观测的不可容许角变形/rad | | 极限容许角变形/rad | |
|---|---|---|---|---|---|
| | | 均值 | 标准差 | 均值 | 标准差 |
| 基础类型： | | | | | |
| 　所有的基础 | 120 | 0.012 | 0.012 | 0.003 | 0.003 |
| 　浅基础 | 63 | 0.013 | 0.011 | 0.006 | 0.006 |
| 　深基础 | 57 | 0.008 | 0.011 | 0.002 | 0.002 |
| 结构类型： | | | | | |
| 　所有的结构 | 191 | 0.012 | 0.014 | 0.004 | 0.005 |
| 　框架结构 | 152 | 0.011 | 0.015 | 0.005 | 0.004 |
| 　带有承重墙的结构 | 39 | 0.015 | 0.011 | 0.004 | 0.002 |
| 土体类型： | | | | | |
| 　所有的土体 | 126 | 0.011 | 0.013 | 0.006 | 0.014 |
| 　黏土 | 103 | 0.011 | 0.011 | 0.005 | 0.014 |
| 　砂土和填筑土 | 23 | — | — | — | — |
| 建筑物用途： | | | | | |
| 　所有的用途 | 83 | 0.015 | 0.013 | 0.005 | 0.003 |
| 　厂房结构 | 17 | 0.032 | 0.026 | 0.006 | 0.003 |
| 　办公室结构 | 66 | 0.013 | 0.013 | 0.003 | 0.002 |

### 5.6.6 基于极限平衡法的边坡安全系数

安全系数 FS 通常被用于量化边坡的安全水平。确定边坡 FS 的最普遍的方法是极限平衡法 LEM。由于地下土体赋存环境和分析方法包含的不确定性及变异性，计算的边坡 FS 是不精确的。一般来说，由 LEM 计算的 FS 取决于确定土体强度参数的方式（如无侧限压缩试验或十字板剪切试验）和计算方法（如简化的毕肖普法或斯宾塞法）。FS 的模型因子定义为实际的 FS 除以计算的 FS。

Wu（2009）调查了大量的不排水边坡历史案例，这些边坡采用 LEM（如简化毕肖普法）计算边坡 FS，且假设滑动面是圆弧形的。结果证实，如果采用无侧限压缩试验或十字板剪切试验来确定不排水抗剪强度 $s_u$，那么所得 FS 的模型因子的均值近似等于 1.0 且 COV 在 0.13～0.24 范围变化。

Travis 等（2011a）收集了由二维（2D）LEM 计算的 157 个失效边坡的 301 个 FS，Travis 等（2011b）进一步对该数据库进行了统计分析。失效边坡 FS 的样本均值见表5.17，表中还给出了 ln(FS) 的样本标准差。研究发现，LEM 的类型对均值和标准差有主要影响。因此，表 5.17 给出了四种类型 LEM 的 FS 统计量：①直接法，包括无限长边坡、一般条分法、瑞典圆弧法等；②毕肖普法、简化毕肖普法；③力法，包括 Janbu 法和 Lowe‐Karafiath 法；④完整方法，包括斯宾塞法、Morgenstern‐Price 法和 Chen‐Morgenstern 法。如果认为失效边坡的实际 FS 为 1，那么模型因子可简单地表示为 $M=$ 实际 FS/计算 FS$=1/$FS。令 $\mu$ 为 FS 的均值，$\delta$ 为 FS 的 COV。如果 FS 服从对数正态分布，则 ln(FS) 的均值 $\lambda$ 和方差 $\xi^2$ 可进一步表示为

$$\lambda=\ln\mu-0.5\xi^2 \quad \xi^2=\ln(1+\delta^2) \tag{5.25}$$

类似地，

$$\mu=\exp(\lambda+0.5\xi^2) \quad \delta=[\exp(\xi^2)-1]^{0.5} \tag{5.26}$$

显然，ln(1/FS) 的均值为 $-\lambda$，方差为 $\xi^2$。从式（5.26）可以看出，$M=1/$FS 的均值为 $\exp(-\lambda+0.5\xi^2)=\exp(\xi^2)/\mu$，COV$=[\exp(\xi^2)-1]^{0.5}$。表 5.17 给出了各种 LEM 方法所得 $M$ 的均值和 COV。一般来说，模型因子 $M$ 的均值在 0.95～1.07 之间变化，COV 在 0.15～0.21 之间变化，这与 Wu（2009）总结的范围一致。

**表 5.17　　四种 LEM 计算的失效边坡安全系数的统计量（Travis 等，2011b）**

| 失效边坡安全系数统计量 | 直接法 | 毕肖普法 | 力法 | 完整法 |
|---|---|---|---|---|
| 案例数目 $n$ | 83 | 134 | 43 | 41 |
| FS 的均值 $\mu$ | 0.98 | 1.04 | 1.10 | 1.05 |
| ln(FS)的标准差 $\xi$ | 0.21 | 0.20 | 0.20 | 0.15 |
| 模型因子 $M$ 的均值[$=\exp(\xi^2)/\mu$] | 1.07 | 1.00 | 0.95 | 0.97 |
| 模型因子 $M$ 的 COV$\{=[\exp(\xi^2)-1]^{0.5}\}$ | 0.21 | 0.20 | 0.20 | 0.15 |

Bahsan 等（2014）收集了 43 个失效不排水边坡的案例，并采用简化毕肖普法和斯宾塞法重新分析了所有案例。分析中他们将输入参数 $s_u$ 值转换为由 Mesri 和 Huvaj（2007）

定义的 $s_u$ 发挥值。他们通过采用众多薄的水平黏土层模拟了 $s_u$ 的竖直方向的空间变异性，且在 LEM 中模拟了张裂缝。表 5.18 给出了简化毕肖普法和斯宾塞法的 $\ln(\text{FS})$ 统计量。$\ln(\text{FS})$ 的均值和标准差分别用 $\lambda$ 和 $\xi$ 表示。研究发现，人造边坡（填筑和开挖）的统计量与天然边坡统计量相比有很大的差异：由失效的天然边坡计算的 FS 的变异性非常高（$\xi$ 很大）。此外，如果认为失效边坡的实际 FS 为 1，则模型因子 $M$ 可简单地表示为 1/FS。根据式（5.26），$M$ 的均值为 $\exp(\lambda+0.5\xi^2)$，$M$ 的 COV 为 $[\exp(\xi^2)-1]^{0.5}$。表 5.18 括号中概括了模型因子的均值和 COV。对于人造边坡，$M$ 的均值的变化范围为 $0.89\sim1.19$，COV 变化范围是 $0.26\sim0.28$。对于天然边坡，$M$ 的均值的变化范围是 $1.41\sim1.57$，COV 变化范围是 $0.96\sim1.00$。

表 5.18 两种 LEM 计算的失效边坡安全系数的统计量（Bahsan 等，2014）

| LEM | 人造边坡（$n=34$） | | | | 天然边坡（$n=9$） | |
| | 填筑边坡（$n=27$） | | 切坡（$n=7$） | | | |
| | $\lambda$（$M$ 的均值） | $\xi$（$M$ 的 COV） | $\lambda$（$M$ 的均值） | $\xi$（$M$ 的 COV） | $\lambda$（$M$ 的均值） | $\xi$（$M$ 的 COV） |
| --- | --- | --- | --- | --- | --- | --- |
| 简化毕肖普法 | −0.068 (1.11) | 0.28 (0.28) | 0.158 (0.89) | 0.28 (0.28) | 0.001 (1.41) | 0.83 (1.00) |
| 斯宾塞法 | −0.137 (1.19) | 0.27 (0.27) | 0.140 (0.90) | 0.26 (0.26) | −0.124 (1.57) | 0.81 (0.96) |

### 5.6.7 黏土中开挖的基坑隆起

Wu 等（2014）收集了 24 个黏土中开挖的历史案例。在所有 24 个案例中，8 例因基坑隆起而完全失效，7 例几乎失效，而 9 例没有失效。基于该数据库，他们估计了 3 种熟知的计算黏土中开挖引起的基坑隆起 FS 方法〔包括：（修正的）太沙基法、Bjerrum - Eide 法和滑动圆弧法〕所得模型因子 $M$ 的均值和 COV。这里的 FS 模型因子 $M$ 定义为实际 FS 除以计算的 FS。表 5.19 总结了估计的模型因子均值和 COV。

表 5.19 基坑隆起中 FS 的模型因子统计量（Wu 等，2014）

| 模型因子统计量 | 修正的太沙基法 | Bjerrum - Eide 法 | 滑动圆弧法 |
| --- | --- | --- | --- |
| $M$ 的均值 | 1.02 | 1.09 | 1.27 |
| $M$ 的 COV | 0.157 | 0.147 | 0.221 |

## 5.7 结论

岩土工程可靠度分析和设计需要开展计算模型不确定性表征。模型不确定性通常采用实测与计算响应的比值即模型因子 $M$ 表示，且被认为是服从某种概率分布的随机变量。模型因子通常适用于一组特定的条件（如失效模式、计算模型、当地条件和经验水平等）。因此，模型因子的广泛发展是可以预期的。

根据当前的认知，$M$ 的统计量通常采用成熟的统计分析获得，包括：①探索性数据分析；②异常值的检测和校正；③使用校正后的数据计算样本矩（均值、标准差、偏度和峰度）；④验证 $M$ 的随机性；⑤确定适合 $M$ 的概率分布。

可靠度设计通常假设包括模型因子在内的基本变量都具有随机性。因此，如果 $M$ 表现出对数据库中一些确定性变化的统计依赖性，则需去除这种依赖性。本章提出了两种去除这种统计依赖性的方法，即"广义模型因子"和"模型因子作为输入参数的函数"方法。

可用的模型因子统计量主要是针对简单的基础计算模型（包含承载能力极限状态和正常使用极限状态）。本章对基础的模型统计量开展了全面地调查，也提供了一些关于边坡稳定性和基坑隆起的安全系数的模型统计量。其他常见岩土系统（如挡土墙和地基加固）中的模型不确定性的表征还需开展更多的研究。

# 致谢

作者非常感谢 Chong Tang 博士为文中部分绘图所提供的帮助。

## 参 考 文 献

Allen，T. M.，Nowak，A. S. & Bathurst，R. J. （2005）Calibration to Determine Load and Resistance Factors for Geotechnical and Structural Design. Washington，DC，Transport and Research Board.

Akbas，S. O. & Kulhawy，F. H. （2009a）Axial compression of footings in cohesionless soil. I：load - settlement behavior. Journal of Geotechnical & Geoenvironmental Engineering，ASCE，135（11），1562 - 1574.

Akbas，S. O. & Kulhawy，F. H. （2009b）Reliability - based design approach for differential settlement of footings on cohesionless soils. Journal of Geotechnical & Geoenvironmental Engineering，ASCE，135 （12），1779 - 1788.

AASHTO （2007）AASHTO LRFD Bridge Design Specifications，4th ed.，AASHTO，Washington，DC.

Bahsan，E.，Liao，H. J. & Ching，J. （2014）Statistics for the calculated safety factors of undrained failure slopes. Engineering Geology，172，85 - 94.

Carter，J. P. & Kulhawy，F. H. （1988）Analysis and Design of Foundations Socketed into Rock. Report No. EL - 5918. New York，Empire State Electric Engineering Research Corporation and Electric Power Research Institute. p. 158.

Dithinde，M. （2007）Characterisation of Model Uncertainty for Reliability Based Design of Pile Foundations. PhD Dissertation submitted to the University of Stellenbosch. Available from：http：// www. hdl. handle. net/10019. 1/12612.

Dithinde，M. & Retief，J. V. （2013）Pile design practice in southern Africa I：Resistance statistics. Journal of the South African Institution of Civil Engineering，55（1），60 - 71.

Dithinde，M.，Phoon，K. K.，De Wet，M. & Retief，J. V. （2011）Characterization of model uncertainty in the static pile design formula. ASCE Journal of Geotechnical and Geoenvironmental Engineering，137（1），70 - 85.

EN 1990 （2002）Eurocode：Basis of Structural Design. Brussels，Committee for Standardization （CEN）.

FHWA （2001）Load and Resistance Factor Design （LRFD） for Highway Bridge Substructures. Publication No. FHWA - HI - 98 - 032.

Fleming, W. G. K. , Weltman, A. J. , Randolph, M. F. & Elson, W. K. (1992) Pile Engineering. New York, John Wiley & Sons.

Franzblau, A. (1958) A Primer for Statistics for Non - Statistician. New York, NY, Harcourt Brace & World.

Holický, M. (2009) Reliability Analysis for Structural Design. Stellenbosch, SUNMeDIA Press. ISBN: 978 - 1 - 920338 - 11 - 4.

Holický, M. , Retief, J. V. & Sykora, M. (2015) Assessment of model uncertainty for structural resistance. Probabilistic Engineering Mechanics Journal, 45, 188 - 197.

Huffman, J. C. & Stuedlein, A. W. (2014) Reliability - based serviceability limit state design of spread footings on aggregate pier reinforced clay, Journal of Geotechnical and Geoenvironmental Engineering, ASCE, 140 (10), 04014055.

Huffman, J. C. , Strahler, A. W. & Stuedlein, A. W. (2015) Reliability - based serviceability limit state design for immediate settlement of spread footings on clay. Soils and Foundations 55 (4), 798 - 812.

ISO 2394: 2015. General Principles of Reliability for Structures. Geneva, International Organisation for Standardisation.

JCSS (2001) Probabilistic Model Code. The Joint Committee on Structural Safety. ISBN: 978 - 3 -909386 - 79 - 6.

Kulhawy, F. H. & Carter, J. P. (1992) Socketed foundation in rock masses. In: Bell, F. H. (ed. ) Engineering in Rock Masses. Oxford, Butterworth - Heinemann. pp. 509 - 529.

Mayne, P. W. & Harris, D. E. (1993) Axial Load - Displacement Behavior of Drill Shaft Foundations in Piedmont Residuum. FHWA Publication No. 41 - 30 - 3175. Atlanta, Georgia Institute of Technology.

McBean, E. A. & Rovers, F. A. (1998) Statistical Procedures for Analysis of Environmental Monitory Data and Risk Assessment. New Jersey, Prentice - Hall.

Mesri, G. & Huvaj, N. (2007) Shear strength mobilized in undrained failure of soft clay and silt deposits. In: DeGroot, D. J. , Vipulanandan, C. , Yamamuro, J. A. , Kaliakin, V. N. , Lade, P. V. , Zeghal, M. , El Shamy, U. , Lu, N. , Song, C. R. (eds. ) Proceedings of Advances in Measurement and Modeling of Soil Behavior (GSP 173) . Denver, CO, ASCE. p. 1.

Osman, A. S. & Bolton, M. D. (2004) A new design method for retaining walls in clay. Canadian Geotechnical Journal, 41 (3), 451 - 466.

Paikowsky, S. G. , Birgisson, B. , McVay, M. , Nguyen, T. , Kuo, C. , Baecher, G. B. , Ayyub, B. , Stenersen, K. , O'Malley, K. , Chernauskas, L. & O'Neill, M. (2004) Load and Resistance Factors Design for Deep Foundations. NCHRPReport 507. Washington, DC, Transportation Research Board of the National Academies.

Paikowsky, S. G. , Canniff, M. C. , Lesny, K. , Kisse, A. , Amatya, S. & Muganga, R. (2010) LRFD Design and Construction of Shallow Foundations for Highway Bridge Structures. NCHRP Report 651. Washington, DC, Transportation Research Board of the National Academies.

Phoon, K. K. & Kulhawy, F. H. (2005) Characterization of model uncertainties for laterally loaded rigid drilled shafts. Geotechnique, 55 (1), 45 - 54.

Phoon, K. K. & Kulhawy, F. H. (2008) Serviceability limit state reliability - based design. In: Phoon, K. K. (ed. ) Reliability - Based Design in Geotechnical Engineering: Computations and Applications. London, Taylor & Francis. pp. 344 - 383.

Phoon, K. K. & Tang, C. (2017) Model Uncertainty for the Capacity of Strip Footings Under Positive Combined Loading. Geotechnical Special Publication in honour of Wilson. H. Tang, Denver, CO, ASCE. pp. 40 - 60.

Phoon，K. K. & Tang，C.（2015a）Model uncertainty for the capacity of strip footings under negative and general combined loading. In：12th International Conference on Applications of Statistics and Probability in Civil Engineering，ICASP 12，Vancouver，Canada，July 12 – 15.

Phoon，K. K. & Tang，C.（2015b）Effect of load test database size on the characterization of model uncertainty. In：Symposium on Reliability of Engineering Systems，Taipei，Taiwan.

Phoon，K. K.，Chen，J. – R. & Kulhawy，F. H.（2006）Characterization of model uncertainties for augered cast – in – place（ACIP）piles under axial compression. In：Foundation Analysis & Design：Innovative Methods（GSP 153）. Reston，ASCE. pp. 82 – 89.

Phoon，K. K.，Chen，J. – R. & Kulhawy，F. H.（2007）Probabilistic hyperbolic models for foundation uplift movements. In：Probabilistic Applications in Geotechnical Engineering（GSP 170）. Reston，ASCE. CDROM.

Reese，L. C. & O'Neill，M. W.（1989）New design method for drilled shaft from common soil and rock tests. In：Kulhawy，F. H.（ed.）Foundation Engineering：Current Principles and Practices. Vol. 2. New York，ASCE. pp. 1026 – 1039.

Robinson，R. B.，Cox，C. D. & Odom，K.（2005）Identifying outliers in correlated water quality data. Journal of Environmental Engineering，131（4），651 – 657.

Stuedlein，A. W. & Reddy，S. C.（2013）Factors affecting the reliability of augered cast – in – place piles in granular soils at the serviceability limit state. The Journal of the Deep Foundations Institute，7（2），46 – 57.

Tang，C. & Phoon，K. K.（2017）Model uncertainty of Eurocode 7 approach for the bearing capacity of circular footings on dense sand，International Journal of Geomechannics，17（3），04016069.

Tang，C. & Phoon，K. K.（2016）Model uncertainty of cylindrical shear method for calculating the uplift capacity of helical anchors in clay，Engineering Geology，207，14 – 23.

Travis，Q. B.，Schmeeckle，M. W. & Sebert，D. M.（2011a）Meta – analysis of 301 slope failure calculations. II：Database analysis. ASCE Journal of Geotechnical and Geoenvironmental Engineering，137（5），471 – 482.

Travis，Q. B.，Schmeeckle，M. W. & Sebert，D. M.（2011b）Meta – analysis of 301 slope failure calculations. I：Database description. ASCE Journal of Geotechnical and Geoenvironmental Engineering，137（5），453 – 470.

Vesic，A. S.（1977）Design of Pile Foundations. National Cooperative Highway Research Program Synthesis of Practice No. 42. Washington，DC，Transportation Research Board.

Wu，T. H.（2009）Reliability of geotechnical predictions. In：Geotechnical Risk and Safety，Proceedings of the 2nd International Symposium on Geotechnical Safety and Risk. Gifu，Japan，CRC Press，Taylor & Francis Group. pp. 3 – 10.

Wu，S. H.，Ou，C. Y. & Ching，J.（2014）Calibration of model uncertainties for basal heave stability of wide excavations in clay. Soils and Foundations，54，1159 – 1174.

Zhang，L. M. & Ng，A. M. Y.（2005）Probabilistic limiting tolerable displacements for serviceability limit state design of foundations. Geotechnique，55（2），151 – 161.

Zhang，L. M. & Ng，A. M. Y.（2007）Limiting tolerable settlement and angular distortion for building foundations. Geotechnical Special Publication No. 170. In：Phoon，K. K.，Fenton，G. A.，Glynn，E. F.，Juang，C. H.，Griffiths，D. V.，Wolff，T. F. & Zhang，L. M.（eds.）Probabilistic Applications in Geotechnical Engineering. Reston，ASCE. Available in CD ROM.

Zhang，L. M. & Chu，L. F.（2009a）Calibration of methods for designing large – diameter bored piles：Ultimate limit state. Soils and Foundations，49（6），883 – 896.

Zhang，L. M. & Chu，L. F. （2009b）Calibration of methods for designing large – diameter bored piles：Serviceability limit state. Soils and Foundations，49 （6），897 – 908.

Zhang，L. M. ，Xu，Y. & Tang，W. H. （2008）Calibration of models for pile settlement analysis using 64 field load tests. Canadian Geotechnical Journal，45 （1），59 – 73.

Zhang，D. M. ，Phoon，K. K. ，Huang，H. W. & Hu，Q. F. （2015）Characterization of model uncertainty for cantilever deflections in undrained clay. ASCE Journal of Geotechnical and Geoenvironmental Engineering，141 （1），04014088.

# 第 6 章

# 半概率可靠度设计

作者：Kok‐Kwang Phoon 和 Jianye Ching

## 摘要

无论是基于可靠度还是其他形式的岩土设计规范，都必须能够考虑多样化的当地场地条件以及历经多年发展和调整以适应这些条件的多样化的当地实践。一个明显的例子是，由于存在多种参数估计方法以考虑这些多样化的实践和场地条件，岩土参数变异系数可以在很宽的范围内变化。另一个例子是，深基础通常安装在因场地而异的分层土体中。这些多样化的设计情景不会在结构工程中出现。如果岩土 RBD 的性能以在这些多样化的设计情景（ISO 2394：2015 的 D.5 节）中实现比现有容许应力设计更一致的可靠度水平的能力来衡量的话，那么在结构设计规范中广泛应用的 LRFD 和类似的简化 RBD 方法便不能满足要求。虽然过去几十年中，岩土 RBD 在其初始发展阶段采用结构 LRFD 概念是可以理解的，但现在是时候让岩土设计规范编制组织研究如何改进简化岩土 RBD 方法。本章说明了诸如分位值法结合有效随机维度（ERD‐QVM）等改进的设计方法，可以考虑更现实和多样化的设计状况。具体地说，ERD‐QVM 可以在很宽范围的岩土参数变异系数和很宽范围的分层土体剖面内维持可接受的一致可靠度水平。它可以在保留传统安全系数和 LRFD 方法简便性的同时实现上述要求。ERD‐QVM 是朝着为岩土工程师发展岩土 RBD 的正确方向上而迈出的一步。岩土 RBD 亟需开展更多研究以获得工程师更广泛的认可。

## 6.1 引言

ISO 2394：2015 包含了一个新的资料性附录 D "岩土结构可靠度"。附录 D 的引入标志着 ISO 2394：2015 首次明确认识到实现岩土和结构可靠度设计一致性的必要性。附录 D 的重点是识别和表征岩土可靠度设计过程的关键要素，同时尊重岩土工程实践的多样性。这些要素适用于任何 RBD 的执行方式，无论是诸如分项系数法（partial factor approach，PFA）、荷载抗力系数设计（load and resistance factor design，LRFD）、多重抗力荷载系数设计（multiple resistance and load factor design，MRFD）(Phoon 等，2003a）、鲁棒性 LRFD（robust LRFD，R‑LRFD）(Gong 等，2016）和分位值法（quantile value method，QVM）(Ching 和 Phoon，2011）等简单方法，还是诸如扩展可靠度设计方法（Wang 等，2011）等的全概率方法。

ISO 2394：2015 第 4.4.1 条指出，"当失效后果和损害被很好地理解并在正常范围内"，RBD 可以用于代替风险评估。RBD 的目标是调整一组设计参数以达到或至少不超过预定的目标失效概率。如钻孔桩深度就是易于调整的设计参数。虽然调整桩的直径原则上是可行的，但是在单个场地不断改变螺旋钻直径却不太实际。当前的容许应力设计（allowable stress design，ASD）方法也需要考虑这种施工可行性。对 RBD 和 ASD 而言，设计参数（如钻孔桩深度）的试错调整是很常见的。两者的唯一区别是设计目标。前者认为达到目标失效概率（如 1‰）的设计是令人满意的。而后者认为达到目标全局安全系数（如 3）的设计是令人满意的。使用失效概率（或可靠度指标）代替全局安全系数的优点已在其他地方讨论过（Phoon 等，2003b，2003c）。

ISO 2394：2015 第 4.4.1 条也指出，"当除后果外的失效模式和不确定性表征也都可以分类和标准化"，RBD 就可以进一步地简化。这种简化 RBD 方法被称为半概率方法。PFA、LRFD 和 MRFD 等形式的简化 RBD 方法流行的原因是，在保持对每个试验设计方案只执行一次代数验算的简便性同时，工程师可以得出符合（尽管近似）目标失效概率（或目标可靠度指标）的设计。这些方法不需要执行繁琐的蒙特卡洛模拟或更复杂的概率分析。从工程师的角度来看，简化 RBD 方法（如 LRFD）与传统的安全系数方法并没有明显的区别，除了规范要求 LRFD 需要将一组抗力和荷载系数乘以相应的抗力和荷载分量（取名义值或特征值）外。两者的主要不同在于 LRFD 中抗力和荷载系数的数值不是单纯根据经验或先例来确定，而是由规范编制者为达到预期的目标可靠度指标采用可靠度分析校准所得。一旦设计规范规定了抗力和荷载系数的数值，工程师就可以直接使用它们进行设计，而无需开展可靠度分析。据作者所知，这种简化 RBD 方法迄今已被所有岩土 RBD 规范采用。代数设计验算代替可靠度分析的明显缺陷是不能精确达到目标可靠度指标。顺便注意到虽然预期的安全系数在任何设计状况下有可能被精确达到，但是安全系数概念在很多方面并不一致。

如果采用全概率方法，就有可能在任何设计状况下精确地达到目标可靠度指标。因此，全概率方法很容易实现完全一致的可靠度水平。全概率方法将在本书第 7 章中讨论。然而，简化 RBD 方法在现行设计规范中的盛行意味着工程师目前并没有准备接受全概率分析。对于简化 RBD 方法来说，ISO 2394：2015 中附录 D 的 D.5 节"岩土 RBD 的实施问题"阐明"岩土 RBD 的关键目标是实现比现有容许应力设计更一致的可靠度水平"。D.5 节还进一步强调，简化 RBD 方法的可靠度校准在岩土工程中具有挑战性。有许多因素导致简化岩土 RBD 方法比结构工程中的方法更难以校准。其中一个原因是这些方法必须涵盖不同土体参数估计方法（Phoon，2015）导致的岩土参数很宽范围的变异系数。另一个挑战是简化岩土 RBD 应该足够灵活以覆盖设计规范中包含的区域内各种土体剖面。

简化 RBD 方法的性能应以在可接受误差范围内产生达到预期目标可靠度指标的设计

方案的能力衡量。当简化 RBD 方法被首次引入到设计规范中时，它应该产生与安全系数方法相似的设计方案以保证以往实践和经验的延续性。实际上，目标可靠度指标通常按照这种明智的延续性原则来规定。然而 RBD 的主要目标必须是维持一致的可靠度水平，这是转换到 RBD 时首要的关键基础。简化 RBD 方法维持一致可靠度水平的能力主要与规范涵盖的设计状况范围以及可靠度校准过程中可供调整的系数的数量有关。

作者建议，简化 RBD 方法应揭示校准域内出现的各种设计状况下与目标可靠度指标的最大偏差。原则上，校准域外的设计状况下使用简化 RBD 方法可以产生远离目标值的可靠度指标。因此，为了避免造成简化 RBD 适用于任何设计状况这一错误的印象，明确阐明任何简化 RBD 方法校准域的显著特征（如桩的直径范围、桩的长度范围、岩土参数统计值的范围等）就显得极其重要。如上所述，岩土工程校准域特有的一个显著特征是，由于存在多种参数估计方法以考虑多样化的实践和场地条件（ISO 2394：2015 的 D. 1 节），岩土参数 COV 可以在很宽的范围变化。容易想象，如果 COV 范围足够宽（如表 3.7 中不同方法估计的不排水抗剪强度的 COV 处于 $10\% \sim 70\%$），那么单个抗力或分项系数不能达到一致的可靠度指标。Phoon 和 Ching（2013）证明当存在分层土体时，更难达到一致的可靠度指标。

LRFD 最早被提出用于钢结构设计（Ravindra 和 Galambos，1978）。而岩土结构，特别是桩，通常被视为与结构 RBD 规范中的柱相似的构件。在 LRFD 的框架内采用相同的方式将桩处理为构造柱是不合适的。柱的抗力取决于混凝土和钢的质量。这些结构材料是人工制造的，它们的强度可以通过质量控制保证。而现浇混凝土极限强度可能受固化温度影响，而固化温度又受环境温度影响。然而，这个特定场地问题可以通过各种措施缓解，且该问题的影响比将桩安装在因地而异的分层土体中要小得多。土体的变异性也因地而异。土体设计参数估计方法和当地实践的其他方面也可能因地而异。相反，结构材料的试验方法则是高度标准化的。尽管存在这些明显差异，岩土 RBD 继续采用了结构 LRFD 框架，该框架在评估抗力系数时并未明确考虑特定场地影响。据作者所知，仅从 20 世纪 90 年代左右开始，岩土 RBD 才脱离结构 RBD 而进行单独研究（Barker 等，1991；Phoon 等，1995）。同样的，尽管 ISO 2394 的第一版早于 1973 年就已出版，但直到 ISO 2394：2015 才明确考虑岩土方面内容。在过去几十年中，岩土 RBD 在其初始发展阶段采用结构 LRFD 概念是可以理解的。然而大量研究表明，传统的 LRFD 和 PFA 并不能满足岩土工程实践的需要。作者相信现在是时候让岩土设计规范编制组织研究如何改进简化岩土 RBD 方法。

岩土 RBD 的关键挑战如下。该方法需要校准出一组抗力系数、土体分项系数或诸如分位数等其他系数，这些系数能在设计规范包含的设计状况范围内产生近似满足目标可靠度指标的设计方案，且能够考虑多样化的当地场地条件以及历经多年发展和调整以适应这些条件的多样化的当地实践。安全系数可以被视为抗力系数的倒数。如荷载系数为 1 时，一个取值为 0.5 的抗力系数等效于一个取值为 2 的安全系数。基于这一观察，应用取值为 0.5 的抗力系数将会得出与应用取值为 2 的安全系数一样宽的可靠度指标变化范围！我们能比这做得更好吗？EN 1990：2002 表 B2 对承载能力极限状态的三个可靠度等级（reliability classes，RCs）建议了最小可靠度指标。RC1、RC2 和 RC3 的 50 年基准期的最小可靠度指标分别为 3.3、3.8 和 4.3。这种情况要求简化 RBD 方法能使设计方案的可靠度指标维持在目标可靠度指标±0.5 或更小的范围内。有人可能认为，如果允许工程师审慎地调整抗力的名义值或特征值以适应特定场地条件，那么例如 0.5 的单个抗力系数仍然适用。该方法类似于现有的容许应力设计方法将相对恒定的安全系数应用于经工程师适当挑选出的名义抗力。然而对 RBD 而言，为了维持相对一致的可靠度水平，校准名义抗力比校准无量纲的抗力系数更加困难，除非能在概率意义上很好地定义名义抗力。本章第 6.5 节介绍的 QVM 本质上利用了这种可能性。顺便注意到，岩土 RBD 还需要处理岩土实践中数据（土体数据、荷载试验数据、现场监测数据等）非常有限的情况。该挑战在本书第 3 章中已讨论过。据作者所知，简化 RBD 并没有系统地考虑由有限数据引起的统计不确定性，例如对 LRFD 中的抗力系数或者 QVM 中的分位数应用折减系数对其进行折减。

本章回顾了一些常用的可靠度校准方法及其局限性。采用在单层土体和双层土体中安装的摩擦桩为例，数值地说明了两个重大缺陷。结果表明，单层土体中 QVM（Ching 和 Phoon，2011）可以在较宽的单位侧阻力 COV 范围内维持相对一致的可靠度水平。然而当场地包含多个土层时，QVM 并不能维持一致的可靠度水平。这个局限性对于涵盖安装在分层土体中的深基础设计规范而言是重要的。考虑到设计规范的地理覆盖范围以及随荷载变化的地基长度，土层的数目通常不是恒定的。这是岩土实践常遇到的一个特定场地条件示例。Ching 等（2015）将"有效随机维度（effective random dimension，ERD）"的概念引入到 QVM 中，使其适用范围扩展到多层土体中（ERD – QVM）。此外，一个重力式挡土墙的算例表明，ERD 的概念与冗余问题有关，因此未涵盖多层土体的简化 RBD 方法在规范校准时必须与可变 ERD 或可变冗余作斗争。

## 6.2 校准方法纵览

### 6.2.1 基本的荷载抗力系数设计（LRFD）

在岩土工程中，北美最流行的简化 RBD 方法是荷载抗力系数设计（LRFD）方法（Paikowsky，2004；Paikowsky 等，2010）。最简单的 LRFD 方程是

$$\eta F_n \leqslant \Psi Q_n \qquad (6.1)$$

式中：$\eta$ 为荷载系数（$\geqslant 1$）；$\Psi$ 为抗力系数（$\leqslant 1$）；$F_n$、$Q_n$ 分别为名义荷载和名义承载力（或抗力）。

因为 $\eta$ 和 $\Psi$，因此称该方法为"荷载抗力系数设计"。LRFD 方法通常假设实际承载力 $Q$ 可以模拟为偏差系数 $b_Q$ 和名义承载力 $Q_n$ 的乘积：

$$Q = b_Q Q_n \qquad (6.2)$$

偏差系数类似于本书第 5 章讨论的模型因子。两者的区别在于偏差系数是基于按设计规范要求保守估计得到的名义承载力，而模型因子是基于承载力计算值的最优估计。在可靠度校准过程中，偏差系数被认为是一个服从对数正态分布的随机变量。因此，从式（6.2）可以看出，$Q$ 也是一个服从对数正态分布的随机变量。同理，随机荷载 $F$ 也可以表示为荷载的偏差系数 $b_F$ 与名义荷载 $F_n$ 的乘积。这样做的原因是为了产生抗力系数的解析表

达式：

$$\Psi = \frac{\eta(F_n/\mu_F)\sqrt{(1+V_F^2)/(1+V_Q^2)}}{(Q_n/\mu_Q)\exp\{\beta_T\sqrt{\ln\left[(1+V_F^2)(1+V_Q^2)\right]}\}} \tag{6.3}$$

式中：$\mu_Q$、$\mu_F$ 分别为 $Q$ 和 $F$ 的均值；$V_Q$、$V_F$ 分别为 $Q$ 和 $F$ 的变异系数；$\beta_T$ 为目标可靠度指标。

偏差系数的统计量是根据荷载试验数据库估计得到的。显然，偏差系数本质上是一个"集中"系数，它能同时考虑由计算模型引起的系统偏差以及参数/模型不确定性导致的随机效应。鉴于它的集中性质，偏差系数统计量理论上是设计参数（如几何和土体参数）的函数。在最理想的情况下，偏差系数统计量对设计参数完全不敏感，即它们可被用于所有可能的几何形状、地质形成和土体性质。在这种理想情况下，由荷载试验数据库估计的统计量是鲁棒的，并且可以非常确信被用于实践中遇到的全部设计状况。在最坏的情况下，统计量对一个或多个设计参数非常敏感。例如，短桩的统计量可能与长桩的统计量不同。这是由物理原因（如长桩的桩侧阻力在总抗力中占主导地位）或统计学原因（如长桩的土体强度空间平均效应更显着）导致的。在这种情况下，将由荷载试验数据库得到的统计量应用于试验数据库之外的问题是值得商榷的。Kulhawy 和 Phoon（2002）强调了这个潜在问题。Paikowsky（2002）提供了真实的统计数据，证明偏差系数统计量一般依赖于一些设计参数。模型因子的统计量也受相同依赖问题的影响，因此必须注意确保偏差系数或模型因子统计量能充分覆盖设计规范包含的范围。

如果某一设计参数，例如桩的长径比（$L/B$），是有影响的，那么将该参数的范围划分为两个或更多的分段并估计不同分段内的统计量就显得十分重要。例如，可以将 $L/B$ 的范围划分为两段，即小于 10 的短桩和大于 10 的长桩。分段的数目明显依赖于统计量对该设计参数的敏感性，这由具体问题而定。这种划分方法是对上述依赖问题的一个合理且实用的解决方案。然而，根据荷载试验数据库估计敏感统计量有一个更微妙但很少被重视的问题。这个问题是如果统计量是敏感的，那么就要确保校准案例能够相当均匀地分布在设计参数范围的任意分段上。这对荷载试验数据库来说是很难做到的，因为数据库中的案例通常是从文献而不是从单独的综合研究项目中收集。以 $L/B > 10$ 为例，某一特定数据库中的 $L/B$ 可能主要在 30～50 之间。

## 6.2.2 扩充 LRFD 和多重抗力荷载系数设计（MRFD）

鉴于基本 LRFD 方法的各种局限性，Phoon 等（1995）提出了 LRFD 的替代方法。该方法重点是对基本岩土问题的现实处理，而不是保持与由结构工程实践演变而来的 LRFD方法的一致性。该方法允许在可靠度校准过程中直接应用"最佳的"岩土计算模型，而不是为满足具有解析表达的可靠度公式的要求就将承载力人为地简化成一个服从对数正态分布的随机变量。可用的计算模型被检验并与现场和室内的可用荷载试验数据以及数值模拟的结果进行比较，进而选出一个"最佳的"计算模型（最准确、变异性最小、基本无偏差）用于可靠度校准。

作为该过程的一部分，诸如有效应力摩擦角、不排水抗剪强度和水平土压力系数等关键设计参数直接被模拟为随机变量。该方法的一个主要优点是有影响的设计参数及其变异系数的范围可以被分段，并且在校准时每个分段或分区内的校准点都可以被选择以确保均匀覆盖变量（图 6.1）。它的缺点是：①不能使用对数正态随机变量的解析可靠度公式，从而需要更复杂的可靠度计算方法，例如一阶可靠度方法（first - order reliability method，FORM）；②需要利用优化程序调整每个分段上的抗力系数，使得在每个校准点处与目标可靠度的偏差最小。但是一旦完成校准过程，用户就不必执行任何可靠度计算或系数优化。

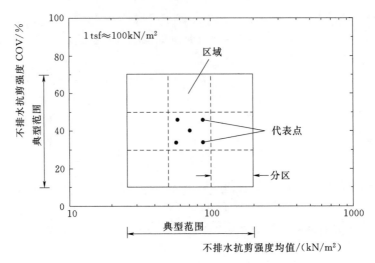

图 6.1　校准抗力系数时参数空间的分区 ［ISO 2394：2015，图 D.3。
经国际标准化组织（ISO）许可。ISO 保留所有权利］

　　基于对优化过程的大量研究以及对关键设计参数及其 COV 的典型范围的详细评估，Phoon 等（1995）发现 3×3 的划分足以进行实际校准。COV 的典型范围如表 3.7 所列。可以看出，低变异性对应于高质量的直接室内或现场试验结果，中等变异性大多数情况下对应于间接相关关系，而高变异性对应于完全经验相关关系。

　　一旦完成校准，式（6.1）就可以结合抗力系数（表 6.1 中的 $\Psi_u$ 值）直接使用。基于适当的场地勘察可以直接应用表 6.1。首先，确定关键设计参数的均值。以表 6.1 中的不排水抗拔桩为例，关键设计参数是不排水抗剪强度 $s_u$。基于 $s_u$ 的均值足以确定黏土类型（中等硬、硬或非常硬的黏土）。其次，通过直接试验或根据经验应用表 3.7 确定COV。注意，没有必要准确地确定 COV 值。基于现有的信息确定适合的变异性等级（低、中、高）或 COV 范围就足够了。最后，从表 6.1 中选出与黏土类型和变异性等级相对应的抗力系数。例如对于高变异性的硬质黏土，$\Psi_u=0.39$。当开展更多的试验使得变异性降至等级"低"，那么工程师可在设计中采用更大的 $\Psi_u=0.43$。表 6.1 首次尝试将场地勘察投入与设计明确地联系起来。虽然近年来已经发展了更好的方法来量化场地勘察对设计的价值，但将表 6.1 视为岩土可靠度设计的最低标准是极为重要的。基本 LRFD 方法没有参考场地勘察投入就规定了一个抗力系数，这对于岩土工程来说是不合适的。单纯为了使岩土和结构设计在设计方法层面相协调而采用 LRFD 是有争议的。岩土和结构设计应通过应用可靠度原理这一共同基础相协调。

**表 6.1**　　利用 $F_{50} = \Psi_u Q_{un}$ 或 $F_{50} = \Psi_{su} Q_{sun} + \Psi_{tu} Q_{tun} + \Psi_w W$ 设计的钻孔桩

不排水极限抗拔抗力系数（Phoon 等，1995）

| 黏　　土 | $s_u$ 的 COV/% | $\Psi_u$ | $\Psi_{su}$ | $\Psi_{tu}$ | $\Psi_w$ |
|---|---|---|---|---|---|
| 中等硬<br>（$s_u$ 均值=25～50kN/m²） | 10～30 | 0.44 | 0.44 | 0.28 | 0.50 |
| | 30～50 | 0.43 | 0.41 | 0.31 | 0.52 |
| | 50～70 | 0.42 | 0.38 | 0.33 | 0.53 |
| 硬<br>（$s_u$ 均值=50～100kN/m²） | 10～30 | 0.43 | 0.40 | 0.35 | 0.56 |
| | 30～50 | 0.41 | 0.36 | 0.37 | 0.59 |
| | 50～70 | 0.39 | 0.32 | 0.40 | 0.62 |
| 非常硬<br>（$s_u$ 均值=100～200kN/m²） | 10～30 | 0.40 | 0.35 | 0.42 | 0.66 |
| | 30～50 | 0.37 | 0.31 | 0.48 | 0.68 |
| | 50～70 | 0.34 | 0.26 | 0.51 | 0.72 |

注　目标可靠度指标为 3.2；$F_{50}$ 为 50 年重现期荷载；$Q_{un}$ 为名义抗拔承载力；$Q_{sun}$ 为名义抗拔桩侧摩阻力；$Q_{tun}$ 为名义抗拔桩端阻力；$W$ 为基础重量。

如前所述，在基本的或扩充的 LRFD 中，$\Psi$ 值被应用于由不同部分组成的总岩土承载力。例如，不排水加载时钻孔桩的抗拔承载力由桩侧摩阻力、桩端阻力和自重构成。这些组成部分一般是诸如基础深度、直径、重量和土体不排水抗剪强度等更基本设计参数的非线性函数。每个组成部分对总承载力的相对贡献不是恒定的，并且每个组成部分的不确定性程度也不相同。例如与不排水桩侧摩阻力相比，桩的重量几乎是确定的，因为混凝土容重 COV 明显小于不排水抗剪强度 COV。

Phoon 等（1995，2003a）针对该问题开展了详细研究，并表明利用以下方程可以更一致地达到恒定目标可靠度指标：

$$\eta F_n \leqslant \Psi_{su} Q_{sun} + \Psi_{tu} Q_{tun} + \Psi_w W \tag{6.4}$$

式中：$\Psi$ 为岩土承载力每个不同组成部分的抗力系数，如表 6.1 中第 4 列～第 6 列所列；$Q_{sun}$ 为名义抗拔桩侧摩阻力；$Q_{tun}$ 为名义抗拔桩端阻力；$W$ 为基础重量。

式（6.4）所表示的方法称为不排水抗拔基础的"多重抗力和荷载系数设计（multiple resistance and load factor design，MRFD）"。

通过评价实际达到的 $\beta$ 值与目标 $\beta_T$ 值的接近程度对 LRFD 和 MRFD 这两种方法进行了比较。对于扩充 LRFD 方法而言，$(\beta - \beta_T)/\beta_T$ 值约为 ±（5%～10%）。然而，MRFD 方法的 $(\beta - \beta_T)/\beta_T$ 值仅约为扩充 LRFD 方法的 1/2～2/3，表明当抗力的每个不同部分被指定抗力系数时，MRFD 方法相对于 LRFD 方法有了明显改进。基本 LRFD 仅规定了抗力系数的一个值，并没有标明校准是针对低、中还是高变异性进行的。假设校准是针对中等变异性状况进行的，当用校准的抗力系数进行设计时，低变异性状况的 $\beta$ 将大于 $\beta_T$，高变异性状况的 $\beta$ 将小于 $\beta_T$，大于或小于的数值在 10% 以内。

上述结果清楚表明 MRFD 方法优于 LRFD。相比 LRFD，MRFD 不仅更接近达到 $\beta_T$，并且由于它利用适当的岩土设计方程进行设计，使得设计方程中每个部分的相对权重都能被明确定义。另外在评估参数变异性时，MRFD 对数据质量也有直接认知。有了这些工具，经验丰富的工程师可以容易地从表 6.1 中为设计选择合适的、与场地勘察投入相关的 $\Psi$ 值。

### 6.2.3 鲁棒性 LRFD（R‑LRFD）

RBD 的一个基本挑战是在有限数据条件下合理地处理分析和设计中的不确定性。众所周知，由于数据有限难以精确表征统计量和分布，那么为处理不确定性而构建的概率模型本身就是不确定的。贝叶斯方法已被应用于处理这种统计不确定性（本书第 3 章），但 Juang 等（2013）提出了一种称作鲁棒性岩土设计（robust geotechnical design，RGD）的新设计理念来应对这一挑战。鲁棒性设计的本质是在同时考虑"噪声因子"变异性影响、安全性和成本效益的情况下得到一个设计方案。噪声因子是指难以控制（设计者不容易调整）和难以表征（不确定性虽被认知，但因数据有限而难以量化）的输入参数。原始 RGD 方法保留了可靠度指标作为安全性的度量指标（Juang 等，2013；Juang 和 Wang，2013），且采用由噪声因子概率分布不确定性造成的失效概率变异性来衡量设计方案的鲁棒性。为了实际应用并与 LRFD 设计规范一致，基于可靠度的 RGD 已经被简化为类似于 LRFD 方法的鲁棒性 LRFD（R‑LRFD）（Gong 等，2016）。R‑LRFD 的理论基础不是概率性的（因为它假定没有足够的数据用于表征概率分布），且不采用可靠度指标衡量安全性。

诸如失效概率变异性（Juang 等，2013）、信噪比（signal to noise ratio，SNR）（Taguchi，1986；Phadke，1989；Park 等，2006；Gong 等，2014）和可行鲁棒性（Juang 等，2013；Juang 和 Wang，2013）等传统的基于概率分析的鲁棒性度量指标，适用于不确定参数已被量化的设计，它们并不适用于不确定参数未被量化的设计。因此 R‑LRFD 利用梯度概念来衡量设计方案 $d$ 对噪声因子 $\theta$ 变异性的鲁棒性。

图 6.2（a）和图 6.2（c）描述了基于梯度的鲁棒性概念：具有相同噪声因子 $\theta_1$ 的两个设计（$d_1$ 和 $d_2$）展现出不同的系统响应模式：一个［图 6.2（a）中的 $d_1$］产生高系统响应变异性，而另一个［图 6.2（c）中的 $d_2$］产生低系统响应变异性。产生较低系统响应变异性的设计，按定义称为鲁棒的设计，具有较低的梯度。因此，鲁棒性设计可以通过降低系统响应对噪声因子的梯度来获得，而不用量化噪声因子的不确定性。基于梯度的鲁

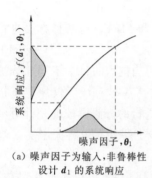
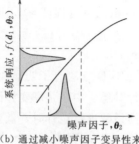
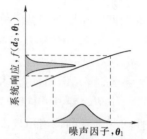

(a) 噪声因子为输入，非鲁棒性设计 $d_1$ 的系统响应

(b) 通过减小噪声因子变异性来减小系统响应变异性

(c) 通过采用鲁棒的设计 $d_2$ 而不减小噪声因子变异性来减小系统响应变异性

图 6.2　设计方案鲁棒性概念图解（Gong 等，2016）

棒性度量的这个特点是 LRFD 的完美匹配，其中噪声因子和求解模型的不确定性虽被认知但未被量化。

在 R - LFRD 框架内，设计（由固定的 LRFD 分项系数得出）对未被量化不确定性（由于多样化的当地场地条件和当地实践）的鲁棒性可以通过简化多目标优化保证。在这个简化优化中，采用传统 LRFD 准则评估的安全性是一种强制性约束，而鲁棒性和成本效益是优化的目标。R - LRFD 方法及其应用实例详见 Gong 等（2016）。

### 6.2.4　总沉降的 LRFD

正常使用极限状态（SLS）是地基设计中需要评估的第二种极限状态。它通常是占主导地位的设计准则，特别对于大直径桩和浅基础而言。不幸的是，地基沉降难以准确预测，因此基于可靠度的 SLS 评估并不常见。理想情况下，应采用相同的可靠度设计原则检验承载能力极限状态（ULS）和 SLS。然而，SLS 的不确定性大小和目标可靠度水平与 ULS 不同，但是这些差异可以采用可靠度校准的变形系数（类似于抗力系数）一致地评估。

Phoon 等（1995）利用包含可以标准化的基础荷载-位移数据的大型数据库研究了这个问题。研究表明，大多数数据库可以采用双参数的双曲线模型表征，如图 6.3 中抗拔钻孔桩所示，该模型可表示为

$$F/Q_u = y/(a+by) \tag{6.5}$$

式中：$F$ 为荷载；$Q_u$ 为抗拔承载力；$y$ 为位移；$a$、$b$ 为双曲线拟合参数。

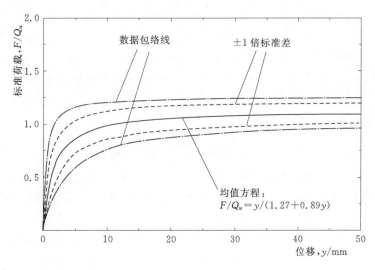

图 6.3　抗拔钻孔桩的荷载-位移曲线（Phoon 等，1995）

近来，Phoon 和 Kulhawy（2008）总结了 SLS 的发展并指出这个模型最适合以下基础类型：抗拔扩展式基础（排水和不排水）、抗拔和抗侧向力矩钻孔桩（排水和不排水）、抗压钻孔桩（不排水）、抗压螺旋钻孔灌注桩（排水）以及抗拔压力注入基础（排水）。抗压钻孔桩（排水）的最佳拟合模型是指数模型。最近，Akbas 和 Kulhawy（2009a）也表明双曲线模型适合于抗压扩展式基础（排水）。

基础的 ULS 可靠度采用承载力小于所施加荷载的概率表示。同理，基础的 SLS 可靠度采用取决于容许位移的容许承载力小于所施加荷载的概率表示（Phoon 等，1995；Phoon 和 Kulhawy，2008）。荷载-位移曲线的非线性由双参数的双曲线方程拟合。整个荷载-位移曲线的不确定性采用双曲线参数为分量的二维随机向量表示，并在可靠度分析中将容许位移视为随机变量。得到的 LRFD 方程如下：

$$F_n = \Psi_u Q_{uan} = \Psi_u [Q_{un} y_a / (\mu_a + \mu_b y_a)] \tag{6.6}$$

式中：$\Psi_u$ 为表 6.2 给出的抗拔变形系数；$Q_{uan}$ 为名义容许抗拔承载力；$Q_{un}$ 为名义抗拔承载力；$y_a$ 为容许位移；$\mu_a$、$\mu_b$ 分别为 $a$、$b$ 的均值。

注意，与 ULS 相比，SLS 的变形系数是针对较小的 $\beta_T$（或较大的失效概率）来校准的。在可靠度术语中，"失效"是指任何不令人满意的性能，例如基础位移超过容许值。

表 6.2　利用 $F_{50} = \Psi_u Q_{uan}$ 设计的钻孔桩不排水抗拔变形系数
**（Phoon 等，1995）**

| 黏　　土 | $s_u$ 的 COV/% | $\Psi_u$ |
|---|---|---|
| 中等硬<br>（$s_u$ 均值＝25～50kN/m²） | 10～30 | 0.65 |
| | 30～50 | 0.63 |
| | 50～70 | 0.62 |
| 硬<br>（$s_u$ 均值＝50～100kN/m²） | 10～30 | 0.64 |
| | 30～50 | 0.61 |
| | 50～70 | 0.58 |
| 非常硬<br>（$s_u$ 均值＝100～200kN/m²） | 10～30 | 0.61 |
| | 30～50 | 0.57 |
| | 50～70 | 0.52 |

注　目标可靠度指标为 2.6。

### 6.2.5　沉降差的 LRFD

在基础设计中，单个基础的 SLS 是重要的，且可以按照上述方法进行处理。只要地质条件相当一致，基础的沉降差是有可能最小化的。然而，对于某些类型土体-地基系统，例如粗粒土中的扩展式基础，沉降差的问题就非常重要。传统的实践是经验性的，且假定沉降差仅为总计算沉降的某一固定百分比，通常为 50%～100%。

为了提供更加合理的评估方法，Akbas 和 Kulhawy（2009b）建议采用概率方法来解决这个问题。他们采用以下形式的沉降估计公式估计基础的沉降差（Burland 和 Burbridge，1985）：

$$\left. \begin{array}{l} \rho_{m1} - \rho_{m2} = (1/M) \zeta_s \zeta_i q B^{0.7} (I_{c1} - I_{c2}) \\ I_c = 1.71 / N_{60}^{1.4} \end{array} \right\} \tag{6.7}$$

式中：$\rho_{m1}$、$\rho_{m2}$ 分别为相邻基础 1、2 的实测沉降值；$M$ 为模型因子（实测沉降值与计算沉降值之比）；$\zeta_s$ 为形状系数；$\zeta_i$ 为影响深度修正系数；$q$ 为基础位置处的有效应力净增值；$B$ 为基础宽度；$I_{c1}$、$I_{c2}$ 分别为相邻基础 1、2 的压缩指数；$N_{60}$ 为按 60% 平均能量比修正的标准贯入试验锤击数 $N$。

应力、模型不确定性、岩土参数以及与基础间距相关的 $I_c$ 值被视为随机变量。注意，此处模型因子 $M$ 的定义是本书第 5 章中更传统定义的倒数。研究结果如下所示：

$$q_d = \Psi_D^{SLS} q_n = \Psi_D^{SLS} [\rho_a / (\zeta_s \zeta_i B^{0.7} I_{cn})] \tag{6.8}$$

式中：$\Psi_D^{SLS}$ 为沉降差变形系数；$q_n$ 为基础所受应力的名义值；$\rho_a$ 为容许沉降限值；$q_d$ 为 $q_n$ 的修正设计值；$I_{cn}$ 为采用 $N_{60}$ 均值计算得到的 $I_c$ 名义值。

$\Psi_D^{SLS}$ 值由一个冗长的表格给出，并且它是容许角变形（1/150、1/300、1/500），$N$ 的 COV（25%～55%）和基础中心距（3～9m）的函数。大多数参数组合的变形系数小于 1.0，这与 SLS 的一些当前实践相反。这些实践可能偏于不保守。

## 6.2.6　一阶可靠度方法（FORM）

EN 1990：2002 附录 C "Eurocode：结构设计基础"讨论了 FORM 设计验算点方法在分项系数校准中的应用。设计验算点（或最可能失效点）处的功能函数本质上就是简化的 RBD 方程，即设计方程与功能函数相同。功能函数是估计失效概率最佳可用的物理模型。功能函数通常以隐式的复杂数值程序存在，而设计方程通常以简单解析表达式存在。MRFD 校准方法不要求将功能函数和设计方程联系起来。FORM 设计验算点方法的另一个重要缺陷是只能选择一个设计状况而不是一系列代表性设计状况（图 6.1 中实点）进行校准。

## 6.2.7　基线法

Ching 和 Phoon（2011）提出了一种基于分位数的可靠度校准方法，该方法不要求 LRFD 将承载力集中为单个对数正态随机变量，也不要求 MRFD 对抗力系数开展繁琐的分段优化。这种分位值法（quantile value method，QVM）将在本章 6.5 节中讨论。该方法与基线法（ASCE 结构荷载工作委员会，1991）在概念上具有一定的相似之处。基线法本质上需要适当选择和匹配名义荷载和承载力以达到一致的可靠度水平，如下所示（Criswell 和 Vanderbilt，1987）：

$$Q_\varepsilon = F_{50} \tag{6.9}$$

式中：$Q_\varepsilon$ 为承载力 $Q$ 的 $\varepsilon$ 排阻限；$F_{50}$ 为 50 年的重现期荷载 $F$。

基线校准程序需要调整式（6.9）中的排阻限 $\varepsilon$ 以达到 1% 的目标年失效概率。从图 6.4 可以明显看出，如果目标失效概率为 1%，且承载力 COV 在 10%～20% 之间，式（6.9）应采用 5%～10% 的排阻限。基线 RBD 方法的优势在于其简便性。首先，只需简单匹配经过适当选择的名义荷载 $F_{50}$ 和承载力 $Q_5$ 就可以达到合理一致的目标失效概率 1%。式（6.9）无需已知荷载或抗力系数。其次，该方法利用了结构设计中已被广泛应用的常见概念，如排阻限和重现期。此外，图 6.4 表明失效概率对承载力 COV 在 10%～20% 变化以及排阻限在 5%～10% 变化（图 6.4 中阴影区域）相当不敏感。

分位值法 QVM 和基线法的主要区别是：①分位值法中承载力和荷载变量共用单个分位数（与排阻限同义）；②分位值法中承载力模型中的基本不确定设计参数可被模拟为具有不同概率分布的随机变量，而不必把整个承载力模拟为单个随机变量（模拟为单个随机

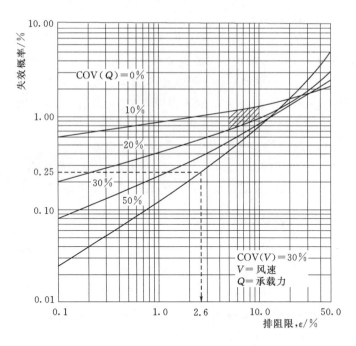

图 6.4　利用 $Q_\varepsilon = F_{50}$ 设计的结构构件可靠度（Phoon 等，2003a，图 2）

变量具有局限性）；③分位值法中应用标准化方案将设计参数对安全率概率特征的影响最小化。标准化方案是 QVM 中最为关键的部分。它允许应用单个分位数达到一致的可靠度，即使当土体和荷载参数的 COV 在较宽的范围内变化。这在理论上对 FORM 方法来说是不可能的。从图 6.4 可以明显看出，当承载力 COV 超过 20％时，基线法不能维持单个分位数。标准化方案见 Ching 和 Phoon（2011）。

值得强调的是，QVM 与 Eurocode 中特征值定义时所使用的分位数不同。后者的分位数是设计规范在没有参考目标失效概率的情况下就规定的。例如，结构设计规范通常规定混凝土抗压强度 $f_{cu}$ 的分位数为 5％～10％。该定义的主要目的是产生与 $f_{cu}$ 变异系数一致变化的抗压强度保守值。相同的分位数可用于不同的功能函数，例如梁的抗弯/抗剪承载力或者柱的抗压承载力。QVM 中的分位数 ε 则是根本不同的。ε 不是通过规定而是由校准得到，以达到特定目标失效概率。如图 6.5 所示，对于给定的功能函数，ε 以相对唯一的方式随着目标失效概率的降低而减小。它本质上与功能函数相关。因此，当功能函数不同而目标可靠度相同，土体参数（如不排水抗剪强度）的分位数也将变化。

### 6.2.8　理解程度

2014 版加拿大公路桥梁设计规范（CAN/CSAS614：2014）基于以下 3 个理解层次来校准 ULS 和 SLS 的抗力系数：

（1）高度理解：大量的特定项目勘察程序和/或认知与高质量预测模型结合，以达到高置信水平的性能预测。

（2）典型理解：典型的特定项目勘察程序和/或认知与传统的预测模型结合，以达到典型置信水平的性能预测。

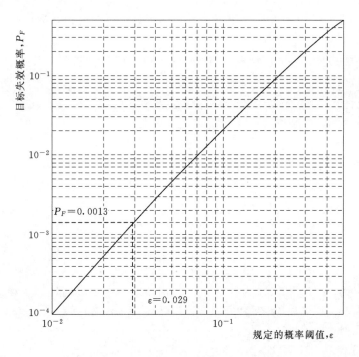

图 6.5 QVM 中 $\varepsilon$ 与 $P_F$ 关系示例 (Ching 和 Phoon, 2011, 图 3)

(3) 低度理解：有限的代表性信息（如过往经验、从附近和/或类似场地的推断等）与传统的预测模型结合，以达到较低置信水平的性能预测。

该细化方案能为工程师挑选适合特定场地条件的抗力系数提供选择（Phoon 等，1995）。场地理解程度采用设计参数的 COV 表征，表 6.1 和表 6.2 给出了可靠度校准的 3 个 COV 等级。Phoon 和 Kulhawy（2008）针对不同的设计参数给出了不同的 COV 等级（表 3.7）。Paikowsky 等（2004）在深基础抗力系数的可靠度校准中采用了类似方法。场地变异性分为低（COV<25%）、中（25%<COV<40%）和高（COV>40%）3 个等级。CAN/CSAS614：2014 将场地和模型理解水平引入简化 RBD 的方法本质上是利用蒙特卡洛模拟，将土体模拟为空间变异的随机场，并进行岩土系统的虚拟场地勘查、设计和施工。详细的校准步骤如 Fenton 等（2016）所述：

(1) 对岩土系统（如浅基础）和极限状态（如 ULS）假定一个抗力系数。

(2) 产生土体参数随机场的一次实现。

(3) 通过在某些位置对随机场实现进行抽样，开展虚拟场地勘查。抽样位置和岩土系统之间的距离与对场地和模型的理解水平有关。

(4) 利用步骤（3）中基于抽样位置处的参数值确定的岩土参数特征值和步骤（1）中抗力系数设计岩土系统。

(5) 将步骤（4）得到的设计虚拟叠加在步骤（2）产生的随机场实现上。

(6) 应用准确无偏模型（如有限元法）确定性能是否不令人满意（超过极限状态）。

(7) 重复大量次数，记录失效次数（蒙特卡洛模拟）。

(8) 失效概率即为步骤（7）中失效次数与模拟次数的比值。如果该概率超过目标值则向下调整抗力系数，反之亦然。重复该过程，直到获得的抗力系数能够产生满足目标失效概率的设计。

这种校准方法的示例可以参考 Fenton 等（2008）（浅基础 ULS 设计）；Fenton 和 Naghibi（2011）（无黏性土中深基础 ULS 设计）；Naghibi 和 Fenton（2011）（黏性土中深基础 ULS 设计）；Fenton 等（2005a）（浅基础 SLS 设计）；Naghibi 等（2014）（深基础 SLS 设计）；Fenton 等（2005b）（挡土墙 ULS 设计）。

## 6.3 可变的变异系数问题

如前所述，简化岩土 RBD 方法比结构工程 RBD 方法更难以校准，因为这些方法必须涵盖因不同土体参数估计方法导致的较宽范围的 COV（Phoon，2015）。下面利用一个简

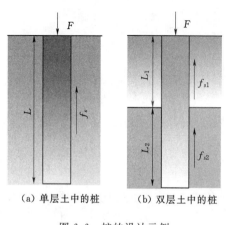

（a）单层土中的桩　（b）双层土中的桩

图 6.6　桩的设计示例
（Ching 等，2015，图 1）

单示例来具体说明可变的 COV 问题。土体参数的 COV 不是一个常数，因为它取决于场地变异性、测量误差和转换不确定性（Phoon 和 Kulhawy，1999）。COV 可以在很宽的范围内变化，例如黏土不排水抗剪强度的 COV 在 0.1～0.7 之间变化。本节的目的是以一种简单的方式阐明，可变 COV 情形下广泛应用的基于固定分项系数的简化 RBD 方法不能达到甚至不能近似达到相同的可靠度水平。以如图 6.6（a）所示的一个轴向抗力为 $Q$ 并受轴向荷载 $F$ 的摩擦桩为例。轴向抗力 $Q$ 由桩侧阻力提供（即桩端阻力被忽略）：

$$Q = \pi B L f_s \tag{6.10}$$

式中：$f_s$ 为单位桩侧摩阻力；$B$ 为桩的直径；$L$ 为总埋置深度。

单位桩侧摩阻力 $f_s$ 是对数正态随机变量，均值和 COV 分别为 $\mu_{fs}$ 和 $V_{fs}$；轴向荷载 $F$ 是（独立）对数正态随机变量，均值 $\mu_F = 1000\text{kN}$、$\text{COV} = V_F = 0.1$。很明显 $Q$ 是对数正态分布随机变量，且均值 $\mu_Q = \pi B L \mu_{fs}$、$\text{COV} = V_Q = V_{fs}$。极限状态函数定义为 $G = \ln Q - \ln F$。在标准正态空间中，极限状态函数是

$$\left. \begin{array}{l} G(z_Q, z_F) = \lambda_Q + \xi_Q z_Q - \lambda_F - \xi_F z_F \\ \xi = \sqrt{\ln(1 + V^2)} \\ \lambda = \ln\mu - 0.5\xi^2 \end{array} \right\} \tag{6.11}$$

式中：$\lambda$、$\xi$ 分别为下标变量对数化的均值、标准差；$(z_Q, z_F)$ 是联合标准正态变量。

下面考虑校准案例和验证案例。校准案例的均值和 COV 分别为 $\mu_Q$ 和 $V_Q$，验证案例的均值和 COV 分别为 $\mu'_Q$ 和 $V'_Q$。校准和验证案例的荷载 $F$ 的均值和 COV 相等，且 $\mu_F = 1000\text{kN}$、$V_F = 0.1$。校准案例将用于校准分项（荷载和抗力）系数以达到规定的目标可靠度指标 $\beta_T$。验证案例将用于检查这些分项系数是否确实产生了实际可靠度指标 $\beta'_A$ 相当接

近于 $\beta_T$ 的设计。

### 6.3.1　校准案例的分项系数

考虑抗力均值为 $\mu_Q$、抗力 $COV=V_Q=0.3$、$\beta_T=3.0$ 的校准案例。一种常用的校准分项系数的方法是一阶可靠度方法（FORM）（Hasofer 和 Lind，1974）。该方法首先找到 FORM 设计验算点，即极限状态线上距离原点最近的点。直接计算表明 FORM 设计验算点具有以下坐标：

$$Z_Q^* = \frac{-\beta_T \xi_Q}{\sqrt{\xi_Q^2 + \xi_F^2}} \qquad Z_F^* = \frac{\beta_T \xi_F}{\sqrt{\xi_Q^2 + \xi_F^2}} \tag{6.12}$$

得到的抗力系数 $\Psi$ 和荷载系数 $\eta$ 分别为

$$\Psi = \exp(\lambda_Q + \xi_Q Z_Q^*)/\mu_Q = \exp(-0.5\xi_Q^2 - \beta_T \xi_Q^2 / \sqrt{\xi_Q^2 + \xi_F^2})$$

$$\eta = \exp(\lambda_F + \xi_F Z_F^*)/\mu_F = \exp(-0.5\xi_F^2 + \beta_T \xi_F^2 / \sqrt{\xi_Q^2 + \xi_F^2}) \tag{6.13}$$

设计方程 $\eta\mu_F \leqslant \psi\mu_Q$ 称为荷载抗力系数设计（LRFD）方法。注意到 $(\psi, \eta)$ 仅取决于 $(\xi_Q, \xi_F)$ 而不是 $(\lambda_Q, \lambda_F)$。这意味着 $(\psi, \eta)$ 仅取决于 $COV$ $(V_Q, V_F)$ 而不是均值 $(\mu_Q, \mu_F)$。校准案例中 $V_Q=0.3$、$V_F=0.1$，因此得到的分项系数是 $\psi=0.416$、$\eta=1.096$。为简单起见，LRFD 假定名义荷载和抗力等于它们各自的均值。通常名义荷载 $\mu_F$ 由结构工程师给出。岩土工程师的主要任务是找到岩土结构的适当尺寸（$B$ 或 $L$），使 $\mu_Q$ 足够大以满足 $1.096\mu_F \leqslant 0.416\mu_Q$。

### 6.3.2　验证案例的实际可靠度指标

令人感兴趣的是分项系数 $\psi=0.416$ 和 $\eta=1.096$ 得到的设计在验证案例中的实际可靠度指标 $\beta_A'$。虽然已经强调了在所有简化 RBD 方法中 $\beta_A' \neq \beta_T$，但是知道两者之间的差异十分重要，特别当 $\beta_A' < \beta_T$（不保守设计）。验证案例使用与校准案例相同的设计方程。唯一的区别是在验证案例中，校准系数被施加于抗力均值 $\mu_Q'$ 和荷载均值 $\mu_F'$，即 $1.096\mu_F' \leqslant 0.416\mu_Q'$。考虑如下验证案例：$\mu_F'=1000kN$，$L'=20m$，$\mu_{fs}'=50kN/m^2$，$V_{fs}'=V_Q'=0.5$。岩土工程师需要确定桩的直径 $B'$，以满足 LRFD 设计方程 $1.096\mu_F' \leqslant 0.416\mu_Q'$。这就意味着

$$1.096\mu_F' \leqslant 0.416\pi B' L' \mu_{fs}' \tag{6.14}$$

最终得到的 $B'$ 至少是 $0.838m$。$B'=0.838m$ 的实际失效概率 $p_{f,A}'$ 可以用蒙特卡洛模拟（模拟次数 $n=10^6$）确定：

$$p_{f,A}' = P(\pi B' L' f_s' < F') = 0.0372 \tag{6.15}$$

相应的实际可靠度指标 $\beta_A'=1.78$，明显小于目标值 $\beta_T=3.0$。这个 $\beta_A'=1.78$ 是在 $V_Q'=0.5$ 的案例中得到的。现在考虑 $V_Q'$ 在 $0.1\sim0.7$ 之间变化的验证案例。不同 $V_Q'$ 得到的实际可靠度指标 $\beta_A'$ 如图 6.7 中实线所示。实际可靠度指标 $\beta_A'$ 可以在 $V_Q'=0.1$ 时高达 6.86（$p_{f,A}'=3.4\times10^{-12}$），也可以在 $V_Q'=0.7$ 时低至 1.21（$p_{f,A}'=0.11$）。很明显，校准的分项系数 $\psi=0.416$ 和 $\eta=1.096$ 并不能达到一致的可靠度水平，甚至还有可能产生不保守的设计。

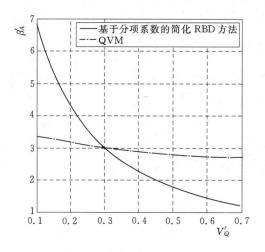

图 6.7 $\beta'_A$ 和 $V'_Q$ 之间的关系

## 6.4 可变的土体剖面问题

简化岩土 RBD 方法在校准中遇到的另一个困难是分层土体剖面问题。该问题在结构工程中并不存在。利用图 6.6 中的示例以一种简单的方式阐明，这些情形下广泛应用的基于固定分项系数的简化 RBD 方法不能达到甚至不能近似达到相同的可靠度水平。如何给分项系数赋值无关紧要，例如全局安全系数的经验重分布或者利用可靠度严格校准。不管土体剖面而应用分项系数的单个数值限制了设计规范在其涵盖的广泛设计状况内达到一致可靠度水平的能力。一部现实的深基础设计规范必须涵盖分层土体剖面。

考虑如图 6.6（a）所示的第一种状况：$\mu'_F = 1000\text{kN}$，$L' = 20\text{m}$，$\mu'_{fs} = 50\text{kN/m}^2$，$V'_{fs} = V'_Q = 0.5$。假设工程师应用固定的分项系数 $\psi = 0.416$ 和 $\eta = 1.096$ 设计桩的直径 $B$。上节中已经得到 $B'$ 为 $0.838\text{m}$，相应的实际可靠度指标 $\beta'_A$ 为 $1.78$。现在考虑如图 6.6（b）所示的第二种状况（两层土）：$\mu'_F = 1000\text{kN}$，$L'_1 = L'_2 = 10\text{m}$，$\mu'_{fs1} = \mu'_{fs2} = 50\text{kN/m}^2$，$V'_{fs1} = V'_{fs2} = 0.5$。注意到，两种状况中的总桩长相同。此外，两种状况中的均值和 COV 也相同。唯一的区别是第二种状况有两个独立的土层。应用分项系数 $\psi = 0.416$ 和 $\eta = 1.096$ 进行设计，得到的 $B'$ 仍为 $0.838\text{m}$。实际失效概率可用蒙特卡洛模拟（模拟次数 $n = 10^6$）确定：

$$p'_{f,A} = P(\pi B' L'_1 f'_{s1} + \pi B' L'_2 f'_{s2} < F) = 4.9 \times 10^{-3} \qquad (6.16)$$

式中：$f_{s1}$、$f_{s2}$ 为均值是 $50\text{kN/m}^2$、COV=0.5 的独立对数正态随机变量。

实际可靠度指标 $\beta'_A$ 为 $2.58$。两种状况中应用相同的分项系数 $\psi = 0.416$ 和 $\eta = 1.096$，可靠度指标相差 $1.44$ 倍（单层土 $\beta'_A = 1.78$，双层土 $\beta'_A = 2.58$），但是更准确地说，失效概率相差 7 倍（单层土 $p'_{f,A} = 0.0372$，双层土 $p'_{f,A} = 4.9 \times 10^{-3}$）。事实上，另一个具有相同厚度的五个独立土层状况中实际可靠度指标进一步增加到 $3.95$！很明显，这两种状况中这种基于分项系数的简化 RBD 方法不能产生一致的可靠度指标，除非分项系数可以被调整。

Ching 等（2015）表明土体剖面问题与可变冗余问题有关。图 6.6（a）中第一种状况比图 6.6（b）中第二种状况具有更少的冗余。第一种状况只有一个土层，因此在选择 $f_s$ 的设计值 $f_{s,d}$ 时需要比有两个土层的第二种状况更加谨慎。这是因为第一种状况只有单个土层提供抗力（无冗余），选择错误的 $f_{s,d}$ 的后果很大。另一方面，第二种状况选择错误的 $f_{s1,d}$ 的后果因为有第二个支撑土层的存在（更多冗余）而减轻。两个土层中错误的设计值选择在符号和数值上是不太可能相同的。为达到相同的可靠度水平，第一种状况中 $f_{s,d}$ 值应该选择得更保守。也就是说相比第二种状况，第一种状况应使用更小的分项系数。即使没有更严格的概率性论据支撑，这也是有直观意义的。如果采用固定的分项系数，得到的 $\beta_A$ 就会不一样。这就是在涉及可变冗余问题时，使用基于分项系数的简化 RBD 方法不能产生一致可靠度指标的原因。可变冗余问题不局限于桩，它也出现在其他岩土设计问题中。但是，以桩为例可以更物理直观地解释这个问题，因为这可以形象地将冗余程度与支撑土层数目关联起来，而不是作为数学抽象出现。从后面的重力式挡土墙示例能够看到，可变冗余问题也会出现在不涉及可变土层数目的问题中。

## 6.5　分位值法（QVM）

Ching 和 Phoon（2011，2013）开发了一种基于分位数的简化 RBD 方法，该方法比基于分项系数的简化 RBD 方法更具鲁棒性。这种基于分位数的方法被称为分位值法（QVM）（Ching 和 Phoon，2013）。作者表明，QVM 对于可变的土体参数 COV 是鲁棒的。首先，随机变量根据其对功能函数 $G$ 的影响被分为稳定或不稳定两类。如果随机变量数值的增加将增大（或减小）$G$ 值，则该随机变量是稳定的（或不稳定的）。QVM 的基本思想是将任何稳定随机变量（如土体强度）减小到 $\varepsilon$ 分位数（$\varepsilon$ 很小）作为其设计值，而将任何不稳定随机变量（如荷载）增加到 $1-\varepsilon$ 分位数作为其设计值。参数 $\varepsilon$ 称为概率阈值，常数 $\varepsilon$ 同时用于两种类型的随机变量：稳定变量取 $\varepsilon$ 分位数，不稳定变量取 $1-\varepsilon$ 分位数。然后，工程师可以应用这些基于分位数的设计值来设计岩土结构的尺寸。值得注意的是，常数 $\varepsilon$ 等同于应用随设计参数 COV 变化的可变分项系数。如果 $X$ 是对数正态的稳定随机变量，其 QVM 设计值为其 $\varepsilon$ 分位数：

$$X_d = \exp[\lambda_X + \xi_X \Phi^{-1}(\varepsilon)] \tag{6.17}$$

这相当于应用一个随 COV 变化的可变分项系数：

$$\left.\begin{array}{l} X_d = \gamma_X \mu_X \\ \gamma_X = \exp[\lambda_X + \xi_X \Phi^{-1}(\varepsilon)]/\mu_X = \exp[-0.5\xi_X^2 + \xi_X \Phi^{-1}(\varepsilon)] \end{array}\right\} \tag{6.18}$$

等效分项系数取决于 $\xi_X$，而 $\xi_X$ 又取决于 $X$ 的 COV。

### 6.5.1　QVM 对可变 COV 的鲁棒性

以图 6.6（a）中的桩为例来说明 QVM 的应用。同样有一个校准案例和一个验证案例。在校准案例中，$L=20\text{m}$，$\mu_{fs}=50\text{kN/m}^2$，$V_Q=V_{fs}=0.3$，$\mu_F=1000\text{kN}$，$V_F=0.1$，$\beta_T=3.0$。Ching 和 Phoon（2011）推导了 $\varepsilon$ 和 $\beta_T$ 之间的关系。在校准案例中，这种关系

简化为（Ching 和 Phoon，2013）

$$\varepsilon = \Phi\left(\frac{-\beta_T \sqrt{\xi_Q^2 + \xi_F^2}}{\xi_Q + \xi_F}\right) \tag{6.19}$$

校准的 $\varepsilon$ 值为 $9.02 \times 10^{-3}$。如果采用线性化（$\xi_Q^2 + \xi_F^2$）$^{0.5} \approx 0.7(\xi_Q + \xi_F)$，式（6.19）将进一步简化为：$\varepsilon \approx \Phi(-0.7\beta_T)$。令人感兴趣的是将分位数 $\varepsilon = 9.02 \times 10^{-3}$ 用于验证案例时的实际可靠度指标 $\beta_A'$。考虑如下验证案例：$\mu_F' = 1000\text{kN}$，$L' = 20\text{m}$，$\mu_{fs}' = 50\text{kN/m}^2$，$V_{fs}' = V_Q' = 0.5$。$Q'$ 的设计值 $Q_d'$ 是其 $9.02 \times 10^{-3}$ 分位数：

$$Q_d' = \pi B'L' (f_s' \text{ 的 } 9.02 \times 10^{-3} \text{ 分位数}) \tag{6.20}$$

因为 $f_s'$ 是均值 $\mu_{fs} = 50\text{kN/m}^2$、COV$= V_{fs} = 0.5$ 的对数正态分布随机变量，则 $f_s'$ 的 $9.02 \times 10^{-3}$ 分位数为

$$f_s' \text{ 的 } 9.02 \times 10^{-3} \text{ 分位数} = \exp[\lambda_{fs} + \xi_{fs}\Phi^{-1}(9.02 \times 10^{-3})]$$
$$= 14.63\text{kN/m}^2 \tag{6.21}$$

$F'$ 的设计值 $F_d'$ 是其（$1 - 9.02 \times 10^{-3}$）分位数：

$$F' \text{ 的}(1 - 9.02 \times 10^{-3})\text{分位数} = \exp[\lambda_F + \xi_F\Phi^{-1}(1 - 9.02 \times 10^{-3})]$$
$$= 1259.8\text{kN} \tag{6.22}$$

岩土工程师需要找到合适的直径 $B'$ 使 $Q'$ 足够大从而至少满足 $Q_d' = F_d'$。为此，很容易确定最终的 $B'$ 是 1.37 m。$B' = 1.37\text{m}$ 时的实际失效概率可以基于式（6.15）利用蒙特卡洛模拟（模拟次数 $n = 10^6$）得到。最终的失效概率 $p_{f,A}' = 2.54 \times 10^{-3}$，可靠度指标 $\beta_A' = 2.80$，相当接近 $\beta_T = 3.0$。这个 $\beta_A' = 2.80$ 是当 $V_Q' = 0.5$ 时得到的。现在考虑 $V_Q'$ 在 $0.1 \sim 0.7$ 的验证案例。不同 $V_Q'$ 的实际可靠度指标 $\beta_A'$ 如图 6.7 中虚线所示。可以看到 $\beta_A'$ 紧挨着 3.0。与 3.0 偏离最大点发生在两个极端情况：$V_Q' = 0.1$ 时 $\beta_A' = 3.34$，$V_Q' = 0.7$ 时 $\beta_A' = 2.71$。与基于分项系数的简化 RBD 方法（图 6.7 中实线）相比，实际可靠度水平是相当一致的。

### 6.5.2 泥砾土支撑的垫式基础

本节采用的垫式基础示例最初由国际土力学和岩土工程学会第十届欧洲技术委员会（ETC 10）提出。该示例研究基础的承载能力极限状态（ULS），即总垂直荷载不能超过总抗力，详见 Ching 等（2014）。当目标可靠度指标 $\beta_T$ 为 3.2 时，Ching 等（2014）表明，QVM 校准的 $\varepsilon$ 值为 0.0083，而校准的不排水抗剪强度 $s_u$ 的分项系数取决于 $s_u$ 的均值和 COV，如图 6.8 所示。值得注意的是，QVM 只需校准单个 $\varepsilon$ 值，而分项系数方法则要校准多个分项系数：如图 6.8 所示在每个分区都要校准一个分项系数。很明显，校准的分项系数随着 $s_u$ 的 COV 的增加而减小。这种分区分项系数方法与本章 6.2 节讨论的 MRFD 方法一致。采用分区分项系数的 MRFD 方法被认为比采用单一通用分项系数的 LRFD 方法更加鲁棒。

Ching 等（2014）进一步假设在未来的设计案例（验证案例）中，$s_u$ 的均值和 COV 取决于场地勘察投入。本书 4.6.1 节给出了如何基于 OCR（超固结比）、$q_t - \sigma_v$（净锥尖阻力）和 $N_{60}$（能量效率修正后 SPT $N$ 值）信息更新 $s_u$ 的均值和 COV。通过系统地改变试验类型数目和试验精度以产生不同的场地勘察投入。试验类型数目考虑四种情形：T1，

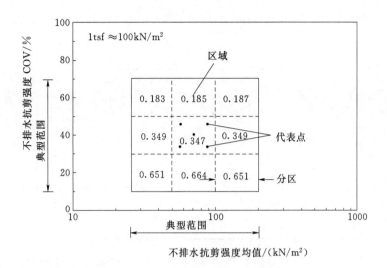

图 6.8　不同分区校准的分项系数

仅已知 $N_{60}$ 的范围；T2，已知 $N_{60}$ 和 $q_t - \sigma_v$ 的范围；T3，已知 $N_{60}$ 和 OCR 的范围；T4，已知 $N_{60}$、$q_t - \sigma_v$ 和 OCR 的范围。情形 T1 是勘察投入最低的情形，而 T4 包含最多的试验信息（试验类型数目）。试验精度考虑如表 6.3 所示的五种情形（P0～P4）。假设通过增加试验和钻孔数目可以得到关于每种试验类型更精确的信息，表 6.3 给出了 OCR、$N_{60}$ 和 $q_t - \sigma_v$ 的界限。P0 表示没有开展特定场地的试验，信息界限完全是从文献中估计。P4 表示开展大量试验（如多个 CPT 测深或钻孔）以缩小范围。表 6.4 给出了更新后 $s_u$ 的均值和 COV 与场地勘察投入之间的关系。可以看出，COV 明显随着试验精度增加（窄的信息界限）而减小，也随着试验类型数目增加而减小。

表 6.3　场地信息表征（Ching 等，2014，表 6）

| 精度情形 | | 试验类型情形 | | | |
|---|---|---|---|---|---|
| | | T1 | T2 | T3 | T4 |
| P0 | 零精度 | $N_{60}$ | $N_{60}$ 和 $q_t - \sigma_v$ | $N_{60}$ 和 OCR | $N_{60}$、$q_t - \sigma_v$ 和 OCR |
| P1 | 低精度 | $N_{60}$ | $N_{60}$ 和 $q_t - \sigma_v$ | $N_{60}$ 和 OCR | $N_{60}$、$q_t - \sigma_v$ 和 OCR |
| P2 | ⋮ | $N_{60}$ | $N_{60}$ 和 $q_t - \sigma_v$ | $N_{60}$ 和 OCR | $N_{60}$、$q_t - \sigma_v$ 和 OCR |
| P3 | ⋮ | $N_{60}$ | $N_{60}$ 和 $q_t - \sigma_v$ | $N_{60}$ 和 OCR | $N_{60}$、$q_t - \sigma_v$ 和 OCR |
| P4 | 高精度 | $N_{60}$ | $N_{60}$ 和 $q_t - \sigma_v$ | $N_{60}$ 和 OCR | $N_{60}$、$q_t - \sigma_v$ 和 OCR |

| 精度情形 | | 基于场地勘察的信息界限 | | |
|---|---|---|---|---|
| | | OCR | $N_{60}$ | $(q_t - \sigma_v)/(\text{kN/m}^2)$ |
| P0 | 零精度 | [1, 50] | [0, 100] | [200, 6000] |
| P1 | 低精度 | [5, 25] | [3, 18] | [730, 2040] |
| P2 | ⋮ | [7.5, 16.7] | [5, 12] | [940, 1580] |
| P3 | ⋮ | [8.5, 14.6] | [6, 10] | [1030, 1450] |
| P4 | 高精度 | [9.5, 13.1] | [7, 9] | [1100, 1350] |

表 6.4　各种情形下更新后 $s_u$ 的均值、COV 和分项系数（Ching 等，2014，表 7）

| 均值/(kN/m²)(COV)[分项系数] | T1 | T2 | T3 | T4 |
|---|---|---|---|---|
| P0 | 115.8(0.35)[0.349] | | | |
| P1 | 111.3(0.32)[0.349] | 107.3(0.27)[0.651] | 111.3(0.32)[0.349] | 107.3(0.27)[0.651] |
| P2 | 111.4(0.31)[0.349] | 105.7(0.25)[0.651] | 102.4(0.25)[0.651] | 100.4(0.21)[0.651] |
| P3 | 111.3(0.31)[0.349] | <u>105.5(0.24)[0.651]</u> | 99.9(0.24)[0.664] | 99.0(0.20)[0.664] |
| P4 | 112.0(0.31)[0.349] | 105.5(0.24)[0.651] | 99.5(0.23)[0.664] | 98.1(0.19)[0.664] |

考虑一个试验类型为 T2、试验精度为 P3(T2 - P3) 的未来设计案例。案例中 $N_{60}$ 和 $q_t - \sigma_v$ 的界限已知，且分别是 [6，10] 和 [1030kN/m²，1450kN/m²]。由表 6.4 可知，$s_u$ 的均值和 COV 分别是 105.5kN/m² 和 0.24（表中下划线单元格）。采用 QVM 进行可靠度设计，校准的 $\varepsilon$ 值为 0.0083（注意，即使是不同试验类型和精度的未来设计案例，$\varepsilon$ 仍为 0.0083）。假定 $s_u$ 服从对数正态分布，$s_u$ 的设计值为其 0.0083 分位数：

$$s_u \text{ 设计值} = \exp[\lambda_{s_u} + \xi_{s_u} \Phi^{-1}(0.0083)] \tag{6.23}$$

其中，$\lambda_{s_u}$ 和 $\xi_{s_u}$ 分别为 $\ln s_u$ 的均值和标准差：

$$\left.\begin{array}{l} \xi_{s_u} = \sqrt{\ln(1+V_{s_u}^2)} = \sqrt{\ln(1+0.24^2)} = 0.237 \\ \lambda_{s_u} = \ln(\mu_{s_u}) - 0.5\xi_{s_u}^2 = \ln 105.5 - 0.5\xi_{s_u}^2 = 4.631 \end{array}\right\} \tag{6.24}$$

QVM 最终产生的 $s_u$ 设计值为 58.2kN/m²，进而得到垫式基础的尺寸（宽度 $B$）至少为 2.92m。利用蒙特卡洛模拟确定的 $B = 2.92$m 时的实际可靠度指标 $\beta_A = 3.22$，非常接近目标可靠度指标 $\beta_T = 3.2$。表 6.5 给出了所有 T$m$ - P$n$ 设计情形的最终设计尺寸 $B$ 和相应的 $\beta_A$ 值，其中下划线单元格为前述 T2 - P3 设计情形的结果。表 6.5 中的 $B$ 值表明了以下合理的趋势：P0 得到的 $B$ 值最大，T4 - P4 得到的 $B$ 值最小。此外，QVM 的实际可靠度指标 $\beta_A$ 非常接近目标值 3.2。

表 6.5　QVM 得到的最终设计尺寸 $B$/实际可靠度指标 $\beta_A$（Ching 等，2014，表 10）

| $B/\beta_A$ | T1 | T2 | T3 | T4 |
|---|---|---|---|---|
| P0 | 3.21m/2.96 | | | |
| P1 | 3.14m/3.05 | 3.02m/3.16 | 3.14m/3.04 | 3.01m/3.16 |
| P2 | 3.10m/3.04 | 2.94m/3.20 | 3.02m/3.21 | 2.89m/3.26 |
| P3 | 3.10m/3.08 | <u>2.92m/3.22</u> | 2.99m/3.21 | 2.84m/3.28 |
| P4 | 3.08m/3.01 | 2.91m/3.27 | 2.97m/3.29 | 2.84m/3.21 |

分区分项系数方法也可以应用于相同的 T2 - P3 设计情形。由表 6.4 可知，在这种情形下，校准的分项系数为 0.651。这意味着 $s_u$ 的设计值是均值的 0.651 倍，即 0.651 × 105.5 = 68.68（kN/m²）。基于这个设计值，可以得到垫式基础的尺寸（宽度 $B$）至少为

2.69m。$B=2.69$m 时的实际可靠度指标 $\beta_A$ 等于 2.59，与目标可靠度指标 $\beta_T=3.2$ 略有不同。表 6.6 给出了分区分项系数方法的所有 T$m$ - P$n$ 设计情形的最终设计尺寸 $B$ 和相应的 $\beta_A$ 值。这些 $B$ 值大致展示了合理的趋势：P0 得到的 $B$ 值较大，T4 - P4 得到的 $B$ 值较小，但是存在一些意想不到的结果，如 T2 - P1 得到的 $B$ 值最小。实际可靠度指标 $\beta_A$ 大致在目标值 3.2 附近，偶尔与 3.2 有一些大偏差，如 T2 - P1 时 $\beta_A=2.30$。

表 6.6　分区分项系数 MRFD 得到的最终设计尺寸 $B$/实际可靠度指标 $\beta_A$ （Ching 等，2014，表 11）

| $B/\beta_A$ | T1 | T2 | T3 | T4 |
|---|---|---|---|---|
| P0 | | 3.51m/3.55 | | |
| P1 | 3.58m/3.92 | 2.67m/2.30 | 3.58m/3.88 | 2.67m/2.30 |
| P2 | 3.58m/4.00 | 2.69m/2.54 | 2.73m/2.49 | 2.76m/2.90 |
| P3 | 3.58m/4.08 | 2.69m/2.59 | 2.74m/2.58 | 2.75m/3.00 |
| P4 | 3.57m/3.93 | 2.69m/2.65 | 2.74m/2.67 | 2.76m/2.99 |

从这个垫式基础的示例中可以明显看到，QVM 能将场地勘察投入与节约的工程设计费用有效联系起来（宽度 $B$ 随着场地勘察投入增加而减小），并且设计方案的实际可靠度指标 $\beta_A$ 非常接近目标值 3.2（表 6.5）。这不是一项容易的任务：$\varepsilon=0.0083$ 没有针对任何特别场地勘察投入下的任何特定设计案例来校准。一般来说，分区分项系数的 MRFD 方法可以将场地勘察投入与节约的工程设计费用联系起来，但是不如 QVM 有效。可以预料，应用单个通用分项系数的 LRFD 方法将不如 MRFD 有效。QVM 的一个明显优势是具有将场地勘察投入与节约的工程设计费用联系起来的能力。

# 6.6　有效随机维度

不幸的是，Ching 等（2015）表明 QVM 对可变冗余也不具有鲁棒性。尽管如此，他们发现了概率阈值 $\varepsilon$ 和失效概率 $p_f$ 之间的有趣关系。这种关系为改进 QVM 对可变冗余的鲁棒性提供了可能。为了说明这一点，仍以图 6.6 中总深度 $L=20$m 的桩为例，但此时荷载 $F=1000$kN 是确定量。考虑独立土层数目 $n_L$ 从 1 变化到 4 的四种示例。此外，所有土层具有相同的厚度，如 $n_L=4$ 时每层的厚度为 5m。$n_L$ 越大，冗余越多。每个土层的 $f_s$ 是均值 $\mu_{fs}=50$kN/m$^2$ 和 COV $=V_{fs}=0.3$ 的对数正态变量。假设 QVM 采用固定的 $\varepsilon=0.01$。利用前面的方法 ［式（6.20）～式（6.22）］ 得出最终设计尺寸 $B'$，并采用蒙特卡洛模拟计算相应的实际失效概率 $p'_{f,A}$ 和实际可靠度指标 $\beta'_A$，结果如表 6.7 所列。可以明显看出，$\beta'_A$ 随 $n_L$ 的增加而显著增大，表明 QVM 对可变冗余不具有鲁棒性。尽管这里没给出，但是基于分项系数的简化 RBD 方法也会遭遇相同程度的不具鲁棒性的问题。更有趣的是，以下关系近似成立（表 6.7 中最右一列）：

$$(\beta_A/\beta_\varepsilon)^2 \approx n_L \qquad (6.25)$$

式中：$\beta_\varepsilon=-\Phi^{-1}$（$\varepsilon$）可以被看作桩侧阻力的可靠度指标，因为桩侧阻力小于其设计值的概率是 $\varepsilon$（在 QVM 中，$f_s$ 的设计值 $f_{s,d}$ 是 $f_s$ 的 $\varepsilon$ 分位数）。

表 6.7　　　　　　　　　　不同土层数目时桩基础示例的 QVM 设计结果

| $n_L$ | $\varepsilon$ | $\beta_\varepsilon$ | $B'$ | $p'_{f,A}$ | $\beta'_A$ | $(\beta'_A/\beta_\varepsilon)^2$ |
|-------|------|-------|--------|-----------------------|--------|------|
| 1 | 0.01 | 2.326 | 0.658m | 0.01 | 2.326 | 1.00 |
| 2 | 0.01 | 2.326 | 0.658m | $3.71\times10^{-4}$ | 3.374 | 2.10 |
| 3 | 0.01 | 2.326 | 0.658m | $1.68\times10^{-5}$ | 4.148 | 3.18 |
| 4 | 0.01 | 2.326 | 0.658m | $7.00\times10^{-7}$ | 4.825 | 4.30 |

基于 $(\beta_A/\beta_\varepsilon)^2 \approx n_L$ 这一发现，给出以下 RBD 步骤：

(1) 估计 $n_L$。

(2) 基于估计的 $n_L$ 和目标可靠度指标 $\beta_T$ 确定 $\beta_\varepsilon = \beta_T/n_L^{0.5}$，进一步确定 $\varepsilon = \Phi(-\beta_\varepsilon)$。

(3) 利用 QVM 确定随机变量的设计值，包括将所有的稳定随机变量减小至其 $\varepsilon$ 分位数，并将所有的不稳定随机变量增大至其 $1-\varepsilon$ 分位数。

(4) 基于步骤（3）得到的设计值，岩土结构的尺寸可以通过求解 $G=0$ 获得。

将上述步骤应用到 $n_L$ 从 1 变化到 4 且 $\beta_T=3.0$ 的 4 个示例，结果如表 6.8 所列。很明显，$\varepsilon$ 随 $n_L$ 的增加而增大，意味着具有更多冗余的情形可以采用更加"大胆的"设计值 $f_{s,d}$。具有更多冗余的情形得到的 $B'$ 更小，并且实际可靠度指标 $\beta'_A$ 仍然是令人满意的（接近目标值 $\beta_T=3.0$；表 6.8 最右列）。需要指明的是这里假定每个土层的单位桩侧摩阻力 $f_s$ 与其他土层的单位桩侧摩阻力在统计上是独立的。与表 6.7 相比，表 6.8 中的实际可靠度指标 $\beta'_A$ 明显更一致。

表 6.8　　　　　　　　4 个桩基础示例的 QVM 设计结果（考虑土层数目 $n_L$）

| $n_L$ | $\beta_\varepsilon$ | $\varepsilon$ | $f_{s,d}$ | $B'$ | $p'_{f,A}$ | $\beta'_A$ |
|-------|-------|--------|--------------------|--------|----------------------|------|
| 1 | 3.00 | 0.0013 | $19.85\text{kN/m}^2$ | 0.802m | 0.0013 | 3.00 |
| 2 | 2.12 | 0.0169 | $25.69\text{kN/m}^2$ | 0.620m | 0.0010 | 3.08 |
| 3 | 1.73 | 0.0416 | $28.80\text{kN/m}^2$ | 0.553m | $8.52\times10^{-4}$ | 3.14 |
| 4 | 1.50 | 0.0668 | $30.83\text{kN/m}^2$ | 0.516m | $7.51\times10^{-7}$ | 3.18 |

Ching 等（2015）提出了"有效随机维度（ERD）"的概念，用以表征包含（可能相关的）正态随机变量线性和的极限状态函数的冗余度。研究表明包含标准正态随机变量线性和的极限状态函数存在一个简单的 ERD 解析公式。ERD 是指影响极限状态函数的独立标准正态随机变量的有效数目。此外，他们得出

$$(\beta_A/\beta_\varepsilon)^2 = \text{ERD} \tag{6.26}$$

式（6.26）适用于包含正态随机变量线性和的极限状态函数。比较式（6.26）和式（6.25）可以明显看出，ERD 与表 6.7 和式 6.8 中的土层数目 $n_L$ 具有相同的物理意义。Ching 等（2015）进一步表明，$(\beta_A/\beta_\varepsilon)^2$ 也可用于表征一般非线性极限状态函数（可能涉及一些相关非正态随机变量）的冗余度，以量化独立随机变量的有效数目。因此，式（6.26）也适用于一般非线性极限状态函数。ERD 可以利用所研究问题的特征来估计。因为 ERD 是无量纲的，所以可以预期 ERD 依赖于控制极限状态函数的一些无量纲参数。为了构建 ERD 和这些无量纲参数之间的关系，生成了一个"校准案例"集合。为了使构建

的这种关系具有普适性，这些校准案例必须涵盖足够多样的设计状况。每个校准案例的 ERD 可以利用 $(\beta_A/\beta_\varepsilon)^2$ 确定，其中 $\beta_\varepsilon = -\Phi(\varepsilon)$，而 $\beta_A$ 采用蒙特卡洛模拟确定。然后，ERD 和无量纲参数之间的关系可以利用回归分析构建。一旦得到回归方程，ERD 就可通过这些无量纲参数估计得到。这种涉及蒙特卡洛模拟的校准工作应由规范编制者而不是使用规范的工程师来完成。注意，现有的简化 RBD 方法也需开展类似的校准工作（Phoon 等，2013）。

### 6.6.1　重力式挡土墙

可变冗余问题不仅仅存在于埋置在分层数目可变土层中的岩土结构，如上所研究的摩擦桩示例。下面的重力式挡土墙示例（图 6.9）表明，即使岩土结构埋置在分层数目不变的土层中，这种可变冗余问题也会出现。挡土墙的总高度为 $H$，底宽为 $B$，墙顶超载为 $q$。假设墙趾处的水位线与地面持平，而墙踵处的水位线位于墙底以上 $h_w = \lambda H$ 处。地基砂土层的浮容重和有效摩擦角分别为 $\gamma'_s$ 和 $\varphi'_s$，而水位线以上的回填砂土的干容重为 $\gamma_d$，水位线以下的回填砂土的浮容重为 $\gamma' = (1+\omega)\gamma_d - \gamma_w$（$\omega$ 为含水率，$\gamma_w$ 为水的容重），回填砂土的有效摩擦角为 $\varphi'$。由于这种悬臂墙很轻，墙的失效模式通常为滑动失效。因此，本示例考虑滑动失效的极限状态函数。

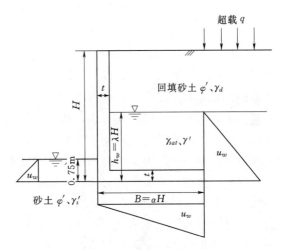

图 6.9　重力式挡土墙示例
（Ching 等，2015，图 5）

可变冗余问题不仅存在于具有可变土层数目的桩基础示例中，而且还存在于当前研究的重力式挡土墙示例中，即使该示例中土层数目固定。Ching 等（2015）表明，仅改变超载 $q$ 的统计量（均值和 COV），ERD 就会从 2.20 变化到 3.15。基于 1000 个随机选择的校准案例，Ching 等（2015）指出 ERD 可以基于一些无量纲参数利用以下公式有效地估计：

$$\text{ERD} \approx 3.25 - 0.42(B/H)^2 - 1.19\lambda^2 - 1.04(B/H) + 0.71\lambda + 0.44\ln[\mu_q/(\mu_{\gamma_d} H K_a)]$$
$$+1.46V_q - 1.87V_{\varphi'_s} + 1.35V_{\varphi'} - 0.13\rho - 0.03\mu_{\varphi'} \tag{6.27}$$

$$K_a = \tan^2(45° - \mu_{\varphi'}/2)$$

式中：$\mu_{\gamma_d}$、$\mu_{\varphi'}$ 和 $\mu_q$ 分别为 $\gamma_d$、$\varphi'$ 和 $q$ 的均值；$V_{\varphi'}$、$V_{\varphi'_s}$ 和 $V_q$ 分别为 $\varphi'$、$\varphi'_s$ 和 $q$ 的 COV。

注意这个 ERD 方程是由规范编制者作为可靠度校准工作的一部分提出的，而不是由使用规范的工程师提出。Ching 等（2015）提出了考虑冗余程度的新 QVM，即 ERD-QVM：

（1）利用式（6.27）估计 ERD。

（2）利用估计的 ERD 和目标可靠度指标 $\beta_T$ 确定 $\beta_\varepsilon = \beta_T/\text{ERD}^{0.5}$，进一步确定 $\varepsilon = \Phi(-\beta_\varepsilon)$。

（3）利用 QVM 确定随机变量的设计值，包括将所有稳定随机变量减小至其 $\varepsilon$ 分位数，并将所有不稳定随机变量增大至其 $1-\varepsilon$ 分位数。概念上，该步骤与将稳定变量的特征值除以分项系数或将不稳定变量的特征值乘以分项系数以计算设计值相同。该步骤的输出是代入代数设计验算的一个数值。

（4）在步骤（3）得到的设计值的基础上，岩土结构尺寸可以通过求解 $G=0$ 获得。当前重力式挡土墙示例的设计尺寸是基底宽度 $B$。当 $\beta_T=3.0$ 时，Ching 等（2015）指出，$\varepsilon=0.0265$ 的原始 QVM 的表现令人满意：1000 个验证案例的实际可靠度指标 $\beta_A$ 落在 $2.43\sim3.72$ 之间。尽管如此，ERD-QVM 进一步提高了性能，使得 $\beta_A$ 在 $2.64\sim3.44$ 之间变化。

## 6.7 结论

预计在未来的几十年中，简化 RBD 方法将主导岩土设计规范。简化 RBD 方法对工程师非常有吸引力，因为不用执行可靠度分析就能享受可靠度设计的优点。事实上，应用简化 RBD 方法和应用安全系数方法的计算量是类似的，因为两者的设计验算都是代数运算。

虽然在过去几十年中，岩土 RBD 在其初始发展阶段采用结构 LRFD 概念是可以理解的，但作者相信现在是时候让岩土设计规范编制组织研究如何改进简化岩土 RBD 方法以满足岩土工程实践的独特需求。ISO 2394：2015 中第 D.5 节阐明："岩土 RBD 的关键目标是实现比现有容许应力设计更一致的可靠度水平。"在许多现有简化岩土 RBD 方法的执行中，这个目标并没有被明确地认知。如果在设计规范涵盖的全部设计状况中不能一致地达到规定的目标可靠度指标，那么 RBD 优于现有容许应力设计的优点会被大大抵消。这不是一个迂腐的问题。实际上，这是岩土工程实践的核心，即必须能够考虑多样化的当地场地条件以及历经多年发展和调整以适应这些条件的多样化的当地实践。一个明显的例子是，由于存在多种参数估计方法以考虑这些多样化的实践和场地条件，岩土参数变异系数可以在很宽的范围内变化（ISO 2394：2015 中第 D.1 节）。满足岩土工程实践各种需求的简化岩土 RBD 方法还不存在。现有 LRFD 或类似的简化 RBD 方法在多个方面受到限制。例如，这些简化 RBD 方法不允许岩土工程师对当地场地条件做出判断以及融入当地经验。本章说明了存在改进的方法（如 ERD-QVM）满足更现实的设计状况范围。具体地说，ERD-QVM 可以在很宽范围的岩土参数 COV 和很宽范围的分层土体剖面内，维持可接受的一致可靠度水平。同时它还可以保留传统安全系数方法和 LRFD 的简便性。尽管如此，它还没有在更复杂的设计情景中被检验。复杂的设计情景可以出现在物理意义上的土体-结构的交互作用方面，例如深基坑的分阶段施工；也可以出现在概率意义上，例如边坡本质上是系统可靠度问题。尽管岩土 RBD 亟需开展更多研究，但重要的是岩土 RBD 的发展要满足最前沿的岩土工程需求。

## 致谢

作者感谢 C. H. Juang 教授在鲁棒性岩土设计（RGD）和 W. Gong 博士在鲁棒性 LRFD（R-LRFD）方面提供的宝贵意见。

# 参 考 文 献

Akbas, S. O. & Kulhawy, F. H. (2009a) Axial compression of footings in cohesionless soil. I: Load - settlement behavior. ASCE Journal of Geotechnical and Geoenvironmental Engineering, 135 (11), 1562 - 1574.

Akbas, S. O. & Kulhawy, F. H. (2009b) Reliability - based design approach for differential settlement of footings on cohesionless soils. ASCE Journal of Geotechnical and Geoenvironmental Engineering, 135 (12), 1779 - 1788.

Barker, R. M. , Duncan, J. M. , Rojiani, K. B. , Ooi, P. S. K. , Tan, C. K. & Kim, S. G. (1991) Manuals for Design of Bridge Foundations. NCHRP Report 343. Washington, DC, Transportation Research Board.

Burland, J. B. & Burbidge, M. C. (1985) Settlement of foundations on sand & gravel. Proceedings of the Institution of Civil Engineers, 78 (Pt 1), 1325 - 1381.

CAN/CSAS614: 2014. Canadian Highway Bridge Design Code. Mississauga, ON, Canadian Standards Association.

Ching, J. & Phoon, K. K. (2011) A quantile - based approach for calibrating reliability - based partial factors. Structural Safety, 33, 275 - 285.

Ching, J. & Phoon, K. K. (2013) Quantile value method versus design value method for calibration of reliability- based geotechnical codes. Structural Safety, 44, 47 - 58.

Ching, J. , Phoon, K. K. & Yu, J. W. (2014) Linking site investigation efforts to final design savings with simplified reliability - based design methods. ASCE Journal of Geotechnical and Geoenvironmental Engineering, 140 (3), 04013032.

Ching, J. , Phoon, K. K. & Yang, J. J. (2015) Role of redundancy in simplified geotechnical reliability - based design - A quantile value method perspective. Structural Safety, 55, 37 - 48.

Criswell, M. E. & Vanderbilt, M. (1987) Reliability - Based Design of Transmission Line Structures: Methods. Report EL - 4793 (1) . Palo Alto, Electric Power Research Institute. 473 pp.

EN 1990: 2002. Eurocode - Basis of Structural Design. Brussels, European Committee for Standardization (CEN) .

ETC 10. Geotechnical design ETC10 Design Example 2. 2. Pad Foundation with Inclined Eccentric Load on Boulder. Available from: http: //www. eurocode7. com/etc10/Example%202. 2/index. html.

Fenton, G. A. & Naghibi, M. (2011) Geotechnical resistance factors for ultimate limit state design of deep foundations in frictional soils. Canadian Geotechnical Journal, 48 (11), 1742 - 1756.

Fenton, G. A. , Griffiths, D. V. & Cavers, W. (2005a) Resistance factors for settlement design. Canadian Geotechnical Journal, 42 (5), 1422 - 1436.

Fenton, G. A. Griffiths, D. V. & Williams, M. B. (2005b) Reliability of traditional retaining wall design. Geotechnique, 55 (1), 55 - 62.

Fenton, G. A. , Griffiths, D. V. & Zhang, X. Y. (2008) Load and resistance factor design of shallow foundations against bearing failure. Canadian Geotechnical Journal, 45 (11), 1556 - 1571.

Fenton, G. A. , Naghibi, F. , Dundas, D. , Bathurst, R. J. & Griffiths, D. V. (2016) Reliability - based geotechnical design in the 2014 Canadian Highway Bridge Design Code. Canadian Geotechnical Journal, 53 (2), 236 - 251.

Gong, W. , Wang, L. , Juang, C. H. , Zhang, J. & Huang, H. (2014) Robust geotechnical design of shield - driven tunnels. Computers and Geotechnics, 56, 191 - 201.

Gong, W. , Khoshnevisan, S. , Juang, C. H. & Phoon, K. K. (2016) R - LRFD: Load and Resistance

Factor Design considering design robustness. Computers and Geotechnics，74，74 - 87.

Hasofer，A. M. & Lind，N. C. (1974) Exact and invariant second - moment code format. ASCE Journal of Engineering Mechanics，100 (1)，111 - 121.

ISO 2394：1973/1986/1998/2015. General Principles on Reliability for Structures. Geneva，International Organization for Standardization.

Juang，C. H. & Wang，L. (2013) Reliability - based robust geotechnical design of spread foundations using multi - objective genetic algorithm. Computers and Geotechnics，48，96 - 106.

Juang，C. H.，Wang，L.，Liu，Z.，Ravichandran，N.，Huang，H. & Zhang，J. (2013) Robust geotechnical design of drilled shafts in sand：New design perspective. ASCE Journal of Geotechnical and Geoenvironmental Engineering，139 (12)，2007 - 2019.

Kulhawy，F. H. & Phoon K. K. (2002) Observations on geotechnical reliability - based design development in North America. In：Proceedings，International Workshop on Foundation Design Codes and Soil Investigation in View of International Harmonization and Performance Based Design，Tokyo，Japan. pp. 31 - 48.

Naghibi，M. & Fenton，G. A. (2011) Geotechnical resistance factors for ultimate limit state design of deep foundations in cohesive soils. Canadian Geotechnical Journal，48 (11)，1729 - 1741.

Naghibi，F.，Fenton，G. A. & Griffiths，D. V. (2014) Serviceability limit state design of deep foundations. Geotechnique，64 (10)，787 - 799.

Paikowsky，S. G. (2002) Load and Resistance Factor Design (LRFD) for deep foundations. In：Proceedings，International Workshop on Foundation Design Codes and Soil Investigation in View of International Harmonization and Performance Based Design，Tokyo，Japan. pp. 59 - 94.

Paikowsky，S. G. (2004) Load and Resistance Factor Design (LRFD) for Deep Foundations. NCHRP Report 507. Washington，DC，Transportation Research Board.

Paikowsky，S. G.，Canniff，M. C.，Lesny，K.，Kisse，A.，Amatya，S. & Muganga，R. (2010) LRFD Design and Construction of Shallow Foundations for Highway Bridge Structures. NCHRP Report 651. Washington，DC，Transportation Research Board.

Park，G. J.，Lee，T. H.，Lee，K. H. & Hwang，K. H. (2006) Robust design：An overview. AIAA Journal，44 (1)，181 - 191.

Phadke，M. S. (1989) Quality Engineering Using Robust Design. New Jersey Prentice Hall.

Phoon，K. K. (2015) Reliability of geotechnical structures. In Proceedings：15th Asian Regional Conference on Soil Mechanics and Geotechnical Engineering，Japanese Geotechnical Society Special Publication，2 (1)，1 - 9.

Phoon，K. K. & Kulhawy，F. H. (1999) Characterization of geotechnical variability. Canadian Geotechnical Journal，36 (4)，612 - 624.

Phoon，K. K. & Kulhawy，F. H. (2008) Serviceability limit state reliability - based design. In：Phoon，K. K. (ed.) Reliability - Based Design in Geotechnical Engineering：Computations and Applications. London，Taylor & Francis. pp. 344 - 383.

Phoon，K. K. & Ching，J. (2013) Can we do better than the constant partial factor design for - mat? In：Modern Geotechnical Design Codes of Practice - Implementation，Application，and Development. Amsterdam，IOS Press. pp. 295 - 310.

Phoon，K. K.，Kulhawy，F. H. & Grigoriu，M. D. (1995) Reliability - Based Design of Foundations for Transmission Line Structures. Report TR - 105000. Palo Alto，Electric Power Research Institute.

Phoon，K. K.，Kulhawy，F. H. & Grigoriu，M. D. (2003a) Multiple resistance factor design (MRFD) for spread foundations. ASCE Journal of Geotechnical and Geoenvironmental Engineering，129 (9)，

807 - 818.

Phoon, K. K., Kulhawy, F. H. & Grigoriu, M. D. (2003b) Development of a reliability - based design framework for transmission line structure foundations. ASCE Journal of Geotechnical and Geoenvironmental Engineering, 129 (9), 798 - 806.

Phoon, K. K., Becker, D. E., Kulhawy, F. H., Honjo, Y., Ovesen, N. K. & Lo, S. R. (2003c) Why consider reliability analysis in geotechnical limit state design? In: Proc. International Work - shop on Limit State design in Geotechnical Engineering Practice (LSD2003), Cambridge, CDROM.

Phoon, K. K., Ching, J. & Chen, J. R. (2013) Performance of reliability - based design code formats for foundations in layered soils. Computers and Structures, 126, 100 - 106.

Ravindra, M. K. & Galambos, T. V. (1978) Load and Resistance Factor Design for steel. ASCE Journal of Structural Division, 104 (ST9), 1337 - 1353.

Taguchi, G. (1986) Introduction to Quality Engineering: Designing Quality into Products and Processes. White Plains, New York, Quality Resources.

Task Committee on Structural Loadings (1991) Guidelines for Electrical Transmission Line Structural Loading, Manual and Report on Engineering Practice. Vol. 74. New York, ASCE.

Wang, Y., Au, S. K. & Kulhawy, F. H. (2011) Expanded reliability - based design approach for drilled shafts. ASCE Journal of Geotechnical and Geoenvironmental Engineering, 137 (2), 140 - 149.

# 第 7 章

# 直接概率设计方法

作者：Yu Wang，Timo Schweckendiek，Wenping Gong，Tengyuan Zhao，Kok-Kwang Phoon

## 摘要

本章重点介绍直接概率设计方法的最新进展，包括扩展可靠度设计（expanded reliability-based design，expanded RBD）方法、基于可靠度的鲁棒性岩土设计（robust geotechnical design，RGD）方法和第一部采用直接（或完全）概率设计方法的国家标准——荷兰防洪安全新标准。简化半概率 RBD 方法招致的一个主要批评是其取代了良好的工程判断以及工程师缺乏灵活性。由于简化半概率 RBD 方法采用了与传统的容许应力设计（allowable stress design，ASD）方法相同的试错法，以使工程师避免执行概率分析，这种妥协似乎不可避免。解决该困境的一种替代方案是采用需要开展概率分析的直接概率设计方法，以维持与 ASD 方法类似的工程判断作用和实施的灵活性。现如今，触手可及的计算机和广泛应用的计算机软件（如 Microsoft Excel）使采用蒙特卡洛模拟（Monte Carlo simulation，MCS）进行概率分析和设计变得越来越简单和方便。MCS 已被内置到许多商业岩土软件中。MCS 可以容易地被理解为传统 ASD 计算的重复执行，极大地降低了对工程师可靠度分析背景知识的要求。本章采用一个重力式挡土墙设计示例在 Excel 中说明基于 MCS 的直接概率设计方法。

## 7.1 引言

最新版规范 ISO 2394：2015 将设计过程视作一种基于隐含风险信息的决策过程（ISO 2394：2015 条款 4.4.1）。失效概率和失效后果（如人员伤亡、环境质量恶化以及经济损失）都是风险的基本构成要素。当失效后果差异巨大并且需要明确地量化时，通常开展完全的风险知情决策（ISO 2394：2015 条款 7）。例如，大坝安全评估通常是一种风险知情决策过程，因为大坝的失效后果势必超过正常范围（Hartford 和 Baecher，2004）。当失效后果和损害被很好地理解并在正常范围内，基于可靠度的决策可以用于代替完全的

168

风险知情决策。基于可靠度的决策可以直接以概率分析为基础，且所有规定的可靠度要求都能被明确地检查并满足（ISO 2394：2015 条款 8）。这种方法被称为直接（或完全）概率设计方法。应用直接概率设计方法需要具备不确定性模型、可靠度方法和概率分析专业知识，而工程实践中却并不总是满足这些条件。当除后果外的失效模式和不确定性表征也都可以分类和标准化时，设计过程可以进一步简化为本书第 6 章中讨论的半概率可靠度设计（ISO 2394：2015 条款 9）。

半概率 RBD 方法类似于传统的容许应力设计（ASD）方法。在半概率 RBD 方法中，一组荷载和抗力系数（或材料分项系数）代替了 ASD 方法中的安全系数（FS）。两种设计方法使用了相同的试错法，即提出一个试验设计方案并检查其是否满足各项设计要求，若有必要则修改设计方案并重复该步骤。工程师在工程实践中应用半概率 RBD 方法时，无需进行概率分析。半概率 RBD 方法的概率特性通过 RBD 规范编制时的校准过程来反映，该校准过程针对给定的目标失效概率或可靠度指标，产生一个荷载和抗力系数（或材料分项系数）表格（表 6.1 和表 6.2）。设计时，工程师只需从表格中选取适当的荷载和抗力系数（或材料分项系数），而不用参与规范校准过程或概率分析。这一过程使得工程师免于执行概率分析并且无需学习如何执行概率分析。然而，这是一把双刃剑。

因为工程师不参与规范的校准，所以他们往往不清楚校准过程采用的许多假设和简化（如不确定性模型，包括计算模型的不确定性、荷载和岩土参数的概率分布以及这些不确定性的传递）。这种情形可能导致荷载和抗力分项系数（或材料分项系数）的误用，因为这些系数只对校准过程中采用的假设和简化有效。换言之，当使用荷载和抗力系数（或材料分项系数）时，工程师必须接受校准采用的所有假设和简化。设计规范通常没有说明（至少没有明确说明）校准过程中的假设和简化，只以荷载和抗力系数的形式呈现了校准过程的最终结果。盲目接受这些"黑箱"校准过程的结果可能会使工程师感到不安。此外，由于改变任何假设或简化后需要重新校准，工程师难以灵活地改变这些假设/简化或做出自己的判断。这种情形就导致了对半概率 RBD 方法的一个主要批评：良好岩土意识以及工程判断的缺失，而它们长期以来被认为是岩土工程实践中的一个关键要素，以考虑多样化的土体参数、荷载和抗力估计方法和场地条件（Bolton，1983；Fleming，1989；Phoon，2008）。事实上，现有 LRFD 规范就是一个典型的例子，它为每一个抗力系数赋予单一数值，但不允许工程师将特定场地或设计状况的不确定性纳入到设计中。也有人认为工程师可通过谨慎、合理地选取特定场地的名义或特征抗力值来运用自己的经验判断。然而，同容许应力设计方法一样，这种方式不能明确考虑第 3 章和第 4 章提到的场地层次的不确定性，且第 1 章已阐述在考虑输入参数的自相关和互相关关系以及它们如何体现在模型响应时，仅通过工程判断来实现谨慎的估计是十分困难的。针对该问题，一种可能的方案是采用直接概率设计方法，尤其是考虑到它所需的概率分析专业知识已大幅减少，或者当工程师具备足够的概率和统计背景知识时。当前随着计算机技术的快速发展和电脑的广泛普及，工程师只需具备极少的概率知识即可在个人电脑上进行概率分析。当然，如果能掌握概率背景知识将更有优势。

本章重点介绍直接概率设计方法的最新进展。首先不完全列举了有必要使用直接概率设计方法的情形；随后介绍了一些最近提出的直接概率设计方法，包括扩展可靠度设计

（expanded RBD）方法（Wang 等，2011a；Wang，2011，2013；Wang 和 Cao，2013a）、基于可靠度的鲁棒性岩土设计（RGD）方法（Juang 等，2013a，2013b；Juang 和 Wang，2013）以及第一部采用直接（或完全）概率设计方法的国家标准——荷兰防洪安全新标准（Schweckendiek 等，2012；Schweckendiek 等，2015）。然后简要回顾了直接概率设计方法应用的两个重要方面（即系统可靠度和目标可靠度）。以一个重力式挡土墙设计为例，说明了扩展 RBD 方法及其在广泛应用的 Excel 电子表格平台上的实现。该示例也展示了在 Excel 电子表格中使用有限的特定场地标准贯入试验（SPT）和三轴试验结果量化土体参数的不确定性。

## 7.2　应用直接概率设计方法的必要情形

尽管许多情形下采用简化 RBD 的半概率设计方法足以满足需要且无需开展概率分析，但有时有必要应用直接概率设计方法。下面将不完全列举一些这类情形。

1. 超出半概率 RBD 规范的校准域

本书第 6 章已经强调了明确阐述在编制半概率 RBD 规范时采用的校准域的显著特征（如桩的直径范围、桩的长度范围、岩土参数统计量范围）的重要性。只有当设计方案在规范校准域内时，荷载和抗力系数（或材料分项系数）才是有效的。当设计方案超出校准域（例如，桩的直径、桩的长度或岩土参数统计量超出了校准域）时，应用半概率 RBD 规范中的荷载和抗力系数（或材料分项系数）是不合适的。在这种情形下，有必要应用直接概率设计方法。此外，在岩土实践中常常遇到多层土的情形（第 6 章），但大多数半概率 RBD 规范仅对单层土的情形进行了校准，直接将所得的荷载和抗力系数（或材料分项系数）用到多层土的设计也是不合适的。正如第 6 章所述，多层土中应用半概率方法需要重新校准和进一步研究。在完成重新校准和进一步研究之前，直接概率设计方法是多层土情形的一个可行替代方案。

2. 不同的计算模型

为了考虑岩土工程实践中多样化的土体参数、荷载和抗力估计方法和场地条件，传统 ASD 已经提出并使用了许多计算模型。例如，地基承载力可用多种不同的计算模型估计。其中一些模型具备理论基础，例如太沙基（Terzaghi）和魏锡克（Vesic）地基极限承载力公式，一些模型则是基于地基承载力与常用的原位试验（例如，标准贯入试验 SPT 或静力触探试验 CPT）结果拟合得到的经验公式。沉降计算模型更加多样化，至少有几十种不同的计算模型用于估计地基沉降。在传统 ASD 的实践中，岩土工程师可以灵活地运用他们合理的工程判断去决定使用以及如何使用哪一种计算模型。相比之下，半概率 RBD 规范的校准和编制只选择了一个"最佳的"计算模型。荷载和抗力系数（或材料分项系数）仅对预选的计算模型有效。如果改变所选模型，则需要重新进行校准，并且重新校准产生的荷载和抗力系数（材料分项系数）可能不同。因此，当应用半概率 RBD 规范时，岩土工程师只能接受规范预选的计算模型。他们不能根据自己良好的工程判断灵活选择一个不同于预选模型的计算模型，尽管他们认为该模型最适合于设计状况和已有信息。当岩土工程师倾向于使用不同的计算模型时，可采用直接概率设计方法。

3. 不同的不确定性模型

在半概率 RBD 规范的校准过程中，采用了一个对岩土工程师不透明的不确定性模型。不确定性模型一般包括：①确定哪些变量被考虑为不确定性变量；②将不确定性变量视为随机变量建立概率模型（如随机变量的概率分布）；③自相关和互相关结构。不确定性模型是校准过程的一个不可或缺的组成部分。如果不确定性模型发生变化，校准过程产生的荷载和抗力系数（或材料分项系数）也很有可能发生变化。换言之，荷载和抗力系数（或材料分项系数）仅对校准过程中采用的特定不确定性模型有效。当应用半概率 RBD 规范时，岩土工程师不得不接受荷载和抗力系数（或材料分项系数）校准所采用的不确定性模型。他们不能运用自己合理的工程判断或者灵活地建立并采用一个不同于校准所用模型的不确定性模型，尽管他们认为该模型最适合设计状况和现有特定场地信息。例如，大多数（如果不是全部）现有的半概率 RBD 规范都将地基容许沉降视为确定值。但是，Zhang 和 Ng（2005）的研究表明，地基容许沉降是高度不确定的。这种不确定性对概率分析有显著的影响，应在地基设计中加以考虑（Wang 等，2011a）。现有的半概率 RBD 规范不能考虑这种不确定性，除非进行重新校准且在重新校准中考虑这种不确定性。在重新校准之前，可以采用直接概率设计方法应对这种或其他类似状况。

4. 不同的目标失效概率

半概率 RBD 规范通常仅对目标失效概率 $p_{ft}$ 的一个或几个预选值提供荷载和抗力系数（或材料分项系数）。因此，除非进行重新校准获得适用于其他目标失效概率的一组荷载和抗力系数（材料分项系数），否则岩土工程师很难调整设计目标失效概率。目标失效概率的调整在岩土实践中是有益的，因为它允许工程师运用合理的工程判断并灵活地调整目标失效概率值，以反映岩土结构的重要性和失效后果。在传统的 ASD 实践中这种调整是常见的，工程师通过调整设计安全系数以适应不同的失效后果，而这种调整被视为设计中一个重要的考虑因素。由于 ASD 规范中的 FS 被半概率 RBD 规范中的一组荷载和抗力系数（或材料分项系数）所取代，工程师很难把 ASD 中的 FS 调整经验应用到半概率 RBD 实践中。当设计所需的目标失效概率值不同于半概率 RBD 规范的预选值时，采用直接概率设计方法是有益的。为解决这个问题，有些规范允许按照与不同可靠度等级相对应的不同目标失效概率进行结构设计（如 EN 1990：2002 中表 B2）。

5. 需要失效概率的精确值

在一些工程应用中可能需要确定失效概率的精确值，如定量风险评估和基于风险的决策制定（ISO 2394：2015 条款 7.1～7.5）。失效概率和失效后果（如经济损失或伤亡人数）都是风险的组成部分。当需要定量评估风险时，需要失效概率的精确值。这种情形有必要采用直接概率设计方法。同样值得注意的是，应用现有的半概率 RBD 规范中的荷载和抗力系数（或材料分项系数）并不能保证达到规范所规定的目标失效概率，这点已在本书第 6 章和以前的一些研究（Wang，2011；Wang，2013）中讨论。当需要这样的保证时，有必要采用直接概率设计方法明确地计算失效概率。我们利用术语"精确"强化直接方法与简化方法能力的对比，因为直接方法可以达到任意精度的目标失效概率，而简化方法仅可以达到预设的几个目标失效概率，甚至对每个预设目标失效概率而言，设计方案的实际失效概率与目标失效概率并不一致。毋庸置疑，失效概率的计算精度也受制于可用的信息量。当信息有限时，实现任何更"精确的"失效概率可能不一定具有实际意义。

6. 荷载和抗力相关

虽然半概率 RBD 方法已经被成功应用于荷载和抗力通常独立的地基设计中，但当它应用于挡土结构或边坡设计时，结果就不那么令人满意了（Christian 和 Baecher，2011；Wang，2013）。一个主要的挑战是，挡土结构和边坡的荷载和抗力的来源通常相同（如土体的有效应力）且彼此相关，因而难以决定将土体有效应力或土压力视为荷载还是抗力。这种情形导致在应用 Eurocode 7 设计挡土墙时，遇到一个被频繁问到的难题：被动土压力应被视作抗力还是荷载（如 Bond 和 Harris，2008；Wang，2013）？显然该问题的答案有很大影响并可能产生不同设计，因为抗力和荷载的分项系数是不同的。此外，在 RBD 规范的校准过程中，通常将荷载和抗力模拟为独立的随机变量。虽然这种不确定性模型足以满足地基设计，但它违反了挡土结构或边坡的基本物理原理，因为荷载和抗力都源自土体的有效应力，且本质上彼此相关。一些直接概率设计方法，例如扩展 RBD 方法（Wang等，2011a；Wang，2013），能够有效避开处理相关荷载和抗力的难题。详情请见下节。

7. 正常使用极限状态设计

除少数半概率 RBD 规范（Phoon 等，1995）外，大多数现有半概率 RBD 规范仅考虑岩土结构的承载能力极限状态（ULS）设计，而未考虑正常使用极限状态（SLS）设计。显然，ULS 和 SLS 设计对于岩土结构都是必要的。在半概率 RBD 规范缺少 SLS 设计的情形下，可采用直接概率设计方法填补空白。

8. 岩体工程

岩体工程的不确定性主要受几何不确定性（如节理走向）控制，传统的 LRFD 方法很难将这种不确定性系数化，因此可能难以在岩体工程中应用半概率 RBD 方法。此外，与土体中仅有一种承载力机制相比，岩体中存在无数个相关的楔体失效模式。如本书第 1 章所述，由国际岩石力学学会（International Society for Rock Mechanics，https：//www.isrm.net/gca/index.php？id=1143）主持的 Eurocode 7 发展委员会（Commission on Evolution of Eurocode 7）指出，Eurocode 7 的分项系数方法"在很多方面对于岩体工程是不恰当的，在某些情况下甚至不适用"。

上面所列情形的一个共同特征是工程师合理工程判断和灵活性的缺失。这是因为半概率 RBD 规范采用了与传统 ASD 方法相同的试错法，以规避工程师执行概率分析的需要，诸如工程师缺乏合理工程判断和灵活性的这种妥协就显得不可避免。解决该困境的一种替代方案是采用需要开展概率分析的直接概率设计方法，以维持与 ASD 方法类似的工程判断作用和实施的灵活性。

与半概率 RBD 方法类似，直接概率设计方法的目标是找到一组设计参数，使得结构的失效概率低于规定的目标失效概率。可用试错法调整设计参数，直到试验设计方案的失效概率小于规定的目标失效概率。每个试验设计方案的失效概率可采用诸如一次二阶矩方法（first order second moment，FOSM）、一阶或二阶可靠度方法（first order reliability method，FORM 或 second order reliability method，SORM）或蒙特卡洛模拟（MCS）等可靠度分析方法直接计算得到。虽然直接概率设计方法在无特殊风险、复杂的地质或荷载条件的常规岩土结构（如 Eurocode 7 定义的第 2 类岩土工程，诸如扩展式基础、筏基础、桩基础、挡土墙、基坑开挖、桥墩和桥台、堤防和土方工程、地锚和其他锚固系统）中的应用相对较少，但它已被广泛应用于一些与岩土相关的工程领域，如地震工程、近海工程、大坝工程和核工程（如大坝和核设施的选址和基础设计）。例如，地震灾害概率分析（probabilistic seismic hazard analysis，PSHA）（Cornell，1968；Reiter，1990）是地震工程实践中的例行程序，甚至有一个完整的群体致力于 PSHA 的研究。又如，基于 SPT（Cetin 等，2004；Juang 等，2008，2013c）或 CPT（Juang 等，2000，2006）数据可以概率性地估计土体的液化势。近海桩基础通常采用直接概率方法进行设计（Tang 等，1990；Lacasse 等，2013；Chen 和 Gilbert，2014）。

应用直接概率设计方法需要足够多的可靠度分析专业知识，而工程师却不一定是可靠度分析的专家，需要获得新知识成为在岩土实践中应用直接概率设计方法的一个主要障碍。为了消除这一障碍，最近提出了新的岩土结构直接概率设计方法，如扩展 RBD 方法（Wang 等，2011a；Wang，2011；Kulhawy 等，2012）。扩展 RBD 方法大大减少了工程师学习新的可靠度知识的负担。该方法将设计过程简化为岩土实践中常见且工程师熟悉的系统敏感性分析。在这种敏感性分析中，大量设计方案（或试验方案）被系统地评估，然后选择具有最大效用并满足可靠度要求的最佳设计方案为最终设计方案。有关扩展 RBD 方法的详细内容将在下一节介绍。

## 7.3 扩展可靠度设计方法

扩展 RBD 方法（Wang 等，2011a；Wang，2011；Kulhawy 等，2012）将岩土设计过程考虑为一个扩展可靠度问题，只需在个人电脑上运行一次蒙特卡洛模拟，即可同时处理设计的承载能力极限状态（ULS）、正常使用极限状态（SLS）、经济最优化极限状态（EOLS，一种效用评价指标）（Wang 和 Kulhawy，2008；Wang，2009）以及可靠度要求。这里提及的"扩展可靠度问题"是指工程师考虑设计需求并自定义设计参数及参数不确定性、概率分布从而形成的一个系统可靠度分析问题。例如，桩基础设计的设计参数是桩深度 $D$ 和直径 $B$，并将 $D$ 和 $B$ 定义为离散的均匀随机变量。设计过程即是将 $B$ 和 $D$ 的各种组合作为备选设计方案，并计算设计方案的失效概率［即条件概率 $p(\text{Failure}|B,D)$］，再将设计方案的失效概率与 ULS 或 SLS 要求的目标失效概率 $p_{ft}$ 进行比较。条件概率 $p(\text{Failure}|B,D)$ 通过执行一次总样本数为 $n$ 的 MCS 得到，如图 7.1 所示。MCS 中重复 $n$ 次传统 ASD 计算，等同于对含有各种输入参数和（或）设计参数的 $n$ 套设计方案进行一次系统灵敏度分析。根据 MCS 结果可计算条件失效概率 $p(\text{Failure}|B,D)$（Wang 等，2011a；Wang，2011）：

$$p(\text{Failure}|B,D) = \frac{p(B,D|\text{Failure})}{p(B,D)} p_f \qquad (7.1)$$

式中：$p(B,D|\text{Failure})$ 为给定失效条件下 $B$ 和 $D$ 的联合概率。

由于 $B$ 和 $D$ 是独立离散均匀随机变量，式（7.1）中的 $p(B,D)$ 可以表示为

$$p(B,D) = \frac{1}{n_B n_D} \qquad (7.2)$$

式中：$n_B$、$n_D$ 分别为设计参数 $B$、$D$ 的可能离散值数目。

式（7.1）中的条件概率 $p(B,D\,|\,\text{Failure})$ 和失效概率 $p_f$ 只需运行一次 MCS 即可得到。

### 7.3.1 蒙特卡洛模拟

蒙特卡洛模拟 MCS 是一种重复执行包含随机变量（服从给定分布）的数学或经验运算的数值过程（Ang 和 Tang，2007）。借助于触手可及的个人电脑和计算机软件（如 Microsoft Excel），执行 MCS 变得越来越简单和方便。使用 Excel 内置函数和加载项执行 MCS 极大地降低了对工程师的可靠度分析背景知识要求。

以上面介绍的扩展 RBD 方法为例，其数学运算包括计算荷载 $L$ 和抗力 $R$ 并判断是否发生失效。这里的失效不是指岩土结构的毁灭性破坏，而是指发生荷载超过抗力（$L>R$）或超过某些极限状态的事件。图 7.1 绘制了扩展 RBD 方法的 MCS 流程图。首先表征设计参数（如钻孔桩直径 $B$ 和深度 $D$）和岩土相关不确定性的概率分布。除了采用离散均匀分布表征设计参数（如直径 $B$ 和深度 $D$）外，也可用合适的概率分布函数模拟荷载、地质条件、岩土参数和计算模型的不确定性。例如，土体的有效内摩擦角 $\varphi'$ 可用对数正态分布（Phoon 等，1995；Wang 等，2011a）或根据场地勘察数据估计得到的特定场地概率分布（Wang 等，2015，2016）来模拟。然后重复生成服从各自概率分布的不确定性变量（如 $B$、$D$ 和其他不确定性变量）的随机样本。输入每组随机样本，计算 $L$ 和 $R$ 并判断是否发生失效。最后对输出结果进行统计分析估计失效概率 $p_f$ 和条件失效概率 $p(B,D\,|\,\text{Failure})$：

$$p_f = \frac{n_f}{n} \tag{7.3}$$

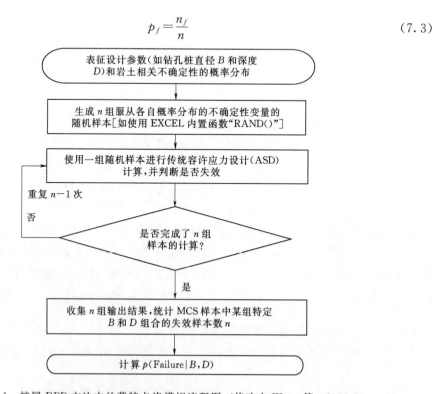

图 7.1  扩展 RBD 方法中的蒙特卡洛模拟流程图（修改自 Wang 等，2011a）

$$p(B, D \mid \text{Failure}) = \frac{n_1}{n_f} \qquad (7.4)$$

式中：$n$ 为 MCS 的样本总数；$n_f$ 为 MCS 的失效样本数；$n_1$ 为特定 $B$ 和 $D$ 组合的失效样本数。

需要注意的是，执行一次 MCS 可获得总计 $n_B \times n_D$ 个 $n_1$ 值，每个 $n_1$ 值对应 $B$ 和 $D$ 的一种可能组合。结合式（7.1）～式（7.4）可以得出：

$$p(\text{Failure} \mid B, D) = \frac{n_B n_D n_1}{n} \qquad (7.5)$$

注意，式中的 $n_B$、$n_D$ 和 $n$ 均由工程师在执行 MCS 之前预先设定，$n_1$ 和 $n_f$ 可分别通过简单地统计每种 $B$ 和 $D$ 组合的失效样本数和 MCS 的总失效样本数得到。因此，可以很方便地根据式（7.5）得到条件概率 $p(\text{Failure} \mid B, D)$。

图 7.2 给出了 MCS 得到的 $p(\text{Failure} \mid B, D)$。注意图 7.2 给出了失效概率 $p_f$ 随设计参数 $B$ 和 $D$ 的变化曲线。这些曲线是 $p_f$ 对设计参数 $B$ 和 $D$ 的灵敏度分析结果。可以直接从图中确定可行设计方案，即满足 $p(\text{Failure} \mid B, D) \leqslant p_{ft}$ 的设计方案。可行设计方案满足 ULS、SLS 和可靠度要求。为了使设计方案的建设成本最低，最终设计应由经济最优化极限状态的要求决定。Wang 和 Kulhawy（2008）提出了一种简单的优化过程，它允许将 ULS 和 SLS 设计与建设成本结合起来，并从所有岩土结构设计方案中选择最经济有效的方案。岩土结构的建设成本利用年度更新的单位成本公开数据［如 Means（2007）出版的建筑工程成本数据（Means Building Construction Cost Data）］来估计。所有可行设计方案的成本等于单位成本与相应设计参数的乘积，最后比较成本决定最终设计。因此，最终设计方案满足 ULS、SLS、EOLS 以及可靠度要求。

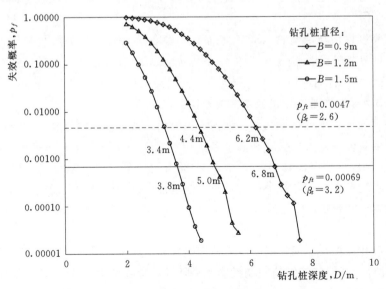

图 7.2 MCS 得到的条件失效概率（修改自 Wang 等，2011a）

虽然 MCS 概念简单、计算简便，并能容易地被理解为重复执行传统 ASD 计算，但是需要多少 MCS 样本才能保证结果达到要求的精度？一般而言，MCS 的样本数目应至少是目标失效概率 $p_{ft}$ 倒数的 10 倍（Roberts 和 Casella，1999；Wang 等，2011a）。对于扩展 RBD 方法，最小样本数目 $n_{min}$ 可按下式估计：

$$n_{min} = \frac{10 n_B n_D}{p_{ft}} \qquad (7.6)$$

随着设计参数及其组合的数目增加，由式（7.6）估算的最小样本数目 $n_{min}$ 会迅速增大导致计算量显著增加。当计算量成为问题且提高 MCS 的效率成为首选时，可将高级的 MCS，如子集模拟（Au 和 Beck，2001；Au 和 Wang，2014），引入到扩展 RBD 方法中。在 Excel 电子表格中能方便地实现子集模拟（Au 等，2010；Wang 等，2011b）。具体细节可参考 Wang 和 Cao（2013a）。

### 7.3.2  扩展可靠度设计方法的优点

扩展 RBD 方法合理地考虑了岩土工程实践的一些重要特征，使得它特别适合于岩土结构。该方法有如下优点：

（1）扩展 RBD 方法与传统的 ASD 方法采用相同的方式建立 ULS 和 SLS 计算模型。因而，岩土工程师能够灵活地选择和使用他们认为"最佳的"计算模型，并做出最适合特定项目设计状况的合理设计假设和修正。该方法与传统 ASD 方法类似，允许岩土工程师运用良好的实践感知和合理的工程判断，而这一直被认为是岩土工程实践的关键要素。

（2）可以明确和直接地模拟多种不确定性。工程师可灵活地引入适当的不确定性因素并在特定场地基础上考虑岩土参数的不确定性。鉴于岩土参数的特定场地性质，这样做是必要和有益的。

（3）将可靠度评估与传统的 ASD 计算解耦，具备合理解决相关荷载和抗力（如挡土结构和边坡）的独特能力。扩展 RBD 方法是传统的 ASD 计算的重复计算机执行，传统的 ASD 计算模型已经隐含地考虑了荷载和抗力之间的相关性。通过 MCS 进行可靠度评估规避了半概率 RBD 需要处理荷载和抗力相关的难题。

（4）能妥善处理系统可靠度问题（如多重失效模式或复杂系统结构）。传统的 ASD 计算模型能合理地表征多重失效模式和多个系统构件之间的交互作用，而扩展 RBD 方法中基于 MCS 的可靠度评估仅仅是 ASD 计算模型的重复计算机执行，无需执行复杂的系统可靠度分析。系统可靠度问题与单一失效模式或构件可靠度问题大致相同。如本章 7.6 节所述，大多数岩土问题实质上是系统可靠度问题，故扩展 RBD 方法特别适合于岩土工程实践。

（5）无需额外计算，工程师就能灵活地调整目标失效概率以满足特定项目的需求（本章 7.7 节）。此外，还能获知结构预期性能水平随设计参数变化的情况。

最后，扩展 RBD 方法中的 MCS 概念简单、计算简便（仅仅是传统 ASD 计算的重复计算机执行）。由于它容易在电子表格环境（如 Microsoft Excel）中实现，这对经常使用电子表格进行设计计算的工程师来说尤为方便。随着现代计算机技术的飞速发展，只需几秒钟即可生成并分析成千上万个传统基础设计的 MCS 样本。本章 7.8 节将用一个算例说明在 Excel 电子表格中应用扩展 RBD 方法。

## 7.4　基于可靠度的鲁棒性岩土设计

由于数据有限，输入参数的概率分布和求解模型可能无法被准确表征。Juang 等（2013a，2013b）最近提出了一种称为鲁棒性岩土设计（robust geotechnical design，RGD）的新设计理念来解决该问题。鲁棒性岩土设计旨在使岩土系统响应对不确定的输入参数（在 RGD 中称为噪声因子）的变异性具有鲁棒性或不敏感性。例如，由于数据不足，土体参数的不确定性难以量化，它们可被视为鲁棒性岩土设计中的噪声因子。RGD 可以通过系统地调整设计参数，然后由一个明确考虑包括安全性、鲁棒性和成本等所有设计要求的多目标优化实现。优化后的结果表示为"帕雷托前沿（Pareto front）"，它是定义成本与鲁棒性之间权衡关系的最优设计集合。成本通常随鲁棒性的提高而增加。因而，鲁棒性可被认为是投资在设计中的额外保守性，以此考虑那些难以控制（工程师不容易调整）和难以表征（不确定性虽被认知，但因数据有限而难以量化）的噪声因子（如土体参数的不确定性）。值得注意的是，帕雷托前沿上的优化设计方案满足所有的安全要求。因此，工程师可以利用帕累托前沿根据目标成本或鲁棒性做出知情设计决策。

根据噪声因子的不确定性表征程度，可以实现 3 个层次的鲁棒性岩土设计：①特定场地数据或认知相当有限，噪声因子只能通过上下限表征，此时采用基于模糊集的 RGD（Gong 等，2014a，2014b）；②当有了更多数据，噪声因子可用概率分布表征，但不能准确校准对应概率分布的统计信息（如变异系数和分布类型）时，可采用基于可靠度的 RGD（Juang 等，2013a，2013b；Juang 和 Wang，2013；Khoshnevisan 等，2014）或基于灵敏性的 RGD（Gong 等，2014c，2016）；③有足够的特定场地数据或认知，且可以准确地表征噪声因子概率分布的统计信息，此时可采用直接概率方法，例如扩展 RBD（Wang 等，2011a；Wang，2011，2013；Wang 和 Cao，2013a）。本节重点介绍基于可靠度的 RGD，其他 RGD 方法可以参考上面列出的参考文献。

基于可靠度的 RGD（Juang 等，2013a，2013b；Juang 和 Wang，2013）框架可明确考虑由噪声因子概率分布不确定性引起的岩土设计失效概率的变异性；且基于可靠度的 RGD 的本质是在满足目标失效概率（安全性要求）的条件下寻求一种最佳设计方案，同时使失效概率变异性（鲁棒性要求）和成本（经济性要求）最低。参考 Juang 等（2013b），基于可靠度的 RGD 的实施步骤概括如下：

（1）定义关注的问题，将岩土结构的所有输入参数分为设计参数和噪声因子。对给定岩土结构建立传统的 ASD 计算模型。

（2）估计不确定参数的统计量，量化噪声因子统计量的不确定性，并识别设计空间。对于岩土结构而言，主要的不确定土体参数通常被视为噪声因子。利用已出版的文献和工程判断可以表征噪声因子统计量（如变异系数）的不确定性。设计空间通常包含设计参数的典型范围。这些设计参数可以用离散的数值定义，由此形成一个由有限数目 $M$ 设计方案构成的设计空间。

（3）评估给定设计方案的鲁棒性。在基于可靠度的 RGD 中，备选设计方案关注的系统性能是失效概率，因此采用失效概率的标准差度量备选设计方案的鲁棒性。在本步骤中开展可靠度分析以评估给定备选设计方案的失效概率及其统计特征（即均值和标准差）。

（4）对步骤（2）中定义的所有备选设计方案重复执行步骤（3），确定每个备选设计方案的失效概率均值和标准差。

（5）进行多目标优化建立帕雷托前沿，并从帕雷托前沿选取最优设计方案。该多目标优化的设计约束是失效概率的均值要小于目标失效概率，设计目标是使失效概率的标准差和成本最小。

基于可靠度的 RGD 方法及其应用实例详见 Juang 教授及其合作者的一系列相关论文（Juang 等，2013a，2013b；Juang 和 Wang，2013）。

## 7.5　荷兰防洪安全新标准

当前荷兰防洪堤防安全要求由 1996 年实行的荷兰防洪法案（Dutch Flood Defense Act）规定。与大多数国家的安全标准和规范适用于设计新结构不同，荷兰的安全标准对现有结构进行定期的安全评估，以保证适当的防洪水平。当在每 6 年或每 12 年的评估中发现堤坝不安全时，主管部门需加固结构以达到要求的安全标准。荷兰有一个年预算约为 3.6 亿欧元的国家堤防加固项目，其目标是在 2050 年前使所有不合规定的防洪设施达到安全标准（Schweckendiek 等，2015）。

2014 年秋，荷兰基础设施和环境部部长宣布，将于 2017 年实行防洪安全新标准以替换 1996 年旧标准。新标准不再采用规范荷载事件的超越概率（如年超越概率为 1/2000 对应的设计水位）定义安全标准，而转为采用可接受年洪水概率来定义。两种定义的主要区别在于，当前的安全标准仅仅考虑了设计水力荷载条件，而新标准明确纳入了与所有防洪抗力有关的不确定性。

安全标准和评估准则向可接受年洪水概率的转变，产生了对新的安全评估方法、规则和工具的需求。致力于解决这种需求的国家项目 WTI-2017，正在为始于 2017 年的首轮安全评估新类型开发这样的方法和工具。该项目采用直接概率设计方法，旨在开发 2017 年的半概率评估以及 2019 年对最重要的失效机制进行全概率分析的方法和工具（Schweckendiek 等，2015）。图 7.3 概述了安全评估框架和过程。安全评估基于对相关失效机制（如漫顶或溢出、宏观失稳、内部侵蚀或管涌）的评价。确定堤坝的相关失效机制后，进行第 1 级简化评估。第 1 级评估通常基于荷载的特征值（水位和波浪特征）以及相当容易获取的几何参数。如果第 1 级评估不能排除某个失效机制堤坝发生失稳的可能，则继续执行第 2 级详细评估。在这一级评估中，通常采用物理模型评估每种失效机制，如用于边坡稳定的极限平衡模型或用于反向内部侵蚀的 Sellmeijer 准则。注意，更高的评估等级要求更加精确、详细的输入数据，尤其是地质条件和岩土参数。

第 2 级评估中最值得关注的特征是，对堤坝的某一断面，既可以用特征值和分项安全系数进行半概率评估（半概率 RBD 方法，如荷载抗力系数设计方法），也可以用直接概率设计方法进行全概率评估。全概率评估既可以针对堤坝某一断面一种失效机制（第 2a 级评估），也可以针对长达几十千米坝段的多种失效机制和断面的组合（第 2b 级评估）。众所周知，与全概率评估相比，半概率评估中的简化将导致额外的保守。因此，WTI‐2017 项目的一个目标是针对新安全标准中的目标失效概率来校准分项安全系数，以确保半概率方法和全概率方法的一致性（Schweckendiek 等，2012；Huber 等，2015）。

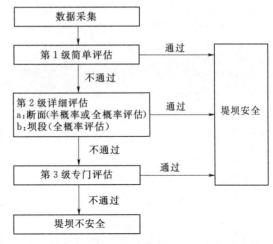

图 7.3　荷兰新安全标准的评估框架和过程
（Schweckendiek 等，2015）

如果在第 2 级详细评估后发现仍不满足安全要求，应考虑进行第 3 级专门评估。第 3 级评估可以采用适当的最先进的模拟和（或）监测技术。是否进行第 3 级评估的主要考虑是在数据获取和建模方面的额外付出和投资能否得到回报，即与第 2 级相比有明显不同或更准确的评估。最后，若上述 1～3 级评估无法得出堤坝所有失效机制都安全的结论，则认为该堤坝不安全且需要采取加固措施。

## 7.6　系统可靠度

虽然传统的可靠度设计和决策主要被用于单个构件或单一极限状态（如 ULS 或 SLS）的失效，但系统行为也是值得关注的，因为系统失效通常是与结构失效相关的最严重后果。因此，正如 ISO 2394：2015 条款 8.3 所强调的，在最初构件失效后评估系统失效概率是很有意义的。对岩土结构而言尤其如此。

由于大多数岩土结构具备多重失效模式，大部分岩土可靠度分析问题确实是系统可靠度问题。例如，一个简单的重力式挡土墙至少有三种失效模式：沿挡土墙底部的水平滑动破坏、绕墙趾发生倾覆破坏和挡土墙下土体发生承载力破坏。这些失效模式往往相互影响，因为不同失效模式的荷载和抗力是相关的。例如，重力式挡土墙自重是抗滑和抗倾覆的主要抗力来源，但同时也是承载力失效模式的主要荷载来源。

高层建筑的桩基础通常是由若干个群桩构成的群桩系统，而每个群桩由几根单桩构成。桩基础的失效以群桩系统中某根单桩的失效开始。当系统中部分单桩发生失效并且群桩系统无法承受由此带来的额外荷载时，整个群桩系统就会倒塌。群桩系统的可靠度评估需要考虑单桩的可靠度、群桩的系统效应以及桩和上层建筑的相互作用（Zhang 等，2001）。

许多岩土结构（如边坡、隧道、深基坑）达到承载能力极限状态时会在周围土体形成失效机制。例如，一个土质边坡可能有很多潜在的滑动面，每个潜在滑动面就是一个失效模式。因此，边坡稳定性问题是一个包含大量失效模式的系统可靠度问题。对于容易形成多重失稳楔形体的岩质边坡而言，这种系统可靠度特征更加明显。目前已采用 FORM 进行边坡稳定性的可靠度分析。然而，FORM 通常只考虑了一个滑动面（所谓的临界滑动面）或单一失效模式，由 FORM 计算的"最可能"失效模式的失效概率只是边坡系统失效概率的一个下限。因此，FORM 显著低估了边坡失效概率，结果偏于不保守（Ching等，2009；Wang 等，2011b；Zhang 等，2011）。近年来提出了一些系统可靠度方法来处理边坡多重滑动面问题，尤其在分析中考虑土体参数的空间变异性（Zhang 等，2011；Li等，2013；Li 等，2014）。

桩基础的滑动面大部分情况下发生在土体和桩的接触面，而土体中发生的滑动面则与随机场的特定实现有关，该滑动面的轨迹只能通过数值分析确定。由于力学机制与空间变异性的耦合，这类系统可靠度问题较为复杂。然而，这类问题在岩土工程中并不少见。基于 MCS 的方法是一种能估计系统可靠度并解耦力学机制和空间变异性的可行和无偏的方法。多重失效模式和各系统构件之间的相互作用在传统 ASD 计算模型中已经明确考虑，而土体参数的空间变异性则在不确定性模型中单独考虑。基于 MCS 的可靠度评估仅仅是将基于不确定性模型产生的样本输入至 ASD 计算模型进行计算机的重复执行，而不必进行复杂的系统可靠度分析。系统可靠度问题与单一失效模式或构件可靠度问题的计算过程大致相同。

当传统 ASD 计算模型很复杂时，MCS 方法的计算时间和计算量可能较高。此时有必要采用高级的 MCS 方法，如子集模拟（Au 和 Beck，2001；Au 和 Wang，2014）和重要性抽样来提高计算效率。这两种方法均已被成功应用于边坡稳定性的可靠度分析（Ching等，2009；Au 等，2010；Wang 等，2011b）。已开发的名为 UPSS（Uncertainty Propagation using Subset Simulation）的软件包实现了在 Excel 中应用子集模拟方法，UPSS 可从网页 https：//sites. google. com/site/upssvba/获取。在基础和边坡稳定性问题中应用基于 Excel 的子集模拟的案例可参考 Wang 和 Cao（2015）。

## 7.7 目标可靠度

如规范 ISO 2394：2015 条款 8.4 所述，目标失效概率 $p_{ft}$（或目标可靠度指标 $\beta_t$）应取决于失效的后果与性质、经济损失、给社会带来的不便、对环境的影响、自然资源的可持续利用、降低失效概率所需的费用和投入。表 7.1 总结了美国陆军工程师兵团采用的期望性能等级及其相应的可靠度指标和失效概率。大多数结构和岩土工程构件的可靠度指标介于 1～4，对应的失效概率约介于 16％～0.003％，如表 7.1 所列。表 7.2 列出了几部岩土 RBD 规范（大部分是基础设计规范）推荐的目标可靠度指标。不同规范和不同极限状态的目标可靠度不同。值得注意的是，一个基础通常由许多构件（如单桩）构成。整个基础和单桩的目标可靠度水平往往不同。单桩的设计应使整个基础满足目标可靠度。群桩系统中单桩目标可靠度的选择可参考 Zhang 等（2001）。

表 7.1　　可靠度指标、失效概率及相应的期望性能等级（美国陆军工程师兵团，1997）

| 可靠度指标 $\beta$ | 失效概率 $p_f = \Phi(-\beta)$ | 期望性能等级 |
|---|---|---|
| 1.0 | 0.16 | 危险 |
| 1.5 | 0.07 | 不满意 |
| 2.0 | 0.023 | 差 |
| 2.5 | 0.006 | 低于平均 |
| 3.0 | 0.001 | 高于平均 |
| 4.0 | 0.00003 | 良好 |
| 5.0 | 0.0000003 | 高 |

表 7.2　　　　　　　几部岩土 RBD 规范推荐的目标可靠度指标 $\beta_t$

| 设　计　规　范 | 目标可靠度指标 $\beta_t$ | |
|---|---|---|
| | 承载能力<br>极限状态 | 正常使用<br>极限状态 |
| 电力研究所（EPRI）多重抗力荷载系数设计（MRFD）规范 | 3.2 | 2.6 |
| 加拿大公路桥梁设计规范（CHBDC 2014） | 3.1~3.7 | 2.3~3.1 |
| 加拿大国家建筑规范（NCBC） | 3.5 | 无 |
| 美国州公路及运输协会（AASHTO）地基设计规范 | 2.0~3.5 | 无 |
| Eurocode 7* | 4.7 | 2.9 |

注　表中除 CHBDC 2014 的可靠度指标的基准期为 75 年（Fenton 等，2016）外，其他规范可靠度指标的基准期均
　　为 1 年。

\*　Eurocode 中可靠度等级 2（reliability class 2）。

# 7.8　重力式挡土墙设计实例

本节利用一个重力式挡土墙设计示例说明扩展 RBD 方法。如图 7.4 所示，该实体混凝土重力式挡土墙的横断面呈对称的梯形。挡土墙墙高 $H=4\text{m}$，墙底和墙顶宽度是设计变量，分别用 $B$ 和 $b$ 表示。回填土坡角为 $\beta$，墙体背面与竖直方向之间的夹角为 $\theta$，本例中 $\theta = \tan^{-1}[(B-b)/(2H)]$。设计所需的土体参数通过场地勘察获取。首先在墙下地基土中打一个钻孔并在钻孔中开展 SPT 试验。表 7.3 给出了由地基土 SPT 试验得到的修正 SPT $N$ 值 $(N_1)_{60}$。由钻孔土样得知地基土为密砂，重度 $\gamma_{fdn}=20\text{kN/m}^3$。此外，粗粒回填土的室内试验得到的回填土重度 $\gamma_{fill}=19\text{kN/m}^3$，且两次三轴试验测得的回填土的有效内摩擦角 $\varphi'_{fill}$ 分别为 36.3°和 38.6°。混凝土重度 $\gamma_{con}=24\text{kN/m}^3$。设计所需的其他岩土参数还包括地基土的有效内摩擦角 $\varphi'_{fdn}$、土墙界面摩擦角 $\delta_w$ 以及墙底与地基土的界面摩擦角 $\delta_b$。

基于上述信息，采用扩展 RBD 方法对该重力式挡土墙进行设计。以下三小节，即不确定性模型、确定性计算模型（传统 ASD 计算模型）、蒙特卡洛模拟，将逐步说明该设计方法的细节。

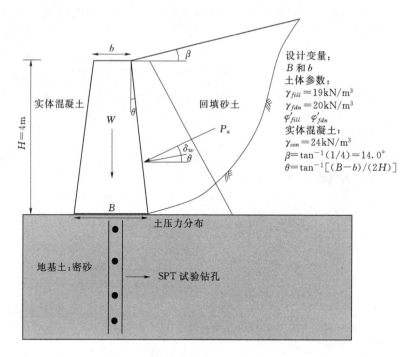

设计变量:
$B$ 和 $b$
土体参数:
$\gamma_{fill}=19\text{kN/m}^3$
$\gamma_{fdn}=20\text{kN/m}^3$
$\varphi'_{fill}$  $\varphi'_{fdn}$
实体混凝土:
$\gamma_{con}=24\text{kN/m}^3$
$\beta=\tan^{-1}(1/4)=14.0°$
$\theta=\tan^{-1}[(B-b)/(2H)]$

图 7.4  重力式挡土墙设计示例

**表 7.3**                   地基土的 SPT 试验结果

| 深度/m | 修正 SPT $N$ 结果 $(N_1)_{60}$ | 深度/m | 修正 SPT $N$ 结果 $(N_1)_{60}$ |
|---|---|---|---|
| 0.5 | 11.7 | 3.5 | 11.9 |
| 2.0 | 9.8 | 5.0 | 27.8 |

### 7.8.1  不确定性模型

表 7.4 给出了本例中的不确定性模型。在扩展 RBD 方法中,设计参数 $B$ 和 $b$ 被视为均匀分布在可能范围内的离散型随机变量。由于 $H=4\text{m}$,香港 Geoguide 1(GEO,1993)建议的 $B$ 的取值范围为 $0.5H\sim0.7H$ 或 $2.0\sim2.8\text{m}$。本例采用稍大的取值范围 [1.8m,3.2m],间隔为 0.2m,则 $B$ 的离散数目为 $n_B=8$。为了简化 ASD 计算模型,采用一个新的设计参数 $x=B-b$ 代替 $b$,$x$ 的取值范围是 [0.5m,1.5m],间隔为 1m。换言之,考虑两个可能的 $x$ 值,即 0.5m 和 1.5m,故 $x$ 的离散数目 $n_x=2$。

本例将 $\varphi'_{fill}$、$\varphi'_{fdn}$、$\delta_w$ 和 $\delta_b$ 这 4 个岩土参数视为随机变量。在岩土实践中,$\delta_w$ 和 $\delta_b$ 通常分别与 $\varphi'_{fill}$ 和 $\varphi'_{fdn}$ 相关,故将它们之间的比值(即 $r_w=\delta_w/\varphi'_{fill}$ 和 $r_b=\delta_b/\varphi'_{fdn}$)作为随机变量,并采用范围在 [0.5,1.0] 且最可能值为 $2/3$ 的三角分布模拟 $r_w$ 和 $r_b$。利用上文给出的场地勘察数据,应用本书第 3 章 3.9 节介绍的贝叶斯等效样本法(Wang 和 Cao,2013b;Wang 等,2016)量化 $\varphi'_{fill}$ 和 $\varphi'_{fdn}$ 的不确定性。本例采用基于 Excel 的贝叶斯等效样本工具(BEST),该工具可从 https://sites.google.com/site/yuwangcityu/best/1 免

表 7.4 不 确 定 性 模 型

| 随 机 变 量 | 统计特征 | 数值 | 分布类型 |
|---|---|---|---|
| 回填土有效内摩擦角 $\varphi'_{fill}$ | 均值 | 37.4° | 如图 7.7（源自 Excel 插件 BEST）所示 |
| | 标准差 | 4.6° | |
| 地基土有效内摩擦角 $\varphi'_{fdn}$ | 均值 | 39.6° | 如图 7.9（源自 Excel 插件 BEST）所示 |
| | 标准差 | 4.4° | |
| $\delta_w$ 与 $\varphi'_{fill}$ 的比值，即 $r_w = \delta_w/\varphi'_{fill}$ | 最小值 | 0.5 | 三角分布 |
| | 最可能值 | 2/3 | |
| | 最大值 | 1.0 | |
| $\delta_b$ 与 $\varphi'_{fdn}$ 的比值，即 $r_b = \delta_b/\varphi'_{fdn}$ | 最小值 | 0.5 | 三角分布 |
| | 最可能值 | 2/3 | |
| | 最大值 | 1.0 | |
| 墙底宽度 $B$ | 最小值 | 1.8m | 离散均匀分布 |
| | 最大值 | 3.2m | |
| | 增量值 | 0.2m | |
| 墙底与墙顶的宽度差，即 $x = B-b$ | 最小值 | 0.5m | 离散均匀分布 |
| | 最大值 | 1.5m | |
| | 增量值 | 1.0m | |

费下载。

利用 Excel 插件 BEST 结合特定场地勘察数据与工程师的经验和判断（在贝叶斯方法中被称为先验信息）。然后，利用马尔科夫链蒙特卡洛模拟将结合的信息转换为大量的等效样本。表 7.5 给出了本例中 $\varphi'_{fill}$ 和 $\varphi'_{fdn}$ 的先验信息。采用均匀分布（Cao 等，2016）表征相对不明确的先验信息。只需典型范围（最大值和最小值）就可定义均匀分布。需要注意的是，由于地基土为密砂，地基土的有效内摩擦角的最小值大于回填土的有效内摩擦角的最小值。

表 7.5 $\varphi'_{fill}$ 和 $\varphi'_{fdn}$ 的先验信息

| 统计特征 | $\varphi'_{fill}/(°)$ | | $\varphi'_{fdn}/(°)$ | |
|---|---|---|---|---|
| | 均值 | 标准差 | 均值 | 标准差 |
| 最小值 | 25 | 1.25 | 34 | 1.70 |
| 最大值 | 45 | 6.75 | 45 | 6.75 |

室内三轴试验测得了 $\varphi'_{fill}$ 的两个实测值（36.3° 和 38.6°）。如图 7.5 所示，通过应用 BEST 中的用户自定义模型将两个实测值与表 7.5 中的先验信息相结合。$\varphi'_{fill}$ 由直接测量获得，不需要转换模型。BEST 唯一的输入参数是实测值（36.3° 和 38.6°）和表 7.5 中的先验信息。输入数据后，单击图 7.5 中的"Generate"按钮，激活贝叶斯等效样本生成窗口（图 7.6）。本例生成 30000 个 $\varphi'_{fill}$ 的样本。然后对 30000 个样本进行常规的统计分析，如计算均值、标准差，并绘制直方图。图 7.7 给出了由直方图估计得到的 $\varphi'_{fill}$ 的概率密度

函数。

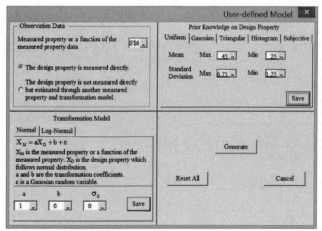

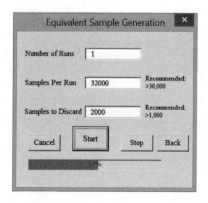

图 7.5　利用 BEST 量化 $\varphi'_{fill}$ 不确定性的 Excel 窗口　　　图 7.6　BEST 的样本生成窗口

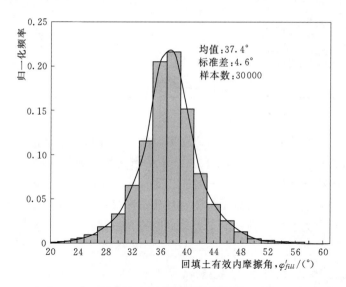

图 7.7　$\varphi'_{fill}$ 的概率密度函数

对地基土开展 SPT 试验，试验结果见表 7.3。应用 BEST 将 SPT 试验结果与表 7.5 给出的先验信息相结合。这里需要采用一个转换模型将 SPT $N$ 值转换为有效内摩擦角。如图 7.8 所示，BEST 已内置一个由 Ching 等（2012）提出的模型：

$$\ln(N_1)_{60} = 0.161\varphi'_{fdn} + 3.724 + \varepsilon \tag{7.7}$$

式中：$\varepsilon$ 表示模型不确定性，并服从均值为 0、标准差 $\sigma_\varepsilon = 0.496$ 的正态分布。

图 7.8 给出了 BEST 的 Excel 窗口。输入 $(N_1)_{60}$ 值和先验信息后，单击图 7.8 中的 "Generate" 按钮激活贝叶斯等效样本生成窗口（图 7.6）。本例生成 30000 个 $\varphi'_{fdn}$ 的样本。然后对 30000 个等效样本进行常规的统计分析得到均值、标准差和直方图。图 7.9 给出了从 30000 个等效样本中估计得到的 $\varphi'_{fdn}$ 的概率密度函数。

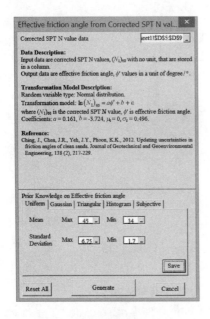

图 7.8 利用 BEST 量化 $\varphi'_{fdn}$ 
不确定性的 Excel 窗口

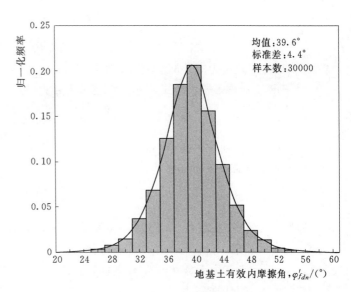

图 7.9 $\varphi'_{fdn}$ 的概率密度函数

## 7.8.2 确定性计算模型

该重力式挡土墙设计采用传统的 ASD 计算模型作为扩展 RBD 方法的确定性计算模型。工程师也可运用合理的工程判断选择最适于当前设计状况的计算模型。例如,采用土压力的库仑理论计算主动压力系数 $K_a$:

$$K_a = \frac{\cos^2(\varphi'_{fill} - \theta)}{\cos^2\theta \cos(\delta_w + \theta)\left[1 + \sqrt{\dfrac{\sin(\delta_w + \varphi'_{fill})\sin(\varphi'_{fill} - \beta)}{\cos(\delta_w + \theta)\cos(\theta - \beta)}}\right]^2} \tag{7.8}$$

主动土压力的合力 $P_a$ 为

$$P_a = \frac{1}{2}K_a\gamma_{fill}H^2 \tag{7.9}$$

$P_a$ 的水平分力 $P_{a,h}$ 为

$$P_{a,h} = P_a\cos(\delta_w + \theta) \tag{7.10}$$

$P_a$ 的竖直分力 $P_{a,v}$ 为

$$P_{a,v} = P_a\sin(\delta_w + \theta) \tag{7.11}$$

实体混凝土挡土墙的重力 $W$ 为

$$W = \gamma_{con}[(b + B)H/2] \tag{7.12}$$

本例考虑滑动破坏、倾覆破坏和地基承载力破坏三种失效模式,三种失效模式的安全系数分别用 $FS_{sliding}$、$FS_{overturning}$ 和 $FS_{bc}$ 表示。安全系数 FS 值小于 1 表明发生对应的失效模式。滑动破坏的安全系数 $FS_{sliding}$ 为

$$FS_{sliding} = \frac{(P_{a,v} + W)\tan\delta_b}{P_{a,h}} \tag{7.13}$$

倾覆破坏的安全系数 $FS_{overturning}$ 为

$$FS_{overturning} = \frac{M_r}{M_d} = \frac{\dfrac{B}{2}W + P_{a,v}\left(B - \dfrac{1}{3}\dfrac{B-b}{2}\right)}{P_{a,h}H/3} \tag{7.14}$$

式中：$M_r$ 为抗倾覆力矩；$M_d$ 为倾覆力矩。

对于承载力破坏失效模式，地基承载压力 $q$ 为

$$q = \frac{W + P_{a,v}}{B}\left(1 + \frac{6e}{B}\right) \tag{7.15}$$

式中：$e$ 为竖直方向合力的偏心距。

偏心距 $e$ 计算公式如下：

$$e = \frac{B}{2} - \frac{M_r - M_d}{W + P_{a,v}} \tag{7.16}$$

由于地基土无有效黏聚力且无超载，极限承载力 $q_{ult}$ 可以表示为（Vesic，1975）

$$q_{ult} = 0.5\gamma_{fdn}B'N_\gamma i_\gamma \tag{7.17}$$

式中：$N_\gamma$ 表示承载力系数；$i_\gamma$ 表示倾向系数；$B' = B - 2e$ 为基底有效宽度。

其中，$N_\gamma$ 的计算公式为

$$N_\gamma = 2(N_q + 1)\tan\varphi'_{fdn} \tag{7.18}$$

$$N_q = \exp(\pi\tan\varphi'_{fdn})\tan^2\left(\frac{\pi}{4} + \frac{\varphi'_{fdn}}{2}\right) \tag{7.19}$$

$$i_\gamma = (1 - K_i)^{m_i + 1} \tag{7.20}$$

$$K_i = \frac{P_{a,h}}{W + P_{a,v}} \tag{7.21}$$

$$m_i = 2 \tag{7.22}$$

安全系数 $FS_{bc}$ 为

$$FS_{bc} = \frac{q_{ult}}{q} \tag{7.23}$$

除了检查式（7.23）中的 $FS_{bc}$ 外，还需检查偏心距 $e$ 以确保 $q$ 值恒大于零。当 $e$ 的绝对值大于 $B/6$（$|e| > B/6$）时，承载力失效模式也会发生且 $FS_{bc}$ 被设为"0"。

对于给定的一组 $B$、$b$、$\varphi'_{fill}$、$\varphi'_{fdn}$、$\delta_w$ 和 $\delta_b$ 值，可以容易地在 Excel 电子表格中实现上述计算模型，如图 7.10 所示。图 7.10 中第"1"行列出了一些常数，包括墙高 $H$、混凝土重度 $\gamma_{con}$、回填土重度 $\gamma_{fill}$ 和地基土重度 $\gamma_{fdn}$。第"A"列到第"G"列输入被视为随机变量的参数，包括设计参数（$B$、$B-b$ 和 $b$）和岩土参数（$\varphi'_{fill}$、$\varphi'_{fdn}$、$\delta_w$ 和 $\delta_b$）。根据第"1"行和第"A"～"G"列提供的信息，利用式（7.8）～式（7.23），在第"H"～"AB"列中进行确定性计算。在"AC"～"AE"列中应用 Excel 内置的"IF"函数判断是否发生失效。若安全系数 FS 小于 1，则表示失效发生，就将"1"赋给相应单元格。否则，单元格的值被设为"0"。例如，单元格"AC8"的语法是"=IF（Z8＞1，'0'，'1'）"。值得注意的是，自第"8"行开始，图 7.10 中每一行是上述的确定性计算模型的一次重复执行。换言之，图 7.10 中的每一行是使用由上述不确定性模型生成的不同 $B$、$B-b$、$\varphi'_{fill}$、$\varphi'_{fdn}$、$\delta_w$ 和 $\delta_b$ 组合得到的一个 MCS 样本。

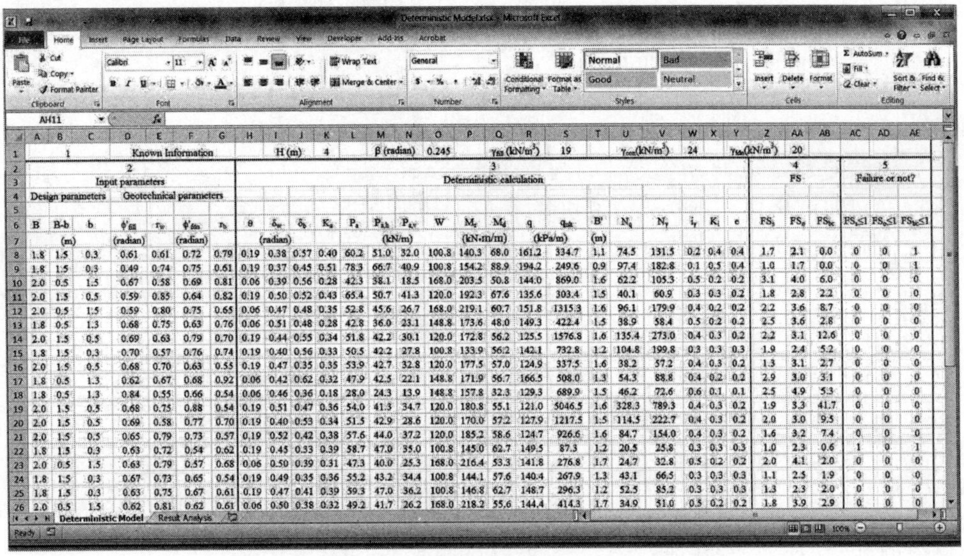


| | B (m) | B-b (m) | b (m) | $\phi'_{fill}$ (radian) | $r_w$ | $\phi'_{fdn}$ (radian) | $r_b$ | θ (radian) | $\delta_w$ (radian) | $\delta_b$ (radian) | $K_a$ | $P_a$ (kN/m) | $P_{a,h}$ (kN/m) | $P_{a,v}$ (kN/m) | W (kN/m) | $M_r$ (kN·m/m) | $M_d$ (kN·m/m) | q (kPa/m) | $q_{ult}$ (kPa/m) | B' (m) | $N_q$ | $N_\gamma$ | $i_\gamma$ | $K_i$ | e | $FS_s$ | $FS_o$ | $FS_{bc}$ | $FS_s≤1$ | $FS_o≤1$ | $FS_{bc}≤1$ |
|---|---|---|---|---|---|---|---|---|---|---|---|---|---|---|---|---|---|---|---|---|---|---|---|---|---|---|---|---|---|---|---|
| 8 | 1.8 | 1.5 | 0.3 | 0.61 | 0.61 | 0.72 | 0.79 | 0.19 | 0.38 | 0.57 | 0.40 | 60.2 | 51.0 | 32.0 | 100.8 | 140.3 | 68.0 | 161.2 | 334.7 | 1.1 | 74.5 | 131.5 | 0.2 | 0.4 | 0.4 | 1.7 | 2.1 | 0.0 | 0 | 0 | 1 |
| 9 | 1.8 | 1.5 | 0.3 | 0.49 | 0.74 | 0.75 | 0.61 | 0.19 | 0.37 | 0.45 | 0.51 | 78.3 | 66.7 | 40.9 | 100.8 | 154.2 | 88.9 | 194.2 | 249.6 | 0.9 | 97.4 | 182.8 | 0.1 | 0.5 | 0.4 | 1.0 | 1.7 | 0.0 | 0 | 0 | 1 |
| 10 | 2.0 | 0.5 | 1.5 | 0.67 | 0.58 | 0.69 | 0.81 | 0.06 | 0.39 | 0.56 | 0.28 | 42.3 | 38.1 | 18.5 | 168.0 | 203.5 | 50.8 | 144.0 | 869.0 | 1.6 | 62.2 | 105.3 | 0.5 | 0.2 | 0.2 | 3.1 | 4.0 | 6.0 | 0 | 0 | 0 |
| 11 | 2.0 | 1.5 | 0.5 | 0.59 | 0.85 | 0.64 | 0.82 | 0.19 | 0.50 | 0.52 | 0.43 | 65.4 | 50.7 | 41.3 | 120.0 | 192.3 | 67.6 | 135.6 | 303.4 | 1.5 | 40.1 | 60.9 | 0.3 | 0.3 | 0.2 | 1.8 | 2.8 | 2.2 | 0 | 0 | 0 |
| 12 | 2.0 | 0.5 | 1.5 | 0.59 | 0.80 | 0.75 | 0.65 | 0.06 | 0.47 | 0.48 | 0.35 | 52.8 | 45.6 | 26.7 | 168.0 | 219.1 | 60.7 | 151.8 | 1315.3 | 1.6 | 96.1 | 179.9 | 0.4 | 0.2 | 0.2 | 2.2 | 3.6 | 8.7 | 0 | 0 | 0 |
| 13 | 1.8 | 0.5 | 1.3 | 0.68 | 0.75 | 0.63 | 0.76 | 0.06 | 0.51 | 0.48 | 0.28 | 42.8 | 36.0 | 23.1 | 148.8 | 173.6 | 48.0 | 149.3 | 422.4 | 1.5 | 38.9 | 58.4 | 0.5 | 0.2 | 0.2 | 2.5 | 3.6 | 2.8 | 0 | 0 | 0 |
| 14 | 2.0 | 1.5 | 0.5 | 0.69 | 0.63 | 0.79 | 0.70 | 0.19 | 0.44 | 0.55 | 0.34 | 51.8 | 42.2 | 30.1 | 120.0 | 172.8 | 56.2 | 125.5 | 1576.8 | 1.6 | 135.4 | 273.0 | 0.4 | 0.3 | 0.2 | 2.2 | 3.1 | 12.6 | 0 | 0 | 0 |
| 15 | 1.8 | 1.5 | 0.3 | 0.70 | 0.57 | 0.76 | 0.74 | 0.19 | 0.40 | 0.56 | 0.33 | 50.5 | 42.2 | 27.8 | 100.8 | 133.9 | 56.2 | 142.1 | 732.8 | 1.2 | 104.8 | 199.8 | 0.3 | 0.3 | 0.3 | 1.9 | 2.4 | 5.2 | 0 | 0 | 0 |
| 16 | 2.0 | 1.5 | 0.5 | 0.68 | 0.70 | 0.63 | 0.55 | 0.19 | 0.47 | 0.35 | 0.35 | 53.9 | 42.7 | 32.8 | 120.0 | 177.5 | 57.0 | 124.9 | 337.5 | 1.6 | 38.2 | 57.2 | 0.4 | 0.3 | 0.2 | 1.3 | 3.1 | 2.7 | 0 | 0 | 0 |
| 17 | 1.8 | 0.5 | 1.3 | 0.62 | 0.67 | 0.68 | 0.92 | 0.06 | 0.42 | 0.62 | 0.32 | 47.9 | 42.5 | 22.1 | 148.8 | 171.9 | 56.7 | 166.5 | 508.0 | 1.3 | 54.3 | 88.8 | 0.4 | 0.2 | 0.2 | 2.9 | 3.0 | 3.1 | 0 | 0 | 0 |
| 18 | 1.8 | 0.5 | 1.3 | 0.84 | 0.55 | 0.66 | 0.54 | 0.06 | 0.46 | 0.36 | 0.18 | 28.0 | 24.3 | 13.9 | 148.8 | 157.8 | 32.3 | 129.3 | 689.9 | 1.5 | 46.2 | 72.6 | 0.6 | 0.1 | 0.1 | 2.5 | 4.9 | 5.3 | 0 | 0 | 0 |
| 19 | 2.0 | 1.5 | 0.5 | 0.68 | 0.75 | 0.88 | 0.54 | 0.19 | 0.51 | 0.47 | 0.36 | 54.0 | 41.3 | 34.7 | 120.0 | 180.8 | 55.1 | 121.0 | 5046.5 | 1.6 | 328.3 | 789.3 | 0.4 | 0.3 | 0.2 | 1.9 | 3.3 | 41.7 | 0 | 0 | 0 |
| 20 | 2.0 | 1.5 | 0.5 | 0.69 | 0.58 | 0.77 | 0.70 | 0.19 | 0.40 | 0.53 | 0.34 | 51.5 | 42.9 | 28.6 | 120.0 | 170.0 | 57.2 | 127.9 | 1217.5 | 1.5 | 114.5 | 222.7 | 0.4 | 0.3 | 0.2 | 2.0 | 3.0 | 9.5 | 0 | 0 | 0 |
| 21 | 2.0 | 1.5 | 0.5 | 0.65 | 0.79 | 0.73 | 0.57 | 0.19 | 0.52 | 0.42 | 0.38 | 57.6 | 44.0 | 37.2 | 120.0 | 185.2 | 58.6 | 124.7 | 926.6 | 1.6 | 84.7 | 154.0 | 0.4 | 0.3 | 0.2 | 1.6 | 3.2 | 7.4 | 0 | 0 | 0 |
| 22 | 1.8 | 1.5 | 0.3 | 0.63 | 0.72 | 0.54 | 0.62 | 0.19 | 0.45 | 0.33 | 0.39 | 58.7 | 47.0 | 35.0 | 100.8 | 145.0 | 62.7 | 149.5 | 87.3 | 1.2 | 20.5 | 25.8 | 0.3 | 0.3 | 0.3 | 1.0 | 2.3 | 0.6 | 1 | 0 | 1 |
| 23 | 2.0 | 0.5 | 1.5 | 0.63 | 0.79 | 0.57 | 0.68 | 0.06 | 0.50 | 0.39 | 0.31 | 47.3 | 40.0 | 25.3 | 168.0 | 216.4 | 53.3 | 141.8 | 276.8 | 1.7 | 24.7 | 32.8 | 0.5 | 0.2 | 0.2 | 2.0 | 4.1 | 2.0 | 0 | 0 | 0 |
| 24 | 1.8 | 1.5 | 0.3 | 0.67 | 0.73 | 0.65 | 0.54 | 0.19 | 0.49 | 0.35 | 0.36 | 55.2 | 43.2 | 34.4 | 100.8 | 144.1 | 57.6 | 140.4 | 267.9 | 1.3 | 43.1 | 66.5 | 0.3 | 0.3 | 0.3 | 1.1 | 2.5 | 1.9 | 0 | 0 | 0 |
| 25 | 1.8 | 1.5 | 0.3 | 0.63 | 0.75 | 0.67 | 0.61 | 0.19 | 0.47 | 0.41 | 0.39 | 59.3 | 47.0 | 36.2 | 100.8 | 146.8 | 62.7 | 148.7 | 296.3 | 1.2 | 52.5 | 85.2 | 0.3 | 0.3 | 0.3 | 1.3 | 2.3 | 2.0 | 0 | 0 | 0 |
| 26 | 2.0 | 0.5 | 1.5 | 0.62 | 0.81 | 0.62 | 0.61 | 0.06 | 0.50 | 0.38 | 0.32 | 49.2 | 41.7 | 26.2 | 168.0 | 218.2 | 55.6 | 144.4 | 414.3 | 1.7 | 34.9 | 51.0 | 0.5 | 0.2 | 0.2 | 1.8 | 3.9 | 2.9 | 0 | 0 | 0 |

图 7.10　Excel 电子表格中的确定性计算模型

### 7.8.3　MCS 与扩展 RBD 方法

MCS 是对上述确定性计算模型的重复计算机执行（自图 7.10 中第 8 行起）。如图 7.1 所示，模拟过程首先根据不确定性模型（表 7.4）定义的概率分布产生随机样本。两个独立的设计参数（$B$ 和 $x=B-b$）和 4 个独立的岩土参数（$\varphi'_{fill}$、$\varphi'_{fdn}$、$r_w$ 和 $r_b$）被视为随机变量。服从均匀分布的离散型随机变量 $B$ 和 $x$ 的样本可用 Excel 函数“RANDBETWEEN”轻松生成。例如，使用语法“＝0.2 * RANDBETWEEN（9，12）”和“＝RANDBETWEEN(1,2)－0.5”可分别生成 $B$ 和 $x=B-b$ 的离散样本。然后由 $b=B-x$ 得到 $b$ 值。

$\varphi'_{fill}$、$\varphi'_{fdn}$、$r_w$ 和 $r_b$ 的随机样本可在 Excel 中采用逆变换方法生成。Excel 内置了随机数发生器［“RAND ()”函数］用于生成服从［0，1］区间均匀分布的连续型随机变量 $U_i$ 的随机样本。由于 $U_i$ 均匀分布在 0～1 之间，它可被视为概率值。若要生成非均匀分布随机变量 $Y$ 的样本 $y_i$，只需设置 $U_i=P[Y<y_i]=Y$ 的 CDF，然后根据 $U_i$ 值计算 $y_i$［$y_i=\text{CDF}^{-1}(U_i)$，其中 $\text{CDF}^{-1}(\cdot)$ 为 CDF 的逆函数］，即可获得随机变量 $Y$ 的随机样本 $y_i$。例如，本算例中 $r_w$ 和 $r_b$ 均服从最小值为 0.5，最可能值为 2/3，最大值为 1.0 的三角形分布，其 CDF 函数可以表示为（设 $Y=r_w$ 或 $r_b$）

$$U_i=\text{CDF}(y_i)=\begin{cases}0, & y_i<0.5\\ 12(y_i-0.5)^2, & 0.5\leqslant y_i\leqslant 2/3\\ 1-6(1-y_i)^2, & 2/3<y_i\leqslant 1\\ 1, & 1<y_i\end{cases} \tag{7.24}$$

由此，CDF 的逆函数表示为

$$y_i = \text{CDF}^{-1}(U_i) = \begin{cases} 0.5 + \sqrt{\dfrac{U_i}{12}}, & U_i \leqslant \dfrac{1}{3} \\ 1 - \sqrt{\dfrac{1-U_i}{6}}, & U_i > \dfrac{1}{3} \end{cases} \qquad (7.25)$$

需要注意的是，$U_i$ 可用 Excel 的内置函数"rand（）"生成，然后将 $U_i$ 作为输入并执行式（7.25）即可生成 $r_w$ 或 $r_b$ 的随机样本。

上述逆变换方法也可用于生成 $\varphi'_{fill}$ 和 $\varphi'_{fdn}$ 的随机样本。如前所述，$\varphi'_{fill}$ 和 $\varphi'_{fdn}$ 的不确定性利用 30000 个等效样本进行量化。根据这些样本可以得到 $\varphi'_{fill}$ 和 $\varphi'_{fdn}$ 的概率密度函数（图 7.7 和图 7.9）和 CDF。然而，这种方式得到的 CDF 是经验性的，不能被表示为类似于式（7.25）所示的解析表达式。为了产生 $\varphi'_{fill}$（或 $\varphi'_{fdn}$）的随机样本，首先用 Excel 中的"SORT"函数将 30000 个等效样本从小到大排序。然后，新增一个空白列，并根据等效样本对应的排序对其分别赋值 1～30000 之间的整数。最后，采用函数"RANDBE-TWEEN（1，30000）"生成从 1～30000 的随机整数，并使用"VLOOKUP"函数找到随机整数对应排序的 $\varphi'_{fill}$（或 $\varphi'_{fdn}$）值，即为 $\varphi'_{fill}$（或 $\varphi'_{fdn}$）的随机样本。

在生成 $B$、$x = B - b$、$\varphi'_{fill}$、$\varphi'_{fdn}$、$r_w$ 和 $r_b$ 的随机样本后，将其输入到图 7.10 中的"A"～"G"列，即可重复执行确定性计算。本设计案例中，$B$ 和 $x$ 值的数目分别为 $n_B = 8$ 和 $n_x = 2$。若本次分析的目标失效概率为 $p_{ft} = 0.001$，根据式（7.6）可以确定 MCS 的最小样本数目 $n_{min} = 160000$。为了保证 MCS 计算结果的精度，本设计共生成 $n = 1600000$ 个

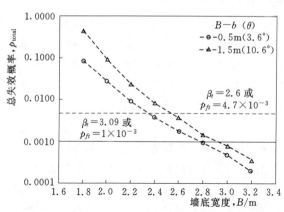

随机样本（对于每种 $B$ 和 $B - b$ 的组合产生约 100000 个样本）。在配有主频为 3.40GHz 的 Intel Core i7 - 2600 处理器和 16.0GB 内存的个人电脑上只需几分钟即可完成该 MCS 计算过程。

完成 MCS 后，简单地统计失效样本数目，每种 $B$ 和 $B - b$ 组合的失效概率等于对应的失效样本数与总样本数的比值。图 7.11 给出了扩展 RBD 方法的计算结果，即失效概率随 $B$ 和 $B - b$ 组合的变化关系。当目标失效概

图 7.11　扩展 RBD 方法的计算结果

率为 0.001（$\beta_t = 3.09$，图 7.11 中的水平实线）时，$B \geqslant 2.8\text{m}$ 且 $B - b = 0.5\text{m}$ 和 $B \geqslant 3.0\text{m}$ 且 $B - b = 1.5\text{m}$ 的方案均为可行设计方案。若采用挡土墙的横断面面积作为 EOLS 要求的建设成本指标，则最终设计方案为 $B = 3.0\text{m}$ 且 $B - b = 1.5\text{m}$（或 $b = 1.5\text{m}$）。该设计方案具有最小横断面面积 $9\text{m}^2$、失效概率 $p_f = 0.0008$。

### 7.8.4　结果分析

扩展 RBD 方法允许工程师在不需要额外计算的情况下轻松地调整目标失效概率。例如，若将目标失效概率从 0.001 调整至 0.0047（$\beta_t = 2.6$，图 7.11 中的水平虚线），那么

$B \geqslant 2.4$m 且 $B-b=0.5$m 和 $B \geqslant 2.6$m 且 $B-b=1.5$m 的方案都成为了可行设计方案。最终设计方案是 $B=2.6$m 且 $B-b=1.5$m（或 $b=1.1$m），此时横断面面积最小，仅为 $7.4$m$^2$，失效概率 $p_f=0.00375$。随着目标失效概率增大或安全要求降低，以挡土墙横断面的面积为衡量指标的建设成本也会减少。这是安全和成本之间的权衡关系。扩展 RBD 方法为工程师提供了不同备选设计方案的风险与成本的定量关系，并使工程师能做出风险知情决策来确定最终设计方案。

该重力式挡土墙算例包含三种失效模式（滑动、倾覆和承载力失效），是一个包含多重失效模式的系统可靠度问题。通过扩展 RBD 方法可以得出更多的不同失效模式之间的相互作用。图 7.12 给出了三种失效模式对应的失效概率。三种失效模式的失效概率均随 $B$ 的增大而降低。如图 7.12（b）所示，发生倾覆失效的概率相对较小，对挡土墙的整体失效概率的影响不大。当 $p_{ft}=0.001$ 和 $B-b=0.5$m 时，最可行设计是 $B=2.8$m（图 7.11）。对于该可行设计方案，扩展 RBD 方法产生了约 100000 个 MCS 样本。失效样本数目为 95 个，总失效概率为 0.00095。在这 95 个失效样本中，分别有 93 和 20 个样本发生承载力失效和滑动失效。该设计方案没有发生倾覆失效。因此，滑动、倾覆和承载力失效模式的失效概率分别为 0.0002、0 和 0.00093。另外在这 20 个滑动失效样本中，有 18 个样本也发生了承载力失效。因而，承载力失效是该可行设计方案的主要失效模式。

与之相比，当 $p_{ft}=0.001$ 和 $B-b=1.5$m 时，最可行设计是 $B=3.0$m（图 7.11）。该可行设计方案的约 100000 个 MCS 样本中，失效样本数目为 80 个，总失效概率为 0.0008。在这 80 个失效样本中，分别有 49 和 43 个样本发生承载力失效和滑动失效。该可行设计方案没有发生倾覆失

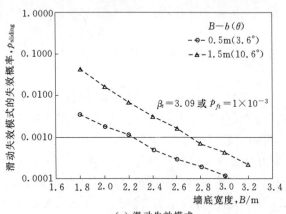

（a）滑动失效模式

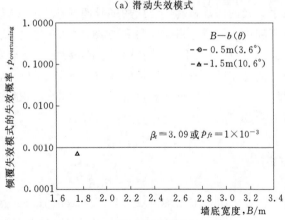

（b）倾覆失效模式

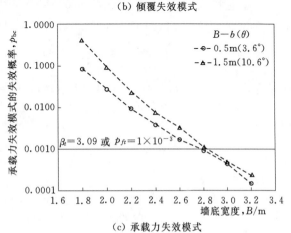

（c）承载力失效模式

图 7.12　三种失效模式对应的失效概率

效。因此，滑动、倾覆和承载力失效模式的失效概率分别为 0.00043、0 和 0.00049。此外，有 12 个样本同时发生滑动和承载力失效。滑动和承载力失效均对系统失效有显著影响，并在设计中发挥重要作用。换言之，不同于上一段讨论的可行设计方案（$B-b=0.5m$ 和 $B=2.8m$），该方案的主要失效模式是滑动和承载力失效。因此，通过详细分析扩展 RBD 方法得到的失效样本，工程师能识别控制设计的主要失效模式，并了解不同失效模式之间的相互作用。

## 7.9  结语和未来工作

虽然大多数现有的 RBD 规范采用简化的半概率 RBD 方法，但有时采用直接概率设计方法是有益且有必要的。简化半概率 RBD 方法招致的一个主要批评是其取代了良好的工程判断以及工程师缺乏灵活性，而它们长期以来被认为是岩土实践中的一个关键要素。由于简化半概率 RBD 方法采用了与传统 ASD 方法相同的试错法，以使工程师避免执行概率分析，这种妥协似乎不可避免。而解决该困境的一种替代方案是采用需要开展概率分析的直接概率设计方法，以维持与 ASD 方法类似的工程判断作用和实施的灵活性。现如今，触手可及的计算机和广泛应用的计算机软件（如 Microsoft Excel）使采用 MCS 进行概率分析和设计变得越来越简单和方便。MCS 概念简单，且计算简便，并能容易地被理解为传统 ASD 计算的重复执行。使用 Excel 的内置函数和加载项执行 MCS 极大地降低了对工程师的可靠度分析背景知识的要求。此外，基于 MCS 的设计过程可被理解为一种系统敏感性分析，系统地评估大量备选设计方案（或试验设计方案），选择满足可靠度要求并具有最大效用的设计方案作为最终设计。

## 致谢

作者感谢美国克莱姆森大学 C. Hsein Juang 教授审阅本章草稿。本章的研究工作得到了中国香港特别行政区研究资助局的项目资助 [No. 9042172（CityU 11200115）和 No. 8779012（T22 - 603/15N）]，在此对上述项目的资助表示感谢。

### 参 考 文 献

Ang，A. H. - S. and Tang，W. H.（2007）Probability Concepts in Engineering：Emphasis on Applications to Civil and Environmental Engineering，John Wiley & Sons，New York.

Au，S. K. & Beck，J. L.（2001）Estimation of small failure probabilities in high dimensions by Subset Simulation. Probabilistic Engineering Mechanics，16（4），263 - 277.

Au，S. K. & Wang，Y.（2014）Engineering Risk Assessment with Subset Simulation. Singapore，John Wiley & Sons. ISBN：978 - 1118398043. 300 pp.

Au，S. K.，Cao，Z. & Wang，Y.（2010）Implementing advanced Monte Carlo simulation under spreadsheet environment. Structural Safety，32，281 - 292.

Bolton，M. D.（1983）Eurocodes and the geotechnical engineer. Ground Engineering，16（3），17 - 31.

Bond，A. & Harris，A.（2008）Decoding Eurocode 7. London and New York，Taylor & Francis.

Cao, Z., Wang, Y. & Li, D. (2016) Quantification of prior knowledge in geotechnical site characterization. Engineering Geology, 203, 107 - 116.

Cetin, K. O., Seed, R. B., Der Kiureghian, A., Tokimatsu, K., Harder, L. F., Kayen, R. E. & Moss, R. E. S. (2004) Standard penetration test - based probabilistic and deterministic assessment of seismic soil liquefaction potential. ASCE Journal of Geotechnical and Geoenvironmental Engineering, 130 (12), 1314 - 1340.

Chen, J. & Gilbert, R. (2014) Insights into the performance reliability of offshore piles based on experience in hurricanes. In: From Soil Behavior Fundamentals to Innovations in Geotechnical Engineering. pp. 283 - 292.

Ching, J., Phoon, K. K. & Hu, Y. G. (2009) Efficient evaluation of reliability for slopes with circular slip surfaces using importance sampling. ASCE Journal of Geotechnical and Geoenvironmental Engineering, 135 (6), 768 - 777.

Ching, J., Chen, J. R., Yeh, J. Y. & Phoon, K. K. (2012) Updating uncertainties in friction angles of clean sands. ASCE Journal of Geotechnical and Geoenvironmental Engineering, 138 (2), 217 - 229.

Christian, J. T. & Baecher, G. B. (2011) Unresolved problems in geotechnical risk and reliability. Geotechnical Risk Assessment and Management, Geotechnical Special Publication No. 224, 50 - 63.

Cornell, C. A. (1968) Engineering seismic risk analysis. Bulletin of the Seismological Society of America, 58 (5), 1583 - 1606.

EN 1990: 2002. Eurocode - Basis of structural design. European Committee for Standardization (CEN), Brussels, Belgium.

Fenton, G. A., Naghibi, F., Dundas, D., Bathurst, R. J. & Griffiths, D. V. (2016) Reliability - based geotechnical design in 2014 Canadian Highway Bridge Design Code. Canadian Geotechnical Journal, 53 (2), 236 - 251.

Fleming, W. G. K. (1989) Limit state in soil mechanics and use of partial factors. Ground Engineering, 22 (7), 34 - 35.

Geotechnical Engineering Office (GEO) (1993) Geoguide 1: Guide to Retaining Wall Design. 2nd edition. Hong Kong, The Government of Hong Kong Special Administration Region.

Gong, W., Wang, L., Juang, C. H., Zhang, J. & Huang, H. (2014a) Robust geotechnical design of shield - driven tunnels. Computers and Geotechnics, 56, 191 - 201.

Gong, W., Wang, L., Khoshnevisan, S., Juang, C. H., Huang, H. & Zhang, J. (2014b) Robust geotechnical design of earth slopes using fuzzy sets. ASCE Journal of Geotechnical and Geoenvironmental Engineering, 141 (1), 04014084.

Gong, W., Khoshnevisan, S. & Juang, C. H. (2014c) Gradient - based design robustness measure for robust geotechnical design. Canadian Geotechnical Journal, 51 (11), 1331 - 1342.

Gong, W., Khoshnevisan, S., Juang, C. H. & Phoon, K. K. (2016) R - LRFD: Load and resistance factor design considering design robustness. Computers and Geotechnics, 74, 74 - 87.

Hartford, D. N. D. & Baecher, G. B. (2004) Risk and Uncertainty in Dam Safety. London, Thomas Telford Publishing.

Huber, M., Teixeira, A. & Schweckendiek, T. (2015) Effects of system behaviour in the calibration of partial safety factors. In: Proceedings of the 5. Symposium zur Sicherung von Dämmen, Deichen und Stauanlagen, Siegen, Germany, 19 - 20 February, 2015.

ISO 2394: 1973/1986/1998/2015. General Principles on Reliability for Structures. Geneva, International Organization for Standardization.

Juang, C. H. & Wang, L. (2013) Reliability - based robust geotechnical design of spread foundations using multi – objective genetic algorithm. Computers and Geotechnics，48，96 – 106.

Juang，C. H.，Chen，C. J.，Rosowsky，D. V. & Tang，W. H.（2000）CPT – based liquefaction analysis，Part 2：Reliability for design. Geotechnique，50（5），593 – 599.

Juang，C. H.，Fang，S. Y. & Khor，E. H.（2006）First – order reliability method for probabilistic liquefaction triggering analysis using CPT. ASCE Journal of Geotechnical and Geoenvironmental Engineering，132（3），337 – 350.

Juang，C. H.，Fang，S. Y. & Li，D. K.（2008）Reliability analysis of liquefaction potential of soils using standard penetration test. Chapter 13. In：Phoon，K. K.（ed.）Reliability – Based Design in Geotechnical Engineering. London and New York，Taylor & Francis.

Juang，C. H.，Wang，L.，Liu，Z.，Ravichandran，N.，Huang，H. & Zhang，J.（2013a）Robust geotechnical design of drilled shafts in sand：New design perspective. ASCE Journal of Geotechnical and Geoenvironmental Engineering，139（12），2007 – 2019.

Juang，C. H.，Wang，L.，Khoshnevisan，S. & Atamturktur，S.（2013b）Robust geotechnical design – Methodology and applications. Journal of GeoEngineering，8（3），71 – 81.

Juang，C. H.，Ching，J. & Luo，Z.（2013c）Assessing SPT – based probabilistic models for liquefaction potential evaluation：A 10 – year update. Georisk：Assessment and Management of Risk for Engineered Systems and Geohazards，7（3），137 – 150.

Khoshnevisan，S.，Gong，W.，Juang，C. H. & Atamturktur，S.（2014）Efficient robust geotechnical design of drilled shafts in clay using a spreadsheet. ASCE Journal of Geotechnical and Geoenvironmental Engineering，141（2），04014092.

Kulhawy，F. H.，Phoon，K. K. & Wang，Y.（2012）Reliability – based design of foundations – A modern view. In：Rollins，K. & Zekkos，D.（eds.）Geotechnical Engineering State of the Art and Practice（GSP 226）. Reston，ASCE. pp. 102 – 121.

Lacasse，S.，Nadim，F.，Langford，T.，Knudsen，S.，Yetginer，G. L.，Guttormsen，T. R. & Eide，A.（2013）Model uncertainty in axial pile capacity design methods. In：Offshore Technology Conference，6 – 9 May，2013，Houston，Texas，USA.

Li，L.，Wang，Y.，Cao，Z. J. & Chu，X.（2013）Risk de – aggregation and system reliability analysis of slope stability using representative slip surfaces. Computers and Geotechnics，53，95 – 105.

Li，L.，Wang，Y. & Cao，Z. J.（2014）Probabilistic slope stability analysis by risk aggregation. Engineering Geology，176，57 – 65.

Means（2007）2008 RS Means Building Construction Cost Data. Kingston，MA，R. S. Means Co.

Phoon，K. K.（2008）Numerical recipes for reliability analysis – A primer. In：Phoon，K. K.（ed.）Reliability – Based Design in Geotechnical Engineering：Computations and Applications. London，Taylor & Francis. pp. 1 – 75.

Phoon，K. K.，Kulhawy，F. H. & Grigoriu，M. D.（1995）Reliability – Based Design of Foundations for Transmission Line Structures. Report TR – 105000 Palo Alto，Electric Power Research Institute.

Reiter，L.（1990）Earthquake Hazard Analysis. New York，Columbia University Press. 254 pp.

Robert，C. & Casella，G.（2004）Monte Carlo Statistical Methods，Springer.

Schweckendiek，T.，Vrouwenvelder，A. C. W. M.，Calle，E. O. F.，Kanning，W. & Jongejan，R. B.（2012）Target reliabilities and partial factors for flood defenses in the Netherlands. In：Arnold，P.，Fenton，G. A.，Hicks，M. A. & Schweckendiek，T.（eds.）Modern Geotechnical Codes of Practice – Code Development and Calibration. London，Taylor and Francis. pp. 311 – 328.

Schweckendiek，T.，Slomp，R. & Knoeff，H.（2015）New safety standards and assessment tools in the Netherlands. In：Proceedings of the 5. Siegener Symposium "Sicherung von Dämmen，Deichen und

Stauanlagen", Siegen, Germany, 19 – 20 February, 2015.

Tang, W. H., Woodford, D. L. & Pelletier, J. H. (1990) Performance reliability of offshore piles. In: Offshore Technology Conference, 5/7/1990, Houston, Texas, USA.

U. S. Army Corps of Engineers (1997) Introduction to Probability & Reliability Methods for Geotechnical Engineering. Washington, DC, Engineering Technical Letter 1110 – 2 – 547, Dept of Army.

Vesi'c, A. S. (1975) Bearing capacity of shallow foundations, Chapter 3. In: Winterkorn, H. F. & Fang, H. Y. (eds.) Foundation Engineering Handbook. New York, Van Nostrand Reinhold. pp. 121 – 147.

Wang, Y. (2009) Reliability – based economic design optimization of spread foundations. ASCE Journal of Geotechnical and Geoenvironmental Engineering, 135 (7), 954 – 959.

Wang, Y. (2011) Reliability – based design of spread foundations by Monte Carlo Simulations. Geotechnique, 61 (8), 677 – 685.

Wang, Y. (2013) MCS – based probabilistic design of embedded sheet pile walls. Georisk, 7 (3), 151 –162.

Wang, Y. & Kulhawy, F. H. (2008) Economic design optimization of foundations. ASCE Journal of Geotechnical and Geoenvironmental Engineering, 134 (8), 1097 – 1105.

Wang, Y. & Cao, Z. (2013a) Expanded reliability – based design of piles in spatially variable soil using efficient Monte Carlo simulations. Soils and Foundations, 53 (6), 820 – 834.

Wang, Y. & Cao, Z. J. (2013b) Probabilistic characterization of Young's modulus of soil using equivalent samples. Engineering Geology, 159, 106 – 118.

Wang, Y. & Cao, Z. (2015) Practical reliability analysis and design by Monte Carlo Simulations in spreadsheet. Chapter 7. In: Phoon, K. K. & Ching, J. (eds.) Risk and Reliability in Geotechnical Engineering. Leiden, CRC Press. pp. 301 – 335.

Wang, Y., Au, S. K. & Kulhawy, F. H. (2011a) Expanded reliability – based design approach for drilled shafts. ASCE Journal of Geotechnical and Geoenvironmental Engineering, 137 (2), 140 – 149.

Wang, Y., Cao, Z. J. & Au, S. K. (2011b) Practical reliability analysis of slope stability by advanced Monte Carlo Simulations in spreadsheet. Canadian Geotechnical Journal, 48 (1), 162 – 172.

Wang, Y., Zhao, T. & Cao, Z. (2015) Site – specific probability distribution of geotechnical properties. Computers and Geotechnics, 70, 159 – 168.

Wang, Y., Cao, Z. & Li, D. (2016) Bayesian perspective on geotechnical variability and site characterization. Engineering Geology, 203, 117 – 125.

Zhang, J., Zhang, L. M. & Tang, W. H. (2011) New methods for system reliability analysis of soil slopes. Canadian Geotechnical Journal, 48 (7), 1138 – 1148.

Zhang, L. M. & Ng, A. M. Y. (2005) Probabilistic limiting tolerable displacement for serviceability limit state design of foundations. Geotechnique, 55 (2), 151 – 161.

Zhang, L. M., Tang, W. H. & Ng, C. W. W. (2001) Reliability of axially loaded driven pile groups. ASCE Journal of Geotechnical and Geoenvironmental Engineering, 127 (12), 1051 – 1060.